Elastisch Kleben

Manfred Pröbster

Elastisch Kleben

aus der Praxis für die Praxis

Mit 135 Abbildungen und zahlreichen Tabellen

Springer Vieweg

Manfred Pröbster
Nußloch, Deutschland

ISBN 978-3-8348-1717-4 ISBN 978-3-8348-2181-2 (eBook)
DOI 10.1007/978-3-8348-2181-2

Die Deutsche Nationalbibliothek verzeichnet diese Publikation in der Deutschen Nationalbibliografie; detaillierte bibliografische Daten sind im Internet über http://dnb.d-nb.de abrufbar.

Springer Vieweg

Lektorat: Thomas Zipsner, Ellen Klabunde

Gedruckt auf säurefreiem und chlorfrei gebleichtem Papier.

Springer Vieweg ist eine Marke von Springer DE. Springer DE ist Teil der Fachverlagsgruppe Springer Science+Business Media
www.springer-vieweg.de

Vorwort

„Wer Klebstoff kennt, nimmt Zement ..." Sollten Sie nach diesem Wahlspruch leben, dann haben Sie wohl in der Vergangenheit schlechte Erfahrungen mit dem Kleben gemacht: etwa mit geruchsintensivem Hautleim, mit zu schwachem Tapetenkleister oder einem Alleskleber, der eben doch nicht alles kleben konnte. Oder misstrauen Sie der „Kleberei" generell und schwören Sie auf Löten, Schweißen, Schrauben oder Nieten? Sollte das tatsächlich so zutreffen, dann vergeben Sie wahrscheinlich Chancen, Ihre Fügethemen unter neuen Aspekten zu sehen und klare Vorteile aus der rasanten Entwicklung der Klebstoffchemie zu ziehen. Moderne Klebstoffe – vor allem auch die elastischen – haben sich in den letzten Jahrzehnten, auch wenn es nicht so offensichtlich ist, längst einen unverzichtbaren Platz in unserer Welt erobert. In jedem Auto, Bus, aber auch Handy & Co. finden sich Dutzende von Klebstoffanwendungen; in einem modernen Großraumflugzeug sind es gar einige Tonnen an Kleb- und Dichtstoffen, die für Zusammenhalt und Dichtigkeit sorgen. Windturbinenflügel und Solaranlagen sind ebenfalls verklebt und bei der ersten Verklebung von Automobilwindschutzscheiben in die Karosserie wurde quasi nebenbei das elastische Kleben erfunden. Und die Glasfassaden mancher Hochhäuser sind auch „nur" elastisch angeklebt und halten seit Jahrzehnten ...

Ziel dieses Buchs ist es, Ihnen eine Einführung in das elastische Kleben zu geben und die enorme Bandbreite dieser Technologie aufzuzeigen.

Es werden die wichtigsten Typen der elastischen Klebstoffe vorgestellt und insbesondere *praktisch verwertbare Tipps* gegeben, wie mit diesen Produkten erfolgreich gearbeitet werden kann. In diesem Buch erfahren Sie das Wichtigste über die Grundlagen des Klebens, und Sie lernen, moderne elastische Klebstoffe richtig einzuschätzen – sowohl ihre Möglichkeiten als auch die Grenzen. Es wird gezeigt, wie dauerhaft funktionierende elastische Klebungen berechnet werden können und wie mit den elastischen Klebstoffen gefahrlos umgegangen werden kann. Wo immer möglich, werden die Ausführungen durch grafische Darstellungen und Fotos ergänzt.

Dieses Buch wurde nicht für Wissenschaftler und Theoretiker geschrieben, die sich an chemischen Formeln und mathematischen Herleitungen erfreuen, sondern für jemanden wie Sie, der sofort anwendbares Wissen benötigt, um eine Verbindungsaufgabe schnell und intelligent zu lösen – ohne kostspielige Fehler zu machen. Kurzum, dieses Buch ist für Sie, den engagierten Praktiker!

Ohne die Mithilfe vieler freundlicher und fachkundiger Menschen wäre dieses Buch nicht zustande gekommen. Ich bin ihnen allen zu Dank verpflichtet. Besonders bedanken möchte ich mich bei C. Dernst-Mentges, T. Fertig, M. Rein, M. Schumann und I. Strassnig, die geduldig meine Fragen beantworteten und viele wertvolle Hinweise gaben. Dem Team vom Springer Vieweg Verlag – vornweg Hr. Zipsner – danke ich für das Engagement, aus dem gemeinsamen Projekt ein fertiges Buch zu machen. Nicht zuletzt gilt mein Dank auch meiner Frau Gaby, die auch dieses Buchprojekt unterstützend begleitet hat.

Für Hinweise, die zur Verbesserung des Buches führen können, sind Autor und Verlag dankbar.

M. Pröbster Nußloch, im Januar 2013

Damit Sie sich schnell in die Thematik des elastischen Klebens einlesen können, hier noch ein paar Hinweise: Das Buch ist in mehrere große Abschnitte untergliedert. Zunächst werden die Grundlagen des Klebens behandelt und dann die wichtigsten elastischen Klebstoffe mit zahlreichen *Anwendungsbeispielen* besprochen. Diese zeigen, wo elastisches Kleben bereits seit Jahren erfolgreich angewendet wird und sollen gleichzeitig eine Anregung sein, Neues auszuprobieren. Nach dem Kapitel über die Bemessung von Klebfugen kommen die *Praktiker* richtig zum Zug, d. h. es geht um die Frage „Wie mache ich es richtig?", wenn nun tatsächlich geklebt wird.

Im Buch sehen Sie gelegentlich herausgehobene Absätze, an denen Sie schnell erkennen können, dass an dieser Stelle eine besondere Information zu finden ist:

▸ **Info** Wichtige, zusätzliche Information

▸ **Praxistipp** der Ihnen Zeit, Arbeit und Geld sparen kann

▸ **Achtung!** Hier müssen Sie genau aufpassen, um nicht einen groben Fehler zu machen oder gar mit dem Gesetz in Konflikt zu kommen

Rechenbeispiel

Dies ist ein Rechenbeispiel

Nützliche Adressen

Die nachstehende Liste von Instituten, Behörden und Interessenverbänden kann nur eine Auswahl darstellen und erhebt nicht den Anspruch auf Vollständigkeit.

Im deutschsprachigen Raum existiert eine ganze Reihe von staatlichen oder privaten Instituten, die sich mit der Klebtechnologie beschäftigen. Auch an einigen Universitäten finden Vorlesungen und Kurse über das Kleben statt und es werden Bachelor-, Master-, Diplom- und Promotionsarbeiten vergeben.

Arbeitsgruppe Werkstoff- und Oberflächentechnik Kaiserslautern
Fachbereich Maschinenbau und Verfahrenstechnik
Erwin-Schrödinger-Str., Gebäude 58
67663 Kaiserslautern
Tel.: 0631/2054039
Fax: 0631/2053908
bachmann@mv-uni-kl.de
www.mv-uni-kl.de/awok.de

Bundesanstalt für Materialforschung und -prüfung (BAM)
Unter den Eichen 87
12205 Berlin
Tel.: 030/81040
Fax: 030/8112029
info@bam.de
www.bam.de

DIN Deutsches Institut für Normung e.V.
Burggrafenstraße 6
10787 Berlin
Tel.: 030/26010
Fax: 030/26011231
presse@din.de
www.din.de
(Alle in diesem Buch zitierten Normen können bezogen werden von: Beuth Verlag GmbH, Burggrafenstraße 6, 10787 Berlin, www.beuth.de)

Fachhochschule Hannover (FHH)
Fachbereich Maschinenbau
Ricklinger Stadtweg 120
30459 Hannover
Tel.: 0511/92961348
manfred.rasche@fh-hannover.de
www.fh-hannover.de

Fachhochschule Münster
Fachbereich Maschinenbau
Stegerwaldstr. 39
48565 Steinfurt
Tel.: 02551/962195
Fax: 02551/962120
dekanat3@fh-muenster.de
www.fh-muenster.de

FEICA Secretariat (Fédération Européenne des Industries de Colles et Adhésifs)
Avenue Van Nieuwenhuyse, 6
1160 Brussels
Belgium
Tel.: 0032/26767320
Fax: 0032/26767399
info@feica.eu
www.feica.com

Fraunhofer-Institut für Fertigungstechnik und Angewandte Materialforschung – IFAM
Wiener Straße 12
28359 Bremen
Tel.: 0421/22 460
Fax: 0421/2246300
info@ifam.fraunhofer.de
www.ifam.fraunhofer.de

Gesellschaft zur Förderung Angewandter Verbindungstechnik e.V.
Dietrich-Bonhoeffer-Str. 19
40724 Hilden
Tel: 02103/45168
Fax: 02103/253317
info@gfav.de
www.gfav.de

Haus der Technik e.V.
Hollestr. 1, 45127 Essen
Tel.: 0201/18031
Fax: 0201/1803269
hdt@hdt-essen.de
www.hdt-essen.de

Industrieverband Klebstoffe e.V.
Völklinger Str. 4
40219 Düsseldorf
Tel.: 0211/6793110
Fax: 0211/6793133
info@klebstoffe.com
www.klebstoffe.de

ISGATEC GmbH
Am Exerzierplatz 1 A
68167 Mannheim
Tel.: 0621/71768880
Fax: 0621/71768888
info@isgatec.com
www.isgatec.de

ofi Technologie und Innovation GmbH
Arsenal Objekt 213
Franz Grill Straße 5
A-1030 Wien
Tel: 0043/179816010
Fax: 0043/179816018
office@ofi.co.at
www.ofi.co.at

Ostbayerisches Technologie-Transfer-Institut (OTTI)
Wernerwerkstrasse 4
93049 Regensburg
Tel.: 0941/968811
Fax: 0941/2968816
thomas.luck@otti.de
www.otti.de

TC-Kleben GmbH
Carlstr. 50
D-52531 Übach-Palenberg
Tel.: 02451/971200
Fax: 02451/971210
post@tc-kleben.de
www.tc-kleben.de

Technische Akademie Wuppertal e.V.
Hubertusallee 18
42117 Wuppertal
Tel.: 0202/74950
Fax: 022/7495202
webmaster@taw.de
www.taw.de

Technische Universität Braunschweig
Institut für Schweiß- und Fügetechnik
Langer Kamp 8
38106 Braunschweig
Tel.: 0531/3917820
Fax: 0531/3915834
ifs.bs@tu-bs.de
www.ifs.tu-braunschweig.de

Technische Universität Dresden
Professur für Fügetechnik und Montage
George-Bähr-Str. 3c
01069 Dresden
Tel.: 0351/46337615
Fax: 0351/46337249
fuegetechnik@tu-dresden.de
http://tu-dresden.de

Universität Paderborn
Fakultät für Maschinenbau
Pohlweg 47–49
33098 Paderborn
Tel.: 05251/603031
Fax: 05251/603239
bettina.schaefers@lwf.upb.de
www.lwf.upd.de

Abkürzungsverzeichnis

a. Lf.	Absolute Luftfeuchte
ABS	Acrylnitril-Butadien-Styrol
AGW	Arbeitsplatzgrenzwert
CFK	Carbonfaserverstärkter Kunststoff
CLP	Classification, Labelling and Packaging
DIN	Deutsches Institut für Normung
DVS	Deutscher Verband für Schweißen und verwandte Verfahren e. V.
EAB	European Adhesive Bonder
EAE	European Adhesive Engineer
EAS	European Adhesive Specialist
EN	Europäische Norm
EP	Epoxidharz
ESG	Einscheibensicherheitsglas
FMVSS	Federal Motor Vehicle Safety Standards and Regulations
IG	Isolierglas
ISO	International Standardization Organisation
GFK	Glasfaserverstärkter Kunststoff
GHS	Globally Harmonized System of Classification and Labelling of Chemicals
HBZ	Hautbildungszeit
MDI	Methylendiphenyl-diisocyanat
MS	Modifizierte Silane
MV	Mischungsverhältnis
NCAP	New Car Assessment Program
PC	Polycarbonat
PMMA	Polymethylmethacrylat
PS	Polystyrol
PU	Polyurethan

REACH	Registration, Evaluation, Authorisation and Restriction of Chemical substances
RIM	Reaction Injection Moulding
RL	Richtlinie
r. Lf.	Relative Luftfeuchte
SAN	Styrol-Acrylnitril Terpolymer
SMP	Silan-modifizierte Polymere
SPS	Speicherprogrammierbare Steuerung
VDA	Verband der Automobilindustrie
VSG	Verbundsicherheitsglas
vKAP	verantwortliche Klebaufsichtsperson
SDB	Sicherheitsdatenblatt

Inhaltsverzeichnis

1 Einleitung

Schon seit vielen Tausend Jahren Menschheitsgeschichte wird mit Naturprodukten, die sich unsere Vorfahren in ihrer Umgebung suchten und später auch technisch veränderten, geklebt und abgedichtet. In der Urzeit der Menschheit, vor 7000 bis 10.000 Jahren, klebte man beispielsweise Feuersteinspitzen mit Birkenpech an die Schäfte von Pfeilen. Man erhält es durch Erhitzen von Birkenrinde unter Luftabschluss (Abb. 1.1). Boote dichtete man mit Hanf und Asphalt (Erdpech) ab. Die Leimsiederei, also die Herstellung von Klebstoff aus Haut und Knorpeln von Tierkadavern, wurde von den Sumerern vor 6000 Jahren erfunden. Sie beherrschte für Jahrtausende den „Markt" für Holzklebstoffe.

Erst mit dem Beginn der modernen Polymerchemie (Kunststoffchemie) im 20. Jh. machte das Kleben und Dichten einen nennenswerten Fortschritt, denn man lernte, wie man im Industriereaktor polymere Klebstoffrohstoffe herstellen konnte. Aus diesen konnte man dann die ersten Phenol-Formaldehydklebstoffe und Weißleime fabrizieren. In den Fünfzigerjahren des vergangenen Jahrhunderts machte dann die Klebstoffentwicklung durch neuere Erkenntnisse in der Polymerchemie, deren Basis schon vor dem 2. Weltkrieg gelegt wurde, rasante Fortschritte. Speziell in Deutschland und den USA wurden neue, hochinteressante, flüssige Polymere gefunden, die man durch geeignete Vernetzungsreaktionen härten konnte. In Kombination mit weiteren Rezepturbestandteilen wurden und werden daraus immer hochwertigere Kleb- und Dichtstoffe gefertigt.

Nach den USA begann in den Fünfziger- und Sechzigerjahren des vergangenen Jahrhunderts im Zuge des Wirtschaftswunders auch in Deutschland die Massenmotorisierung. Das hierfür bekannteste Symbol ist sicherlich der VW Käfer. Dessen Windschutzscheiben waren in Gummiprofilen gelagert, die in einer entsprechenden Vertiefung in der Karosserie saßen (Abb. 1.2). Im Herstellerwerk wurden die Profile samt Scheibe und ggf. plastischem Dichtmittel per Hand eingebaut, ein aufwendiger Prozess. Dasselbe Problem hatten auch amerikanische Autohersteller, die mit rasant wachsenden Stückzahlen zu kämpfen hatten, und die nach preiswerte-

M. Pröbster, *Elastisch Kleben*, DOI 10.1007/978-3-8348-2181-2_1,

Abb. 1.1 Birkenpech (Foto: JORRE/Wikipedia)

Abb. 1.2 VW Käfer mit klassischer Scheibeneinglasung über Gummiprofile (Foto: A. Ibanez/Wikipedia)

ren und schnelleren Methoden suchten, die Scheiben einzubauen. Zudem konnten die damals in Mode gekommenen, stark gebogenen Scheiben nicht mehr sicher durch Gummiprofile in der Karosserie befestigt werden. So wurde auch mit Kleb- und Dichtstoffen experimentiert und im Jahre 1963 wurden von General Motors erstmals Frontscheiben mit einem aushärtenden, elastischen Klebstoff in die Karosserie geklebt. Im Jahre 1964 kam zudem eine gesetzliche Vorschrift zum Tragen, die besagte, dass Insassen bei einem Unfall nicht aus dem Auto geschleudert werden durften. Dies war bisher aber regelmäßig bei schweren Unfällen mit Überschlag der Fall, wenn die Scheiben nur über Gummiprofile in der Karosse gehalten wurden. So kam die Klebetechnologie gerade zur rechten Zeit.

In Deutschland war es übrigens der Audi 100 C2, der als erster Serienwagen ab Modelljahr 1977 eine geklebte Windschutzscheibe aufwies, befestigt mit einem steiferen elastischen Klebstoff, der der heutigen Begrifflichkeit schon ziemlich nahekam (Abb. 1.3).[1] Heute ist die Scheibenverklebung („Direktverglasung“) Standard im Fahrzeugbau, unabhängig davon, ob es sich um PKW, LKW, Sonderfahrzeuge oder Eisenbahnwaggons handelt. Nur im Straßenbahnbau werden beide Systeme

[1] Von der damaligen Fachwelt kaum bemerkt, soll die Firma Auwärter bereits drei Jahre vorher begonnen haben, in Bussen geklebte Scheiben einzusetzen.

Abb. 1.3 Der Audi 100 C2 war Deutschlands erster PKW mit elastisch eingeklebter Frontscheibe (Foto: HEIERLON/Wikipedia)

verwendet: Beschädigte Scheiben, die in Gummiprofilen stecken, lassen sich nämlich leichter austauschen als geklebte.

Einige weitere der mittlerweile zahlreichen Anwendungen der elastischen Klebstoffe seien hier vorab schon genannt: Neben den Scheibenverklebungen beim Bau von Fahrzeugen aller Art (PKW, LKW, Busse, Sonderfahrzeuge, landwirtschaftliche Fahrzeuge, Schiffe und Boote) werden auch vielfach Tragstrukturen mit Hüllen verklebt, z. B. Bus- oder Straßenbahnbeplankungen mit dem Traggestell, Rümpfe von Booten mit den Spanten, aber auch Fassadenverkleidungen oder ganze Glasfassaden mit lastaufnehmenden Tragwerken, Fenster, Fußböden, Isolierglaseinheiten, „weiße Ware“ (Waschmaschinen, Kühlschränke, Herde) oder auch Überseecontainer und vieles mehr. Viele dieser Anwendungen werden in späteren Kapiteln noch detailliert beschrieben.

Parallel zum technologischen Fortschritt nahm auch die Marktbedeutung der Kleb- und Dichtstoffe (und der elastischen Klebstoffe) im Laufe der letzten Jahrzehnte rasant zu. Im Jahre 2008 wurden in der gesamten Europäischen Union (EU-27) für rund 9,4 Mrd. € Kleb- und Dichtstoffe umgesetzt. In dieser Zahl sind auch die elastischen Klebstoffe enthalten. Pro Kopf der gesamten EU-Bevölkerung gerechnet entspricht dies einem Verbrauch von 6,5 kg. Nach überstandener Wirtschaftskrise dürfte sich der Verbrauch – wie in der Vergangenheit auch – Jahr für Jahr wieder im einstelligen Prozentbereich steigern. Für das Jahr 2011 betrug der globale Umsatz für alle Kleb- und Dichtstoffe rund 31 Mrd. €; es wird erwartet, dass er bis 2015 auf über 37 Mrd. € anwachsen wird.

Kleben im Automobilbau wird europaweit auf ein Umsatzvolumen von knapp 1 Mrd. Euro geschätzt. Ein Kilogramm Klebstoff kann – über entsprechendes Design – rund 25 kg Gewicht der Rohkarosse einsparen. Kleben kann also auch zur Reduzierung von Umweltbelastungen und zur Ressourcenschonung beitragen.

Grundlagen des Klebens

2

„Sorge dich nicht, klebe!“ Damit dieser Spruch – sehr frei nach Dale Carnegie – Wirklichkeit wird, werden in diesem Kapitel die Grundlagen der Klebtechnologie besprochen. Sie gelten für steife („starre“) und elastische Klebstoffe gleichermaßen.

2.1 Klebstoffe sind Kunststoffe – meistens

Die uns umgebende stoffliche Welt besteht aus Atomen und Molekülen. Atome sind die kleinsten, chemisch nicht mehr auftrennbaren Bausteine der Materie; sie können sich zu einer Vielzahl von Molekülen verbinden, die aus gleichen oder – häufiger – unterschiedlichen Atomen aufgebaut sind. Ein chemisches *Element* besteht aus vielen gleichen Atomen (z. B. Eisen, Kohlenstoff, Neon), eine chemische *Verbindung* (Molekül) aus verschiedenen Atomen (z. B. Quarz, Ethylen, Schwefelsäure). Ein *Gemisch* (Mischung) besteht aus verschiedenen Elementen und/oder chemischen Verbindungen (z. B. Metalllegierung, Klebstoffzubereitung, Luft). Materie kommt in drei stabilen Aggregatzuständen vor: fest, flüssig und gasförmig.

Die Stoffe (Materie) selbst kann man auf vielerlei Art einteilen; vom chemischen Standpunkt aus beispielsweise in anorganische oder organische Stoffe. Wenn man sich auf Feststoffe und Flüssigkeiten beschränkt, kann man sich folgendermaßen orientieren:

- *Anorganische Stoffe* sind diejenigen chemischen Elemente und Verbindungen, die keinen Kohlenstoff enthalten. Ausnahmen sind solche Verbindungen, die zwar Kohlenstoff enthalten, sich aber wie anorganische Verbindungen verhalten (z. B. Carbonate)
- *Organische Stoffe* basieren auf der äußerst vielfältigen Chemie des Kohlenstoffs, der Verbindungen mit sich selbst und vielen anderen Elementen (z. B. Wasser-

M. Pröbster, *Elastisch Kleben*, DOI 10.1007/978-3-8348-2181-2_2,

stoff, Sauerstoff, Stickstoff, Schwefel etc.) eingehen kann. Mittlerweile sind rund 20 Mio. organische Verbindungen bekannt.

Beispiele für *anorganische* Stoffe sind Metalle und Legierungen, Mineralien, Glas, viele Salze und natürlich das Wasser. Gemische wie Beton rechnet man auch zur anorganischen Welt. Typische *organische* Stoffe sind Benzin, Alkohol, Zucker, Wachs. Gemische wie Naturharze, Kunststoffblends und die allermeisten Klebstoffe werden ebenfalls als organisch bezeichnet.

Der weitaus größte Teil der modernen Klebstoffe gehört zur Gruppe der organischen Verbindungen bzw. Stoffgemische und basiert daher auf der Chemie des Kohlenstoffs. Neben den Klebstoffen auf Basis nachwachsender Rohstoffe (z. B. Stärke, Dextrin), wie sie beispielsweise in bestimmten Papierklebstoffen enthalten sind, existiert eine noch viel breitere Gruppe von Klebstoffen, die auf synthetischen (künstlichen) organischen Produkten aus der Retorte aufbauen.[1] Die elastischen Klebstoffe gehören alle dazu. Sie basieren auf organischen Makromolekülen der verschiedensten Art, als Beispiel für ein einfaches Makromolekül ist der Aufbau von Polyethylen in Abb. 2.1 dargestellt.

Ein *Polymer* ist eine chemische Verbindung aus Ketten- oder verzweigten Molekülen (Makromolekülen), die wiederum aus gleichen, gleichartigen, aber auch verschiedenen Einheiten (Molekülen, Monomeren) bestehen (Abb. 2.2). Polymere haben im Gegensatz zu vielen einfachen organischen, bei Raumtemperatur festen, niedermolekularen Verbindungen keinen definierten Schmelzpunkt, sondern einen *Erweichungsbereich*. Unterhalb einer charakteristischen Temperatur liegen Polymere (und deren Mischungen) in einem glasartig harten, oberhalb dieser in einem plastisch-elastischen, weichen, Zustand vor. Die Temperatur, an der dieser wichtige Phasenübergang stattfindet, nennt man Glastemperatur (T_g). Manche Polymere wie Acrylglas, Polycarbonat oder Polystyrol haben Glastemperaturen deutlich über der Raumtemperatur und sind daher bei normalen Umgebungsbedingungen glasartig hart. Elastomere wie Gummi, aber auch die elastischen Klebstoffe verglasen (verspröden) erst bei tiefen Minustemperaturen und sind daher bei Raumtemperatur gummielastisch. Nach DIN 7724 spricht man von einem *Elastomer*, wenn $T_g < 0\,°C$ ist. Das bedeutet, der Werkstoff ist bei Raumtemperatur elastisch.

Zum besseren Verständnis sind in Tab. 2.1 einige der wichtigsten Begriffe der Kunststoffchemie zusammengestellt.

Die Silikone nehmen eine gewisse Sonderstellung ein, denn sie stehen zwischen den organischen (mit einem Gerüst vorwiegend aus Kohlenstoff) und anorgani-

[1] Im Zuge von „Green Chemistry" setzen einige Klebstoffhersteller wieder vermehrt auf nachwachsende Rohstoffe in ihren Rezepturen, z. B. Rizinusöl in manchen Polyurethanklebstoffen.

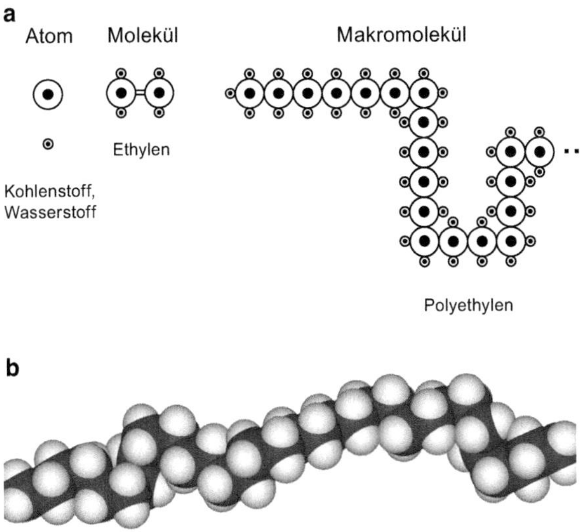

Abb. 2.1 **a** Vom Atom zum Molekül und Makromolekül. **b** Darstellung von Polyethylen als Kalottenmodell (Grafik: Benjah-bmm27/Wikipedia)

Abb. 2.2 Aufbau von Kunststoffen; **a** Monomere, **b** lineares Polymer, **c** verzweigtes Polymer

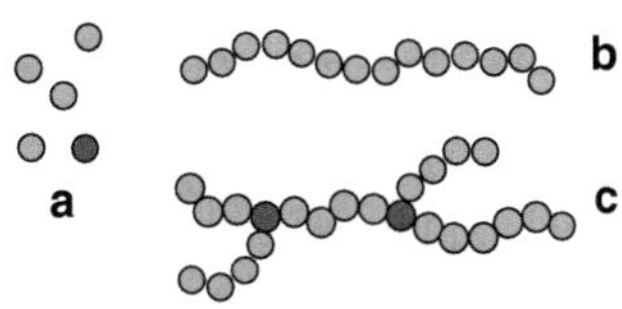

Abb. 2.3 Basis für *elastische* Klebstoffe sind organische Verbindungen und Silikone

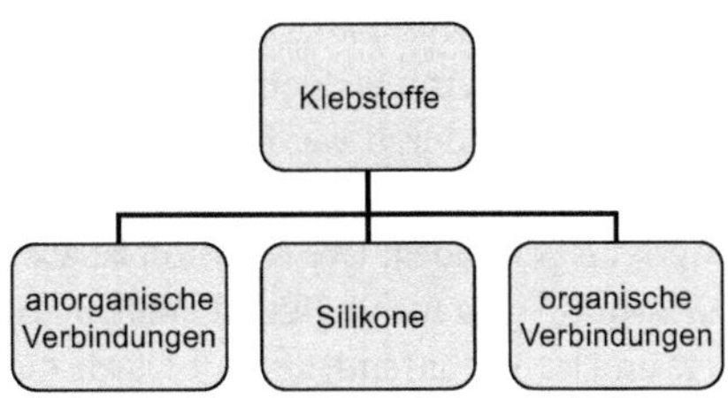

schen (kohlenstofffreien) Molekülen (Abb. 2.3). Die Silikone haben ein anorganisches Siloxan-Gerüst, tragen aber organische Seitengruppen und vernetzen nach den Gesetzen der organischen Chemie. Dies verleiht ihnen spezielle Eigenschaften, die in Abschn. 4.1 näher erläutert werden.

Tab. 2.1 Einige Fachbegriffe aus der Kunststoffchemie

Fachbegriff	Erklärung
Copolymer	Polymer aus unterschiedlichen Bausteinen
Homopolymer	Polymer aus gleichartigen Bausteinen
Makromolekül	s. Polymer
Molekül	Kleinster einheitlicher Baustein einer chem. Verbindung
Monomer	Kleinster Baustein, der durch Reaktion mit seinesgleichen zu einem Polymer reagieren kann
Oligomer	Kurzkettiges Polymer mit wenigen Monomereinheiten
Polyaddition	Verknüpfung von Ausgangsmolekülen oder Prepolymeren ohne Abspaltprodukte
Polykondensation	Verknüpfung von Ausgangsmolekülen (auch Prepolymeren) unter Abspaltung kleiner Moleküle wie Wasser, Alkohol etc.
Polymer, Hochpolymer	Großes Kettenmolekül, dessen hohes Molekulargewicht auf einer vielfachen Wiederkehr von Monomeren beruht
Polymerisation	Verknüpfung von Monomeren ohne Abspaltprodukte
Prepolymer, früher: Präpolymer	Polymer von geringer Kettenlänge, meist flüssig. Vielfach reaktiver Ausgangsrohstoff in elastischen Klebstoffen

Alle in diesem Buch beschriebenen elastischen Klebstoffe[2] reagieren durch *chemische Umsetzung* vom meist pastösen (pastenförmigen) Zustand zu mehr oder weniger elastischen Endprodukten, sie „härten aus". Die Triebkraft für den Ablauf der chemischen Umsetzung ist das Bestreben der reaktiven Klebstoffmoleküle, in einen energieärmeren (stabileren) Zustand überzugehen. Dies kann beispielsweise durch Zutritt von Luftfeuchtigkeit oder Beimischen eines Härters erfolgen. Die Härtung erfolgt durch Umsetzung chemisch reaktiver Gruppen, die sich entweder schon an den Prepolymermolekülen befinden oder in Form eines Härters zugegeben werden (Abb. 2.4). Dadurch werden die vorher noch (zäh-)flüssig vorliegenden Prepolymermoleküle zu einem dreidimensionalen, unschmelzbaren und elastischen Netzwerk umgewandelt: Der Klebstoff ist ausgehärtet. – Der immer wieder anstelle von „Härtung" gebrauchte Begriff „Vulkanisation" stammt aus der Kautschuktechnologie und ist irreführend, denn er würde die Einwirkung von Hitze voraussetzen. Dies geschieht aber in den wenigsten Fällen.

Nach DIN EN 923, Benennungen und Definitionen, wird unter einem Bindemittel (moderner: Klebstoff-Grundstoff, Basispolymer, Prepolymer) derjenige Bestandteil verstanden, der Adhäsion und Kohäsion hauptsächlich bewirkt. In Ergän-

[2] Genauer gesagt, die in ihnen enthaltenen chemisch reaktiven Anteile.

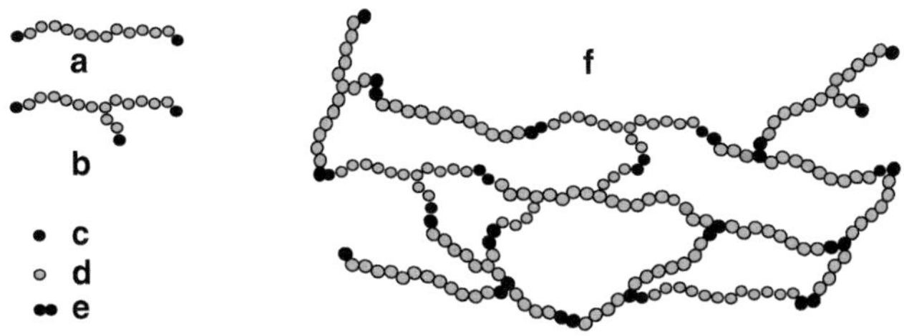

Abb. 2.4 Schematische Darstellung der Aushärtung (Vernetzung) eines reaktiven Prepolymers in einem elastischen Klebstoff. **a** lineares Prepolymer, **b** verzweigtes Prepolymer, **c** reaktive Gruppe, **d** nichtreaktive Kettenglieder, **e** Vernetzungsstelle

zung dazu werden viele andere Eigenschaften eines Klebstoffs wesentlich durch das Basispolymer bestimmt. Die Namensgebung der einzelnen Klebstoffe leitet sich von diesen Grundstoffen ab, z. B. Silikon- oder PU-Klebstoff.

▸ **Info** Ein *Klebstoff* ist ein nichtmetallischer Stoff, der Werkstoffe durch Oberflächenhaftung (Adhäsion) so verbinden kann, dass die Verbindung eine ausreichende innere Festigkeit (Kohäsion) besitzt (DIN EN 923).

In der DIN EN 923 werden auch die Grundstoffe *an*organischer Klebstoffe erwähnt. Sie sind, wie z. B. Wasserglas oder Mörtel in ausgehärtetem Zustand sehr spröde, haben aber meist besondere Eigenschaften, z. B. eine extrem hohe Temperatur-, Chemikalien- oder Druckbeständigkeit. Sie werden in diesem Buch nicht weiter behandelt.

▸ **Info**

- Kunststoffe (damit auch Klebstoffe) besitzen als organische Polymere geringere spezifische Festigkeiten als Metalle
- Kunststoffe zeigen ein komplexeres mechanisches Verhalten als Metalle

2.2 Elastisch, plastisch, viskoelastisch ...

Wenn ein Metall, z. B. Federstahl, mechanisch belastet wird, tritt eine reversible Verformung ein, die wieder verschwindet, sobald die einwirkende Kraft wegfällt. Wenn die einwirkende Kraft nicht allzu groß ist, gilt das Hooke'sche Gesetz, demzufolge die Kraft F direkt proportional zur Federkonstante D und zur Verformung Δl ist:

$$F = D \cdot \Delta l$$

Die bei Metallen und anderen steifen Körpern auftretende Form der Elastizität nennt man *Energieelastizität*; durch die äußere Kraft werden die Atome oder Moleküle, z. B. bei Metallen im Kristallgitter, aus der ursprünglich energiearmen Position etwas herausgedrückt. Bei Wegfall der Kraft gehen die Atome oder Moleküle augenblicklich wieder in die energiearme Ausgangslage zurück. Dieses Verhalten wird linear elastisch genannt.

▸ **Info** *Elastizität* ist eine Eigenschaft von Werkstoffen, auf einwirkende Kräfte reversibel zu reagieren und nach Wegfall dieser in die Ursprungsform zurückzukehren.

In einem mechanisch belasteten Klebstoff sind die Verhältnisse nicht so leicht überschaubar: Hier überlagern sich *Energieelastizität*, *Entropieelastizität*, *Plastizität* und *Viskoelastizität* zu einem komplexen Ganzen, das durch ein einfaches Gesetz nicht mehr beschrieben werden kann und daher einer näheren Erläuterung bedarf.

Belastet man einen Kunststoff (Klebstoff) mechanisch, dann verformt sich dieser nicht *linear* elastisch wie ein Stück Federstahl, sondern *nicht*linear. Diese nichtlineare Verformung kann elastisch und/oder viskoelastisch sein. Bei geringen Beanspruchungen verformt sich der Kunststoff zwar noch linear elastisch und reversibel (nach dem Hooke'schen Gesetz), bei höherer Beanspruchung wird die Verformung jedoch nichtlinear elastisch und teilweise plastisch und damit mindestens teilweise irreversibel. Den Mechanismus der elastischen Verformung, die bei jedem Kunststoff in einem gewissen Maße gegeben ist, nennt man *Entropieelastizität*. Durch die aufgezwungene äußere Kraft werden die Polymerketten daran gehindert, sich statistisch an ihren ursprünglichen Plätzen, bei maximaler Entropie[3], zu bewegen. Beispielsweise engt eine Dehnung diese Bewegungsmöglichkeiten ein, die Ketten werden gespannt und die Entropie wird vermindert. Dies ist für die Polymermoleküle unerwünscht: Bei Wegnahme der Kraft streben sie wieder ihren Ausgangszustand mit maximaler Entropie an. Damit entsteht eine Rückstellkraft, „Elastizität". In Kunststoffen wie z. B. den elastischen Klebstoffen stellt die Entropieelastizität den Hauptanteil des elastischen Verhaltens dar. Nur unterhalb der Glastemperatur T_g, im „eingefrorenen", spröden, Zustand, tritt auch merkliche Energieelastizität auf.

[3] Alle Systeme streben maximale Entropie („Unordnung", Mikrozustände, Freiheitsgrade) an.

Unter *Plastizität* versteht man die irreversible Verformung eines Körpers unter externer Krafteinwirkung: Es kommt zum Fließen, d. h. der Werkstoff weicht der aufgezwungenen Spannung aus. Das plastische Verformungsverhalten ist abhängig von Spannungszustand, Temperatur, Belastungsart, Belastungsgeschwindigkeit und -dauer. Jeder Kunststoff zeigt elastische und plastische Verformungsanteile unter der Einwirkung von äußeren Kräften. Unterhalb der Glastemperatur spielt Plastizität eine geringe Rolle.

▸ **Info** *Plastizität (plastische Verformung, plastisches Fließen)* ist eine Eigenschaft von Werkstoffen, auf einwirkende Kräfte irreversibel zu reagieren und nach Wegfall dieser nicht mehr in die Ausgangsform zurückzukehren.

Hohe Temperaturen und die Aufnahme von Feuchtigkeit erleichtern den Beginn des plastischen Fließens schon bei niedrigeren Spannungen als im kühleren und trockenen Zustand. Dies muss bei der Auslegung einer Verklebung mit berücksichtigt werden (Kap. 5). Idealerweise tritt plastisches Fließen nur beim Bruch einer Klebung auf (irreversibler Vorgang), z. B. im Crash-Fall. Die Auslegung wird normalerweise so durchgeführt, dass alle auftretenden Belastungen deutlich unterhalb der Belastungsgrenze des Verbundes liegen und sich der Klebstoff im linear elastischen Bereich befindet.

Oberhalb der Glastemperatur wird das mechanische Verhalten eines Klebstoffs vorwiegend durch eine Kombination aus entropieelastischen und viskosen Eigenschaften bestimmt. Unterhalb derselben kommt die Energieelastizität mehr zum Tragen. Dies liegt aber bereits außerhalb des üblichen Temperatureinsatzbereichs von elastischen Klebstoffen.

▸ **Info** Die *Rheologie* ist ein Zweig der Mechanik, der sich mit dem Verformungs- und Fließverhalten von Materie beschäftigt. Sie umfasst Teilgebiete der Elastizitäts-, Plastizitätstheorie und der Strömungslehre.

▸ **Info** Die *Viskosität* ist ein Maß für die Zähflüssigkeit einer fließfähigen Substanz (Fluid).

- Hohe Viskosität: dickflüssig
- Niedrige Viskosität: dünnflüssig

Unter *Viskoelastizität* versteht man die zeit-, temperatur- und geschwindigkeitsabhängige Elastizität von Kunststoffen. Sie ist durch ein teilweise elastisches, teilweise viskoses Verhalten geprägt. Während der spontanelastische Teil einer Verformung zeit*un*abhängig ist und sich nach Belastungsänderung sofort auswirkt, ist der viskoelastische Teil der Verformung zeit*abhängig*. Wird ein Werkstoff belastet, nimmt die Verformung des Werkstoffs mit der Zeit zu. Nach einer Entlastung stellt sich die Gesamtverformung (einschließlich viskoelastischem Anteil) nach unendlich langer Zeit bis auf ihren plastischen Anteil zurück. Die Viskoelastizität beruht auf einer zeitlich verzögerten Gleichgewichtseinstellung der Makromoleküle zueinander bei oder nach der mechanischen Belastung.

▸ **Info** Mit *Viskoelastizität* bezeichnet man die zeit-, temperatur- und belastungsgeschwindigkeitsabhängige Elastizität von Kunst- und Klebstoffen. Sie ist durch ein teilweise elastisches, teilweise viskoses Verhalten geprägt.

Die Zeit- (und Temperaturabhängigkeit) der Eigenschaften bewirkt u. a. eine irreversible Verformung eines Klebstoffs unter Last: der Klebstoff beginnt zu „kriechen". Je stärker ein Klebstoff vernetzt ist, umso weniger plastisch ist er unter Last und umso weniger kriecht er. Reine Thermoplaste kriechen stärker als vernetzte Klebstoffe, insbesondere bei höheren Temperaturen, bei denen die Polymerketten beweglicher werden und umso leichter voneinander abgleiten können.

▸ **Info** Als *Kriechen*[4] (engl.: creep) bezeichnet man bei Werkstoffen die zeit- und temperaturabhängige, plastische (und dauerhafte) Verformung unter Last.[5]

Kriechvorgänge im Inneren des Klebstoffs bewirken auch eine gewisse Spannungsrelaxation als Funktion der Zeit, wenn ein Klebstoff längerfristig unter mechanischer Spannung steht: Der E-Modul nimmt ab.

Die Kenntnis des viskoelastischen Verhaltens von elastischen Klebstoffen ist jedoch unabdingbar für die Einschätzung/Berechnung von Klebungen, die Kräften und Verformungen ausgesetzt sind. Es existieren verschiedene Modelle, um das rheologische Verhalten von Festkörpern zu beschreiben: Die unterschiedliche Kombination eines Dämpfungsglieds (Stoßdämpfer) mit einer Feder ergibt einen guten Eindruck der Anwendbarkeit der verschiedenen rheologischen Modelle bei Klebstoffen. Der Stoßdämpfer symbolisiert viskoses (plastisches) Verhalten, während das Federglied für elastisches Verhalten steht. Die wichtigsten rheologischen Modelle für Klebstoffe sind in Abb. 2.5 aufgeführt. Darin erkennt man recht offensichtlich, dass jeder Klebstoff sowohl viskoses (plastisches) als auch elastisches Verhalten zeigt, was in Überlagerung dann zum viskoelastischen Verhalten führt.

[4] Auch als „Kalter Fluss" bezeichnet.

[5] Neben Kunststoffen, die ein vergleichsweise ausgeprägtes Kriechverhalten zeigen, kriechen auch andere Werkstoffe wie Metall, Beton, Glas etc., allerdings erst bei sehr hohen Belastungen, langen Einwirkzeiten und in geringem Maße.

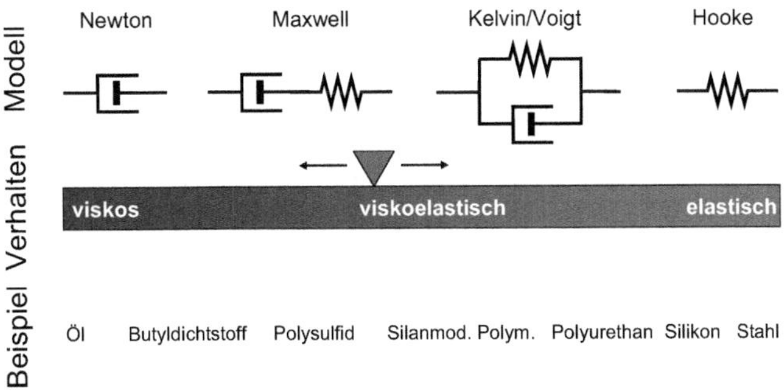

Abb. 2.5 Die wichtigsten Modelle der Rheologie und ihre Bedeutung für das elastische Kleben

Abhängig von der jeweiligen Chemie der Polymere ist die eine oder andere Eigenschaft stärker ausgeprägt. Je nach Stellung des „Schiebereglers" in Abb. 2.5 ergeben sich unterschiedliche Anteile an viskosem (plastischem) und elastischem Verhalten. Die Position des Schiebereglers ergibt sich wiederum aus den Eigenschaften der Bindemittel (Basispolymere), die in einer Klebstoffformulierung verwendet werden und ist damit in gewissen Grenzen veränderbar. Ein Klebstoff, der gleichzeitig hochelastisch *und* viskos ist, existiert demzufolge nicht.

Spannungsrelaxation: Wird ein Klebstoff durch äußere Krafteinwirkung auf eine konstante Dehnung (oder Kompression) gebracht, so wandelt sich mit der Zeit ein Teil der elastischen Dehnung (Stauchung) in eine plastische Verformung um. Dadurch wird die Spannung abgebaut, bis sich eine neue Gleichgewichtslage zwischen den Molekülen eingestellt hat. Ursache für die Spannungsrelaxation sind irreversible Verschiebungen der Polymerketten. Es gibt auch Fälle, in der die vermeintlich ungünstige Spannungsrelaxation durchaus von Vorteil ist, denn hierdurch werden Spannungsspitzen in der Klebung abgebaut. Die viskosen bzw. viskoelastischen Verformungsanteile bestimmen häufig die Tragfähigkeit einer Klebverbindung entscheidend mit, weil sie Spannungsspitzen verringern. Auch in Dichtstoffen, die einen Trend zum Relaxieren zeigen (z. B. Acrylatdichtstoffe), sinkt die Spannung im Innern des Materials im Laufe der Zeit, wenn sich bei Setzfugen die Fugenflanken nach Aushärtung des Dichtstoffs noch gegeneinander bewegen. Ein hochelastischer Dichtstoff nahezu ohne Relaxation (z. B. Silikon) würde dauerhaft erhebliche Kräfte in die Fugenflanken einleiten und es bestünde das Risiko einer vorzeitigen Dichtstoffablösung. Bei der Aufzählung der positiven Wirkungen der Relaxation darf aber nicht vergessen werden, dass die damit einhergehende Relaxations*verformung*

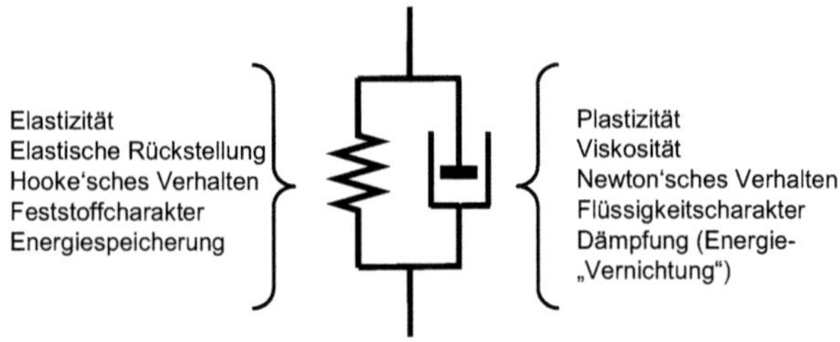

Abb. 2.6 Feder- und Dämpfelement im Kelvin/Voigt Modell und ihre Bedeutung bei der Erklärung der mechanischen Eigenschaften von Klebstoffen

bei Klebungen unerwünscht ist. Sie führt zu Verschiebungen der miteinander verbundenen Bauteile.

In Abb. 2.6 ist anhand des Kelvin/Voigt Modells der Einfluss von Feder- und Dämpfelement auf die verschiedenen Eigenschaften eines Klebstoffs schematisch dargestellt. Das Federelement beeinflusst den Speichermodul, das Dämpfelement den Verlustmodul.

Der zeitliche Einfluss bei der Verformung von Klebstoffen lässt sich wie folgt zusammenfassen:

- *Elastische Verformung*: wirkt sofort bei Belastung und verschwindet sofort bei Entlastung
- *Viskoelastische Verformung*: wirkt zeitabhängig (verzögert) bei Belastung und verschwindet zeitabhängig und vollständig bei Entlastung
- *Plastische Verformung*: wirkt zeitabhängig (verzögert) bei Belastung und verschwindet nicht bei Entlastung. Sie tritt erst nach Überschreiten einer Mindestspannung, der Kriechgrenze, auf.

▸ **Info** *Hyperelastizität*: Gelegentliche Bezeichnung des typischen nichtlinear elastischen Verhaltens eines (elastischen) Klebstoffs.

▸ **Info** Jeder elastische Klebstoff zeigt rohstoff- und formulierungsbedingt ein gewisses plastisches und viskoelastisches Verhalten[6], das bei der Auslegung einer Klebung berücksichtigt werden muss.

[6] Strenggenommen ist daher die Bezeichnung „elastischer" Klebstoff nicht ganz korrekt.

2.3 Kleben heißt Fügen

Kleben ist ein stoffschlüssiges Verfahren zum Verbinden (Fügen) von Werkstoffen mittels nichtmetallischer Produkte (im Gegensatz zum Löten und Schweißen). Die Verbindung kommt durch einen Hilfsstoff, den Klebstoff, zustande.

Bei den Fertigungsverfahren nach DIN 8580 erscheint das Kleben unter „Fügen" nach DIN 8593-0 als Gruppe 4.8. Die chemisch reaktiv aushärtenden Klebstoffe – zu denen auch die elastischen Klebstoffe zählen – befinden sich in der Untergruppe 4.8.2 (Abb. 2.7).

Die Klebstoffe selbst werden meist nach der ihnen zugrunde liegenden Chemie (auch in diesem Buch) eingeteilt. So spricht man bei den Reaktivklebstoffen von Epoxid-, Acrylat- oder Polyurethanklebstoffen etc. Es sind auch noch viele andere Einteilungsmöglichkeiten denkbar und teilweise in Gebrauch, z. B. über das Härtungsverhalten (chemisch, physikalisch), das Vorhandensein von Lösemitteln

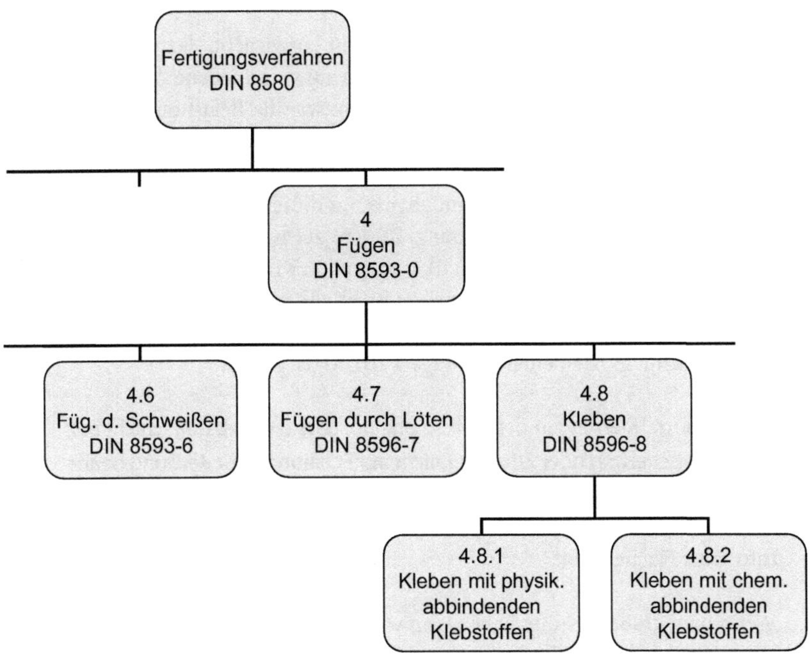

Abb. 2.7 Fertigungsverfahren nach DIN 8580, Fügen

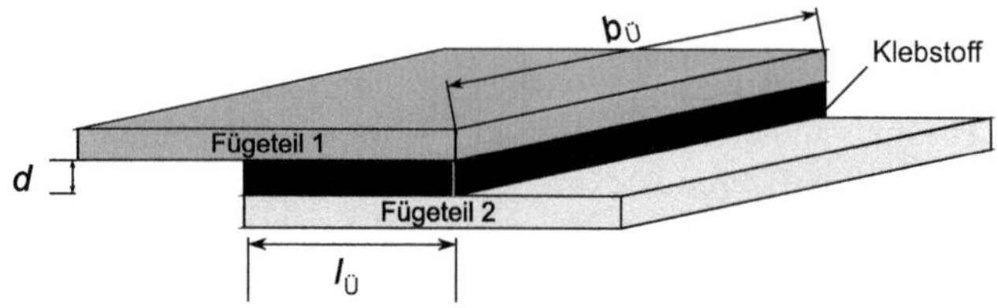

Abb. 2.8 Geklebte einschnittige (einseitige) Überlappung

(mit/ohne) oder nach der Zahl der Komponenten (1 K-, 2 K-, Pseudo-2 K). Auch nach der Verwendung (Haushaltsklebstoffe, Industrieklebstoffe etc.) ist eine Einteilung möglich.

Jede Klebung besteht aus mindestens zwei durch den Klebstoff verbundenen Fügeteilen (Abb. 2.8). Charakteristische Größen einer Klebung sind die Klebschichtdicke d, die Überlappungslänge (gelegentlich auch als Überlappungstiefe bezeichnet) $l_{ü}$ und die Überlappungsbreite $b_{ü}$.

Eine Klebung – ob steif oder elastisch – dient vorwiegend dazu, Kräfte von einem Fügeteil in ein anderes zu leiten. Dies kann auf verschiedene Arten geschehen (Abb. 2.9). Hierbei muss unterschieden werden, wie die Belastung des Klebstoffs erfolgt. Zug-, Schub- (Scherung) und Druckbelastung sind die für eine Klebung idealen Beanspruchungsarten. Bei der Auslegung sollte daher vordringlich darauf geachtet werden, dass der Klebstoff möglichst nur diesen Belastungen ausgesetzt ist und nicht einer Schälung oder Kerbung. Zudem zeichnen sich klebgerechte Konstruktionen dadurch aus, dass die zu übertragenden Kräfte *flächig* und *gleichmäßig* in die Bauteile eingeleitet werden. Die hier nicht näher ausgeführte *Torsion* ist eine Scher-/Schubbeanspruchung. In Abb. 2.10 sind die erwünschten bzw. unerwünschten Beanspruchungsarten einer Klebfuge wertend dargestellt.

▸ **Achtung!** Klebungen generell so planen, dass die Klebstoffschicht auf Druck, Scherung oder Zug, aber *nicht* auf Schälung oder Kerbung beansprucht wird.

▸ **Info** Nur Fläche klebt!

Wenn man größere Kräfte übertragen will, kann man bei gegebener Klebfläche entweder steifere Klebstoffe verwenden oder man muss die Klebfläche vergrößern. Steife Klebstoffe zeigen eine geringere Bewegungsaufnahme als elastische. So wird man bei elastischen Klebungen wohl eher die Klebfläche vergrößern, z. B. in einer

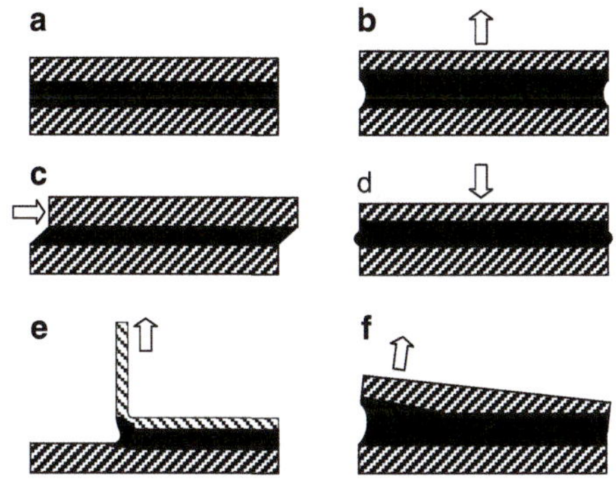

Abb. 2.9 Beanspruchungsarten einer (elastischen) Klebung; **a** Ausgangsstellung, **b** Zug, **c** Schub (Scherung), **d** Druck, **e** 90° Schälung, **f** Kerbung

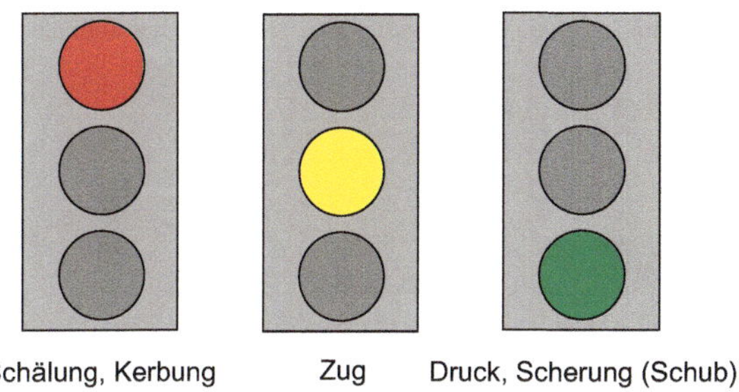

Abb. 2.10 Beanspruchungen einer Klebfuge

einschnittigen Überlappung. Um die Klebfläche zu vergrößern, werden in vielen Lehrbüchern geschäftete oder gestufte Klebfugen (Flansche) gezeigt. Es ist prinzipiell möglich und richtig, durch diese Konstruktionen die zur Verfügung stehende Fläche zu vergrößern. Allein wegen des hohen Aufwands, derartige Anschlüsse aus einem massiven Werkstück zu fertigen, dürften diese nur in speziellen Anwendungen zum Einsatz kommen. Bei elastischen Verklebungen werden sie praktisch nicht verwendet. Zusammengesetzte stufige Konstruktionen mit zurückgesetzter Klebfläche sind dagegen bekannter. Sie dienen dazu, Bündigkeit des verklebten Bauteils mit dem anderen zu erzielen; Beispiel: Scheibenverklebung in Bussen und Straßenbahnen. Neben der klassischen einschnittigen Überlappung ist in der Blechverarbeitung auch eine gekröpfte einschnittige Überlappung rationell herstellbar. Dadurch kann der Versatz der beiden Fügeteile vermieden und eine glatte Oberfläche erzielt werden (Abb. 2.11).

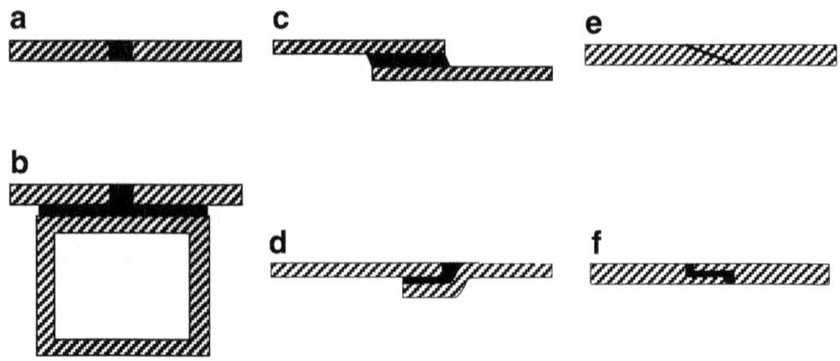

Abb. 2.11 Verklebung von flächigen Bauteilen; **a** stumpfer Stoß - sehr ungünstig, **b** stumpf stoßende Bleche, verklebt mit Kastenprofil - günstig, **c** einschnittige Überlappung - günstig, **d** einschnittige Überlappung mit gekröpftem Blech - günstig, **e** geschäfteter Stoß - günstig, aber schwierig herstellbar, **f** Flansch - günstig, aber schwierig herstellbar

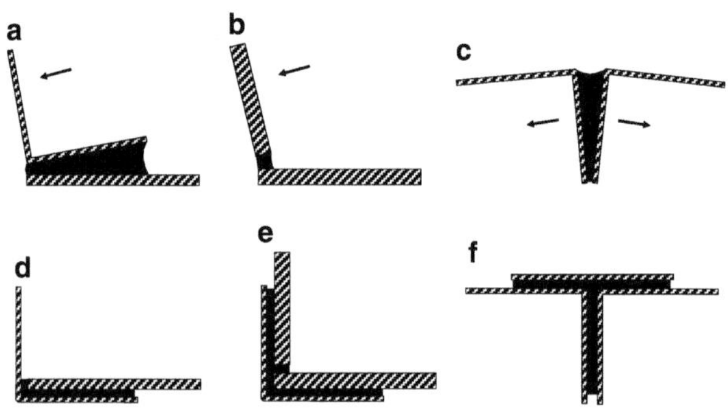

Abb. 2.12 Verklebung von Winkelprofilen; ungünstige (**a–c**) und günstige (**d–f**) Gestaltung von Klebfugen, **b** besonders ungünstig

Käme es zu Schälbeanspruchungen, muss die Konstruktion so lange geändert werden bis die Schälbelastung durch eine günstigere ersetzt worden ist. Das gilt auch bei der Verwendung zähelastischer Klebstoffe, die Schälungen/Kerbungen eher tolerieren als steife Klebstoffe. In Abb. 2.12 sind einige günstige und zu vermeidende Beanspruchungsarten aufgeführt, wie sie in der Praxis oft vorkommen. Bei jeglicher Planung einer Klebung ist immer der Kernsatz zu berücksichtigen: „Nur Fläche klebt!“ Die Krafteinleitung muss daher immer über Flächen erfolgen.

Ist die Belastung einer Klebung größer als die Festigkeit eines Fügeteils, des Klebstoffs oder der Grenzschichten, kommt es zum Bruch (Abb. 2.13). In aller Regel geht man beim Testen von steifen Verklebungen bei Fügeteilbruch von einer „guten“ Ver-

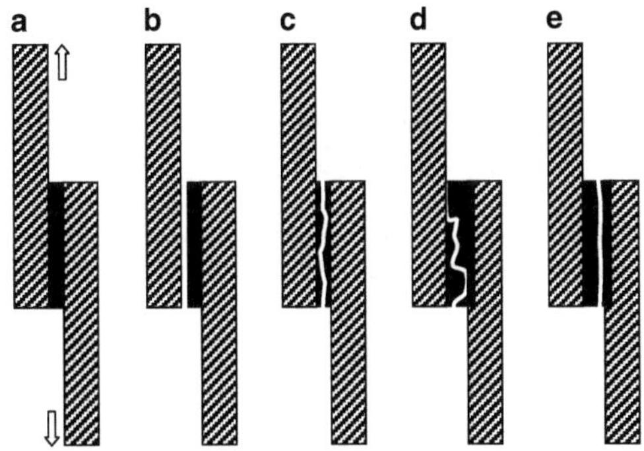

Abb. 2.13 Bruchbilder von geklebten Zugscherproben; **a** unbelastete Probe, **b** adhäsiver Bruch zwischen Fügeteil und Klebstoff, **c** kohäsiver Bruch im Klebstoff, **d** Mischbruch, **e** kohäsiver Bruch im Klebstoff nahe dem Fügeteil (Filmbruch)

klebung aus. Da elastische Klebstoffe generell nur niedrigere Kräfte als die meisten Fügeteile aufnehmen können, wird ein kohäsiver Bruch in der Klebstoffschicht als positives Ergebnis gewertet, sofern er sich im spezifizierten Festigkeitsbereich ereignet. Alle anderen Brucharten sollten vermieden werden, weil ihnen immer eine gewisse Unsicherheit anhaftet.

2.4 Erst Benetzung, dann Adhäsion und Kohäsion

Benetzung und Oberflächenspannung Es klingt vielleicht trivial, aber die wichtigste Voraussetzung einer erfolgreichen Klebung ist die Benetzung des Untergrunds durch den Klebstoff, d. h. der Klebstoff muss auf molekularer Ebene in intensiven Kontakt zum Fügeteil kommen. Ist dies nicht gegeben, kommt keine haltbare Verklebung zustande.

▸ **Info** *Benetzung* ist eine für die Haftung notwendige, aber noch keine hinreichende Voraussetzung.

Wenn Flüssigkeiten auf eine Fläche aufgebracht werden, dann zeigen sie, je nach Art der Flüssigkeit bzw. des Untergrundes, ein ganz unterschiedliches Benetzungsverhalten: Ein Lösemittel, beispielsweise Aceton, benetzt sehr viele Untergründe wie Metalle, viele Kunststoffe aber auch Glas, Fliesen oder lackierte Flächen. Die Benetzung ist so gut, dass man auch von Spreitung (Ausbreitung) auf der Oberfläche spricht. Aceton hat auch noch den Vorteil, dass es sehr niederviskos (dünnflüssig) ist und deshalb ohne Weiteres in innigsten Kontakt mit der festen Oberfläche kommen kann. Ebenfalls dünnflüssig ist auch Wasser, doch es ist bekannt, dass Wasser

Abb. 2.14 Benetzungsverhalten von Wasser auf verschiedenen Oberflächen; **a** sehr gute Benetzung, Spreitung, **b** ausreichende Benetzung, **c** unzureichende Benetzung

keinesfalls alle festen Oberflächen gleich gut benetzt: Auf vielen Lacken oder Kunststoffen perlt Wasser ab, ohne den Untergrund benetzt, d. h. eingenässt zu haben. Ein Maß für dieses unterschiedliche Verhalten ist der *Randwinkel*, den ein Tropfen einer Flüssigkeit zum Untergrund ausbildet. Während der Randwinkel zwischen Aceton und sehr vielen Werkstoffen nahe Null ist, hat man einen deutlichen Randwinkel zwischen Wasser und manchen Werkstoffen. Der Randwinkel ist eine gut messbare Größe. Ist er kleiner als 30° (a), kann man von sehr guter Benetzung ausgehen, ist er kleiner als 90° (b), spricht man von Benetzung und beträgt er über 90° (c), erfolgte keine Benetzung mehr (Abb. 2.14).

Der Grund für das unterschiedliche Verhalten von Aceton und Wasser liegt in der unterschiedlichen Polarität der beiden Flüssigkeiten: Während Aceton (relativ) unpolar ist, ist Wasser das genaue Gegenteil, es ist eine der polarsten Flüssigkeiten, mit der man im Normalfall in Berührung kommt. Die Polarität des Untergrundes spielt für das Verkleben die noch größere Rolle. Metalle sind z. B. sehr polar, die meisten Kunststoffe dagegen unpolar. Polyethylen (PE), Polypropylen (PP), Polyoxymethylen (POM) oder Polytetrafluorethylen (PTFE) sind sehr niederenergetische (unpolare) und damit schwer zu benetzende Kunststoffe (Tab. 2.2). Sie sind ohne eine spezielle Ätzvorbehandlung kaum kraftschlüssig zu verkleben.[7]

In Tab. 2.3 sind die Oberflächenspannungen (Polaritätswerte, Oberflächenenergien) einiger Werkstoffe aufgeführt. Nur wenn die Polaritäten von Kleb- und Werkstoff „zusammenpassen", erfolgt die Benetzung. Auch Klebstoffe haben unterschiedliche Oberflächenenergien. Solche mit niedriger Oberflächenenergie („niederenergetische"), z. B. Silikon(kleb-)dichtstoffe haften an nahezu allen Oberflächen, einerlei ob an Kunststoffen, Metallen, Glas, lackierten Flächen oder mineralischen Untergründen. Kleb- und Dichtstoffe mit relativ hoher Oberflächenenergie, wie z. B. die Polyurethane, haften hervorragend auf polaren Untergründen, auf unpolaren aber

[7] Seit einiger Zeit gibt es Klebstoffe für PE, PP und POM, bei denen die Oberflächenvorbehandlung bereits integriert ist. PTFE muss weiterhin separat oberflächenbehandelt werden.

Tab. 2.2 Orientierende Informationen zur generellen Verklebbarkeit von Kunststoffen

Eher gut verklebbar	Eher schlecht verklebbar
Epoxidharz (EP)	Polyethylen (PE)
Harnstoff-Formaldehydharz (UF)	Polyoxymethylen (POM)
Melamin-Formaldehydharz (MF)	Polypropylen (PP)
Phenol-Formaldehydharz (PF)	Polytetrafluorethylen (PTFE)
Polyamid (PA)	Silikon (MQ)
Polycarbonat (PC)	
Polymethylmethacrylat (PMMA)	
Polyurethan (PU)	

Anmerkung: In allen obigen Fällen handelt es sich um nicht vorbehandelte oder oberflächenmodifizierte Kunststoffe

Tab. 2.3 Oberflächenspannungen (Oberflächenenergien) einiger Werkstoffe in mN/m

Metalle	Kunststoffe	Mineralische Baustoffe	Sonstiges
Zink: 1000	PTFE: 19	Glas: 290–300	Silikonöl: 22
Aluminium: 1200	Silikone: 24	Keramik: 500–1500	Wachs: 26
Kupfer: 1900	Naturkautschuk: 24		Wasser: 73
Titan: 2000	Polypropylen: 29–31		
Chrom: 2400	Polyethylen: 31–35		
Nickel: 2400	Polycarbonat: 34–37		
Eisen: 2500	PMMA: 33–44		
	PETP: 42		
	Polyamid: 47		

Anmerkung: Die genaue Zusammensetzung der einzelnen Werkstoffe beeinflusst die Werte sehr stark. Alle Angaben sind daher nur als Anhaltspunkte zu verwenden.

versagen sie. Zum Aufbau einer optimalen Haftung sind vorzugsweise chemische Wechselwirkungen zwischen Klebstoff und Substrat nötig.

▸ **Info** Die Oberflächenspannungen der meisten Klebstoffe liegen zwischen 20–50 mN/m.

Die Oberflächenspannungen der meisten Klebstoffe, die ja Kunststoffe im weiteren Sinne sind, liegen zwischen 20–50 mN/m und sind damit eher im niederenergetischen Bereich angesiedelt. Für viele Kunststoffverklebungen sind daher Oberflächenvorbehandlungen nötig (s. Abschn. 6.3).

▸ **Info** Nur wenn der Werkstoff eine höhere (maximal gleiche) Oberflächenspannung wie der Kleb- oder Dichtstoff aufweist, erfolgt Benetzung. Sehr unpolare Werkstoffe müssen daher vorbehandelt werden, um klebgeeignet zu sein.

Für einen ersten Benetzungstest zur Bestimmung der Haftfreudigkeit eines Untergrundes kann man Wasser darauf spritzen: Perlt es spontan ab, müssen weitergehende Untersuchungen angestellt werden, bevor ein Klebstoff aufgebracht wird. Spreitet das Wasser, dürfte die Oberflächenenergie in einem brauchbaren, d. h. hohen, Bereich liegen. Die Oberflächenenergie eines Werkstücks sollte man aber besser mit Teststiften (einfachere Handhabung) oder -tinten (genauere Ergebnisse) bestimmen.

Testtinten sind eingefärbte Flüssigkeiten mit genau bekannter Oberflächenspannung. Im Handel sind Testtintensätze erhältlich, deren Tinten eine Spanne von 30–72 mN/m, gestaffelt in Zweierschritten, abdecken. Um die Oberflächenspannung eines Werkstoffs nach ISO 8296, Kunststoffe - Folien und Bahnen - Bestimmung der Benetzungsspannung, zu bestimmen, trägt man die Tinte mit dem höchsten Wert auf. Wenn sie abperlt, wiederholt man den Test mit der um 2 mN/m niedrigeren Tinte jeweils solange, bis die Tinte das Werkstück benetzt. Der Wert davor entspricht der Oberflächenspannung des Werkstücks. Diese Tinten reagieren empfindlich auf Verunreinigungen und sind begrenzt haltbar, ergeben aber genaue Werte.

Jedes zu verklebende Werkstück ist, mikroskopisch betrachtet, rau – und mag es auch noch so glänzend poliert sein. Der Klebstoff muss also, wenn eine vollflächige Benetzung vonstatten gehen soll, auch die „Täler" in der rauen Oberfläche ausfüllen, damit keine Klebefläche verschenkt wird. Das könnte man beispielsweise dadurch erreichen, dass man die Formulierung ziemlich dünnflüssig einstellt. Am einfachsten geschieht dies durch einen Zusatz von Lösemitteln – ein Weg, der heutzutage aus Umweltgründen aber nur noch zögerlich beschritten wird. Ein dünnflüssiger Klebstoff (oder ein Primer) umfließt leicht die Erhebungen und Täler, die jedes zu verklebende Substrat an seiner Oberfläche aufweist. Benetzt ein aufgebrachter Kleb- oder Dichtstoff etwa nur die Spitzen, wenn er beispielsweise hochviskos (zäh) ist, wird die Fläche der Täler zum Haftungsaufbau und zur Kraftübertragung verschenkt (Abb. 2.15). Elastische Klebstoffe sind in der Regel allerdings ziemlich hochviskos; daher muss dem Thema Anpressdruck/Benetzung ein besonderes Augenmerk geschenkt werden. Bei sehr rauem Untergrund (z. B. Grauguss)

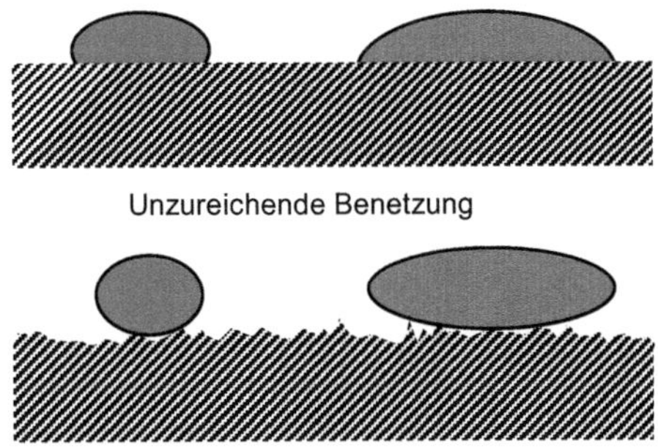

Abb. 2.15 Einfluss der Rauigkeit des zu verklebenden Werkstücks auf die Benetzung bei zähflüssigen Klebstoffen

könnte es sogar zur Unterwanderung durch kapillar eindringendes Wasser kommen, wenn der Klebstoff nicht entsprechend angepresst wird.

Aber auch mit hochviskosen elastischen Klebstoffen kann man gute Benetzung erzielen: Man muss sie nur entsprechend kräftig einpressen bzw. die Fügeteile andrücken, sodass auch die „Täler" der unvermeidlichen Oberflächenrauigkeiten ausgefüllt werden. Eine Temperaturerhöhung, dort wo möglich, senkt die Viskosität des Klebstoffs und erhöht somit die Chance auf gutes Anfließen.

Manchmal dauert es auch eine gewisse Zeit, bis es nach Kontaktierung des Werkstoffs mit dem Klebstoff zu einer Benetzung kommt, weil sich manche Moleküle in der Grenzschicht erst in geeigneter Weise anordnen müssen. Dies ist ein Effekt, der gelegentlich beim Abdichten mit nichtreaktiven Butyldichtstoffen auftritt aber auch bei hochviskosen elastischen Klebstoffen beobachtet wird. Hier bezeichnet man dies als „Reifung der Grenzschicht".

Woher kann eine schlechte Benetzung kommen? Dies kann materialbedingt sein, wenn das Fügeteil eine zu geringe Oberflächenspannung im Vergleich zum Klebstoff aufweist. Dem kann durch eine entsprechende Vorbehandlung in den meisten Fällen abgeholfen werden – nachdem natürlich die mangelnde Oberflächenspannung als der wahre Grund der fehlenden Benetzung ermittelt worden ist. Auch eine häufig anzutreffende, nicht immer sichtbare, Verunreinigung der Oberfläche durch Fette, Öle (Fingerabdrücke!) oder einen Hauch von Silikon mag eine Ursache von schlechter Benetzung sein. Hier schafft ebenfalls eine entsprechende Oberflächenbehandlung die Voraussetzung für erfolgreiche Haftung.

Aber auch der elastische Klebstoff selbst kann für Benetzungsprobleme mit verantwortlich sein: Wenn er beispielsweise, wie schon angedeutet, in der Viskosität zu hoch ist, entweder typbedingt oder weil er zu kalt ist, wird sich keine gute Benetzung einstellen. Ist ein Klebstoff überlagert, kann er vorreagiert sein („angesprungen") oder es wurde schlichtweg beim Fügen zu langsam gearbeitet, sodass sich bereits eine nicht immer sichtbare Haut gebildet hat. Auch hier stellen sich Benetzungsprobleme ein. Die entsprechenden Abhilfemaßnahmen ergeben sich durch Vermeidung der negativen Einflüsse.

Zusammengefasst sind die Hauptursachen für schlechte Benetzung:

- zu geringe Oberflächenspannung des Fügeteilwerkstoffs im Verhältnis zum Klebstoff
- Verschmutzung des Fügeteils durch haftungsfeindliche Schichten wie Öl, Fett, Silikone, Fingerabdrücke – aber auch Wasser (Tau!)
- zu hohe Viskosität des Klebstoffs (falsches Produkt, zu kalt, überlagert oder „angesprungen")
- verfrühte Hautbildung oder zu langsames Arbeiten bei einkomponentigen Systemen
- zu raue Oberfläche.

Adhäsion Kleben ist untrennbar mit dem Begriff Adhäsion verbunden. Dieses, aus dem Lateinischen (*adhaerere*) entliehene Wort bedeutet nichts anderes als „Haftung". Es gibt mehrere Mechanismen, die in unterschiedlichem Maße (absteigend sortiert) zur Haftung beitragen:

- chemische Bindungen (meist sehr stabil, Idealzustand)
- elektrische Anziehungskräfte (elektrostatisch, elektrodynamisch)
- Absorptionseffekte (Benetzung, thermodynamische Effekte)
- Diffusionseffekte („Quellschweißen" bei lösemittelhaltigen Klebstoffen)
- mechanische Verkrallungen (Aufrauen der Fügeteile).

Am unbedeutendsten ist die mechanische Verkrallung; allerdings wird durch Aufrauen die Oberfläche des Fügeteils gereinigt und aktiviert. Physikalische Haftung über unterschiedliche elektrische Wechselwirkungen von Molekülen im Nahbereich (wenige Nanometer) und die anzustrebende Haftung über chemische Bindungen sind wesentlich wichtiger (Abb. 2.16).

Chemische Bindungen sind ca. 10–100-mal stärker als physikalische Wechselwirkungen. Dies bedeutet, dass beim elastischen Kleben alle Anstrengung darauf gerichtet sein muss, *stabile chemische Bindungen* zwischen Klebstoff und Fügeteil zu erzielen. Neben einer gründlichen Oberflächenreinigung oder Primervorbehandlung dienen auch weitere (physikalische) Methoden zur Verbesserung der chemischen Haftung (s. Abschn. 6.3). Die Qualität der Oberfläche übt also einen entscheidenden Einfluss auf die Qualität der Verklebung aus. Der beste Klebstoff versagt,

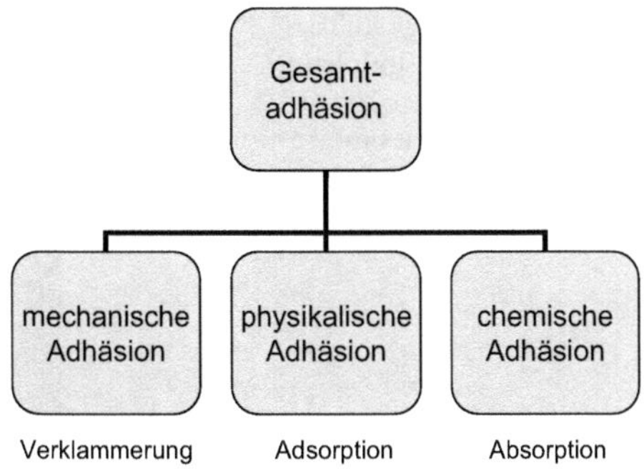

Abb. 2.16 Mechanismen der Adhäsion

wenn er sich nicht dauerhaft mit dem Fügeteil verbinden kann. Während bei einem Dichtstoff eine befriedigende Adhäsion schon ausreichen kann, um keine Medien durch eine Fuge dringen zu lassen, werden bei einem Klebstoff Kräfte übertragen. Dies bedeutet, dass die Oberfläche des Werkstücks nicht nur so sauber sein muss, dass sich überhaupt Haftungskräfte aufbauen können, sondern sie muss zudem noch *tragfähig* sein, damit die Kräfte zwischen den beiden Fügeteilen übertragen werden können, ohne dass sich oberflächennahe Schichten der Fügeteile lösen. Die Haftung muss übrigens unter allen geplanten Betriebszuständen der geklebten Konstruktion gegeben sein. Beispielsweise darf die Klebung auch bei erhöhten Temperaturen, bei Vibrationen oder bei Wasserzutritt nicht versagen, solange sich die Belastungen innerhalb der spezifizierten Werte bewegen.

Kohäsion Die Kohäsion beschreibt die innere Festigkeit eines Klebstoffs, hervorgerufen durch chemische Bindungen oder zwischenmolekulare Kräfte. Der Begriff *cohaerere* stammt aus dem Lateinischen und bedeutet „zusammenhalten". Man könnte auch sagen, die Kohäsion ist die Haftung des Klebstoffs in sich selbst. Kohäsion kann man auch als Widerstand eines Klebstoffs gegen äußere Kräfte beim Auseinanderziehen der geklebten Fügeteile verstehen (Abb. 2.17). Die Kohäsion hängt sehr stark von Art und Struktur des (Kleb-)stoffs ab und ist eine Materialeigenschaft. Wie aus dem Alltag wohlbekannt ist, kann die Kohäsion von Werkstoffen sehr unterschiedlich sein: Strukturelle Klebstoffe haben eine sehr hohe und weiche Dichtstoffe eine entsprechend geringere Kohäsion. Klebstoffe sind demnach „fester" als Dichtstoffe. Die Reißfestigkeit eines Werkstoffs ist ein Maß für seine Kohäsion.

▸ **Info** Kohäsion ist die „innere Adhäsion" eines Klebstoffs zu sich selbst.

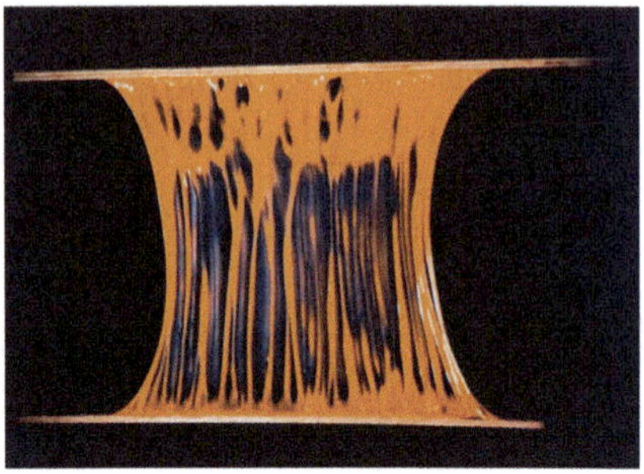

Abb. 2.17 Geringe Kohäsion eines Haftklebstoffs beim Auseinanderziehen der verklebten Substrate (Foto: Henkel AG & Co. KGaA)

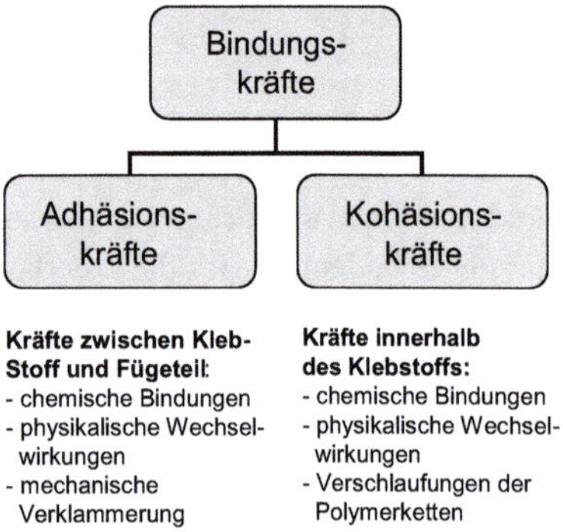

Abb. 2.18 Bestimmende Größen von Adhäsion und Kohäsion in einem geklebten Verbund

Die Temperatur spielt für die Stärke der Kohäsion ebenfalls eine große Rolle. Bei steigender Temperatur werden alle Kunststoffe, d. h. auch Klebstoffe, weicher, sie verlieren an innerer Festigkeit, an Kohäsion. Sie können daher nur geringere Kräfte übertragen als bei tieferen Temperaturen. Abbaureaktionen, z. B. durch UV-Strahlung, Wärme oder Chemikalien können sich auch negativ auf die Kohäsion auswirken, was bei einem Klebstoff bedeutet, dass er in sich reißen kann und dadurch der Verbund versagt. Blasen, Lunker oder andere Fehlstellen schwächen ebenfalls die Kohäsion und sind daher möglichst zu vermeiden.

Der geklebte Verbund In einem kraftübertragenden, geklebten Verbund müssen die Adhäsion und Kohäsion (und die Festigkeit der Fügeteile) so abgestimmt sein, dass kein Versagen eintritt. In Abb. 2.18 sind die bestimmenden Faktoren zusammengefasst.

Man kann sich einen unter mechanischer Spannung stehenden, geklebten Verbund wie eine Kette mit unterschiedlich starken Gliedern vorstellen. Sie beginnt mit dem Werkstoff des ersten Fügeteils, führt über die Grenzschicht(en) zum Klebstoff, dann zur Grenzschicht am zweiten Fügeteils und schließlich zum zweiten Fügeteil selbst. Das schwächste Glied der Kette ist entscheidend für die Gesamt-Tragfähigkeit der Klebung. „Kritisch“ für den Erfolg einer Klebung ist in den meisten Fällen eine hauchdünne Schicht zwischen Klebstoff und Fügeteil. Diese Schicht besteht in den wenigsten Fällen aus dem reinen Werkstoff oder dem reinen Klebstoff. Auf den allermeisten Werkstoffen befinden sich oberflächennahe Schichten, die sich vom eigentlichen Hauptteil des Werkstoffs unterscheiden; dasselbe gilt für den Klebstoff (s. Abschn. 6.3).

2.5 Was ist das Besondere an elastischen Klebstoffen?

Für die *elastischen Klebstoffe* (auch: Dickschichtklebstoffe, Klebdichtstoffe, Dichtklebstoffe, semistrukturelle Klebstoffe) existiert erstaunlicherweise keine allgemeingültige Norm zur Abgrenzung von den strukturellen Klebstoffen einerseits und Dichtstoffen andererseits. Der normfreie Zustand dürfte wohl daher rühren, dass die elastischen Klebstoffe eine Art Zwitterstellung einnehmen. Daher sei der folgende Versuch einer näherungsweisen Einordnung über die Zugfestigkeiten und Reißdehnungen von den strukturellen Klebstoffen und Dichtstoffen unternommen:

- Strukturklebstoff: hohe Festigkeit (10–30+ MPa); geringe Reißdehnung (0–70 %)
- Elastischer (semistruktureller) Klebstoff: mittlere Festigkeit (1–10 MPa); mittlere Reißdehnung (70–300 %)
- Elastischer Dichtstoff: niedrige Festigkeit (< 1 MPa); hohe Reißdehnung (250–600+ %).

Diese Einteilung entbehrt zugegebenermaßen nicht einer gewissen Willkür: Die angegebenen Grenzen sind daher keineswegs als scharf anzusehen, sondern sollen nur ungefähre Richtwerte darstellen.[8] Auch das nachstehende Schema kann nur als grober Wegweiser dienen (Abb. 2.19). Man erkennt rechts unten das Feld der Dichtstoffe, die auch bei erheblicher Dehnung nur relativ geringe Kräfte entwickeln und damit in einer „arbeitenden“ Dehnfuge die Fugenflanken auch nur gering auf Zug belasten. Die elastischen Klebstoffe liegen im Mittelfeld, was Dehnung und Kraftübertragung anbelangt, während die Strukturklebstoffe hohe Kräfte von einem Fügeteil auf das andere übertragen können.

[8] In einer ebenfalls verbreiteten Definition werden elastische Dickschichtklebungen über eine Zugscherfestigkeit von ≤ 5 MPa definiert. Eine Abgrenzung (nach unten) zu den Dichtstoffen ist hierbei nicht vorgesehen.

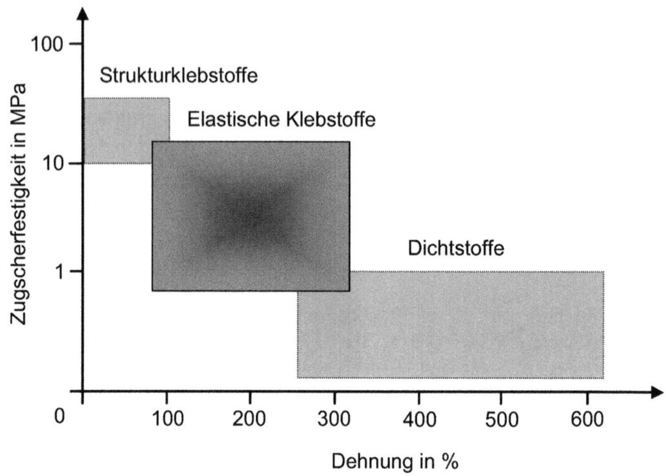

Abb. 2.19 Vereinfachte Darstellung der Zug-Dehnungsbereiche von Dichtstoffen, elastischen Klebstoffen und Strukturklebstoffen

Abb. 2.20 Abgrenzung der Kleb- und Dichtstoffe von den elastischen Klebstoffen über Kraftübertragung und Spaltfüllung

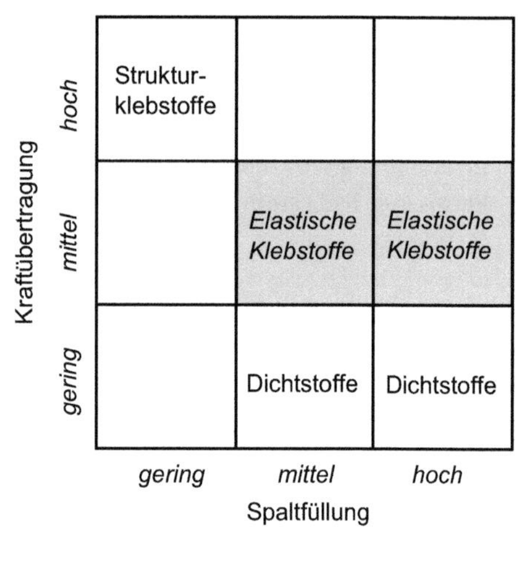

Eine weitere – qualitative – Abgrenzung der Kleb- und Dichtstoffe von den elastischen Klebstoffen kann man schematisch über die Kraftübertragung bzw. Spaltfüllung vornehmen, wie sie in Abb. 2.20 dargestellt ist.

Es hat, trotz der unbefriedigenden Normsituation, natürlich nicht an Versuchen gefehlt, die elastischen Klebstoffe zu definieren, wie aus dem nachstehenden Absatz hervorgeht, der eine sehr allgemeine Definition darstellt:

▸ **Info** Ein *elastischer Klebstoff* wird als spritzbare Masse in eine Fuge eingebracht, verfestigt sich zu einem elastischen Formkörper und kann gewisse Kräfte zwischen den verklebten Werkstoffen übertragen und Bewegungen aufnehmen.

Das elastische Kleben selbst, das für den Anwender so wichtig ist, lässt sich über eine beschreibende Definition gut darstellen:

▸ **Info** *Elastisches Kleben* ist die stoffschlüssige Verbindung von gleichen oder unterschiedlichen Fügeteilen, um dynamische Kräfte und thermisch bedingte Ausdehnungen aufzunehmen.

Eine Arbeitsgruppe des DVS (Deutscher Verband für Schweißen und verwandte Verfahren e. V.) machte es sich zur Aufgabe, ein Merkblatt (Elastisches Dickschichtkleben im Schienenfahrzeugbau, Merkblatt DVS 1618) zu erarbeiten, dem die nachstehende, deutlich spezieller gefasste Definition entnommen ist:

▸ **Info** *Elastische Dickschichtverklebungen* (...) sind Klebeverbindungen, deren Klebespaltdicke größer als 1,5 mm ist. Dabei kommt ein Klebstoff zur Anwendung, der im abgebundenen Zustand gummielastische Eigenschaften besitzt und Schub-(wechsel-)verformungen von mehr als 15 % der Klebespaltdicke auf Dauer schädigungsfrei ertragen kann (Merkblatt DVS 1618).

Auch hier wurden gewisse zahlenmäßige Grenzen festgelegt, die natürlich in Frage gestellt werden können. Trotzdem ist es sehr positiv zu werten, dass der Versuch unternommen wurde, die zwischen strukturellen Klebstoffen und Dichtstoffen liegenden elastischen Klebstoffe ein wenig genauer einzugrenzen. Man kann selbstverständlich auch mit einem Dichtstoff kleben, es können hier allerdings nur geringe Kräfte übertragen werden. Hat man aber eine genügend große Klebefläche und kein Problem mit der vergleichsweise hohen Dehnfähigkeit der Dichtstoffe unter Last, steht einer niedrig beanspruchbaren Klebung auch mit einem Dichtstoff nichts im Wege.

Den vorstehenden Ausführungen ist zu entnehmen, dass keine genauen und allgemein anerkannten Grenzlinien zwischen den elastischen Klebstoffen und den Dichtstoffen gezogen werden können. Genauso wenig ist es natürlich auch nicht möglich, eine solche eindeutige Abtrennung zwischen den Strukturklebstoffen und

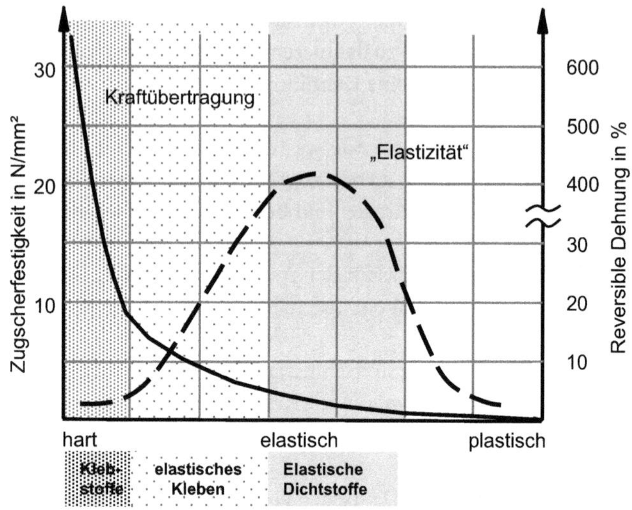

Abb. 2.21 Schematische Darstellung der graduellen Übergänge zwischen strukturellen Klebstoffen, elastischen Klebstoffen und Dichtstoffen

den elastischen Klebstoffen zu bestimmen, denn es gibt keinen sprunghaften Unterschied zwischen den beiden Produktgruppen. Alle genannten Produkte spiegeln eben nur verschiedenartige Facetten desselben Fügeprinzips wider. Die graduellen Übergänge zeigen sich auch deutlich in Abb. 2.21. Bei den Dichtstoffen ergibt sich, abhängig von chemischer Basis und Formulierung dann ein zusätzlicher, ebenfalls unscharfer, Übergang zu den plastischen Produkten, die in der industriellen und (bau-)handwerklichen Anwendung eine große Bedeutung haben.[9]

In der täglichen Praxis ist der Unterschied recht offensichtlich: Ein *Dichtstoff* soll abdichten, Fugen füllen, Fugen optisch aufwerten oder „verschwinden" lassen und/oder den Mediendurchtritt durch eine Fuge verhindern. Ein *Klebstoff* hingegen soll zwei Werkstücke miteinander verbinden, „kleben", was mit der Bedeutung „Kräfte übertragen" verknüpft ist.

Ein deutlicher Unterschied zwischen strukturellem Kleben und elastischem Kleben (bzw. Dichten) ist die Schichtdicke des Klebstoffes zwischen den Fügeteilen: Während bei strukturellen Verklebungen die Schichtdicke im Bereich von Zehntel-

[9] Näheres hierzu z. B. in: Pröbster, M., Baudichtstoffe, Vieweg+Teubner, Wiesbaden (2011).

Abb. 2.22 Elastisches Kleben setzt *Schichtdicke* im Klebespalt voraus

millimetern liegt – je dünner[10], desto bessere Kraftübertragung – ist für elastisches Kleben eine Schichtdicke im Bereich von mehreren Millimetern zwingende Voraussetzung für ein ordnungsgemäßes Funktionieren. Es ist gut nachvollziehbar, dass man eine gewisse Materialstärke braucht, damit sich die gummielastischen Eigenschaften des elastischen Klebstoffs überhaupt bemerkbar machen können, d. h. dass sich die Fügeteile ein wenig gegeneinander bewegen können. Die üblichen Schichtdicken für elastische Klebungen liegen häufig zwischen 1 mm und 5 mm, gelegentlich auch 10 mm, in manchen Fällen sogar noch höher (Abb. 2.22).

Als typischen Unterschied zwischen strukturellem und elastischem Kleben ist die *Verformung* der Klebschicht zu nennen, die bei der Scherung unter der Kraft F auftritt: Eine dünne, steife Klebstoffschicht verformt sich hierbei nur wenig; an den Enden der Schicht treten Spannungsspitzen auf. Wirkt dieselbe Kraft ($F_1 = F_2$) auf eine elastische (Dickschicht-)verklebung ein, wird eine stärkere Verformung beobachtet, die von geringeren Spannungsspitzen begleitet wird (Abb. 2.23). Bei einer zerstörenden Vergleichsprüfung dieser beiden Klebungen in einer Zugprüfmaschine würde man im Zugscherversuch mit einem strukturellen Klebstoff eine hohe Scherfestigkeit bei geringer Bruchdehnung messen. Bei der Prüfung eines elastischen Klebstoffs erhielte man eine geringe Scherfestigkeit bei hoher Bruchdehnung.

▸ **Info** Typische *Schichtdicken* beim Kleben und Dichten:

- Strukturelles Kleben: wenige 1/10 mm (0,05–0,15 mm)
- Elastisches Kleben: 1–10 mm (gelegentlich > 10 mm)

[10] Allerdings sollte 1/10 mm nicht unterschritten werden, um eine „ausgehungerte Klebfuge“ zu vermeiden.

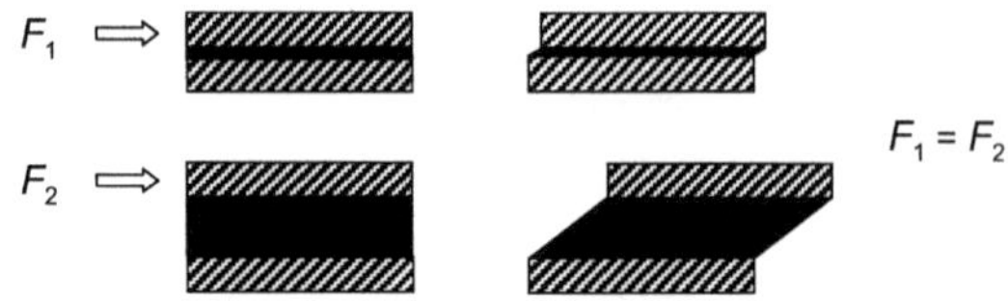

Abb. 2.23 Vergleich strukturelles (*oben*) und elastisches Kleben (*unten*): unterschiedliche Verformung bei gleicher Kraft

- Elastisches Dichten: 5–40 mm

Ein elastischer Klebstoff soll zwei Dinge bewerkstelligen: klebend Dichten bzw. dichtend Kleben. Dafür werden gewisse Kompromisse in Kauf genommen: Aus der Sicht der strukturellen Klebstoffe die (zu) niedrigen Festigkeiten, aus der Sicht der Dichtstoffe die (zu) niedrigen Reißdehnungen.

Es existiert noch eine weitere, gut nachvollziehbare Abgrenzung zwischen den Strukturklebstoffen und den elastischen Klebstoffen über das Bruchverhalten der Klebung unter Last:

▸ **Info** Beim zerstörenden Bruchversuch mit *strukturellen Klebstoffen* bricht idealerweise der Werkstoff vor dem Klebstoff (Substratbruch). Beim Bruchversuch mit *elastischen Klebstoffen* bricht i. d. R. die Verklebung. Adhäsives Versagen ist in beiden Fällen nicht gewünscht.

Die Arbeitsgruppe „Strukturelles Kleben und Dichten" des IVK (Industrieverband Klebstoffe e.V.) definierte 2005 eine *strukturelle* Verklebung so: „Eine strukturelle Klebung ist dadurch gekennzeichnet, dass sie zur Verbesserung der Steifigkeit, Festigkeit und/oder Beständigkeit eines Bauteils beiträgt." Diese sehr breit gefasste Definition könnte demnach auch für (manche) elastische Klebstoffe gelten und geht dadurch auf das Differenzierungsmerkmal der Relativbewegung der Fügeteile, die beim elastischen Kleben ein Charakteristikum darstellt, nicht ein. Steife Verklebungen lassen normalerweise (fast) keine Relativbewegungen der Fügeteile zu. Bei elastischen Verklebungen ist jedoch die kontrollierte (!) Bewegung der Fügeteile gegeneinander, z. B. zum Ausgleich von thermisch bedingten Längenänderungen, ausdrücklich zugelassen und erwünscht und muss in der Auslegung berücksichtigt werden.

Je dünner die Klebstoffschicht eines elastischen Klebstoffs ist, umso größer ist die Verformungsbehinderung, wenn die Fügeteile z. B. gegeneinander geschert werden und umso weniger „elastisch" ist die Klebung. Bei zu starker Beanspruchung können so Anrisse im Klebstoff entstehen.

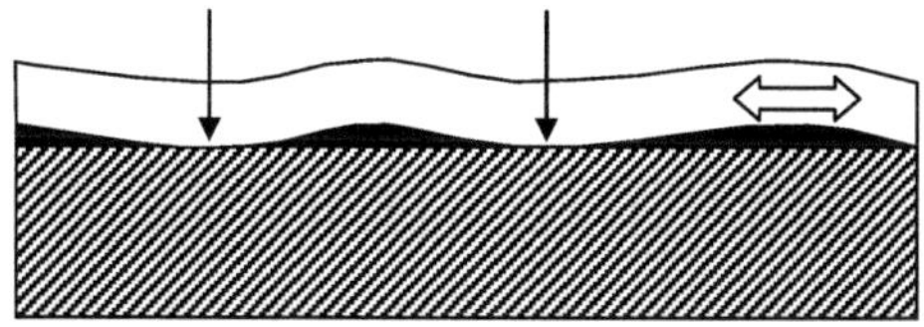

Abb. 2.24 „Ausgehungerte“ Klebfuge

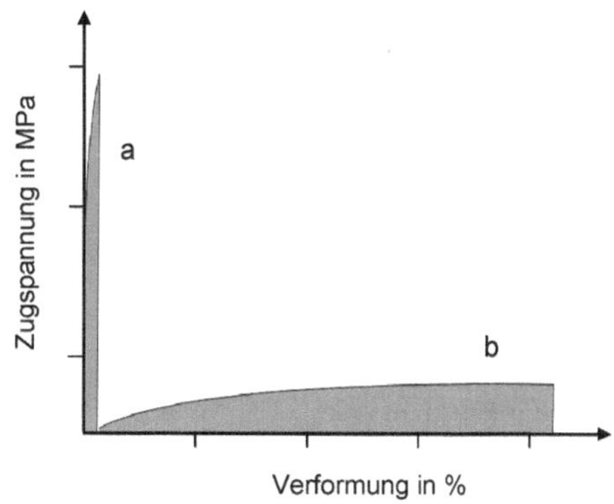

Abb. 2.25 Brucharbeit beim Zerreißen einer mit steifem (**a**) oder elastischem (**b**) Klebstoff geklebten Probe

▸ **Praxistipp** Damit sich die elastischen Eigenschaften eines Klebstoffs überhaupt bemerkbar machen können, muss eine *Mindest*schichtdicke von 1–2 mm gegeben sein. Klebfugen im Bereich 0–1 mm sind zu vermeiden.

Bei elastischen Verklebungen sind zu große Klebstoffdicken weniger schädlich als zu kleine. Wird versehentlich in Richtung 0 mm verpresst, weil z. B. Abstandhalterstücke vergessen wurden, können die Relativbewegungen zwischen den Bauteilen den Klebstoff an den zu stark verpressten Stellen überbeanspruchen (Abb. 2.24). An den gekennzeichneten Stellen tendiert die Klebschichtdicke gegen Null und damit eine horizontale Relativbewegung des hellen Fügeteils gegenüber dem Untergrund gegen Unendlich. Hier wird der Klebstoff in seiner prozentualen Dehnfähigkeit überfordert.

Einen weiteren Unterschied zwischen strukturellem und elastischem Kleben ist die Brucharbeit, die bei der Zerstörung einer Klebung zu leisten ist. Bei strukturellen Klebstoffen kommt es erst bei sehr hohen Belastungen zum Bruch. Er tritt dann schlagartig und bei geringer Bruchdehnung ein. Bei einer elastischen Verklebung sind, wie schon ausgeführt, die erzielbaren Festigkeiten erheblich niedriger. Der Bruch erfolgt erst nach beträchtlicher Dehnung des Klebstoffs. Die Flächen unter den Kurven von Abb. 2.25 geben die aufnehmbare Brucharbeit schematischen wieder. Der elastische Klebstoff kann eine höhere Brucharbeit aufnehmen als der steife.

Die elastischen Klebstoffe, die nachfolgend im Detail beschrieben werden, basieren auf der Chemie der:

- Silikone (Abschn. 4.1)
- Polyurethane (Abschn. 4.2)
- Silan-Hybridsysteme (Abschn. 4.3)
- Polysulfide (Abschn. 4.4).

Literatur

Brockmann, W., Geiß, P.L., Klingen, J., Schröder, K.B.: Klebtechnik: Klebstoffe, Anwendungen und Verfahren. Wiley-VCH, Weinheim (2005)

Habenicht, G.: Kleben. Grundlagen, Technologien, Anwendungen, 6. Aufl. Springer, Berlin (2008)

Habenicht, G.: Kleben – erfolgreich und fehlerfrei, 6. Aufl. Springer, Wiesbaden (2011)

Onusseit, H. (Hrsg.): Grundlagen. Praxiswissen Klebtechnik, Bd. 1. Hüthig, Heidelberg (2008)

3 Elastisch Kleben: Möglichkeiten und Grenzen

Elastisches Kleben[1] ist eine Untergruppe des Fügeverfahrens „Kleben" und „erbt" daher auch eine Reihe von positiven und negativen Eigenschaften der übergeordneten Instanz. Die in diesem Kapitel erfolgte Einteilung in die „Vorteile" und „Nachteile" des elastischen Klebens soll jedoch nicht zu einem ausschließlichen Schwarz-Weiß Denken verleiten. Speziell die Einordnung der elastischen Klebstoffe zwischen den strukturellen Klebstoffen und Dichtstoffen zeigt bereits, dass es zwischen den Extrempunkten viele Nuancen gibt, die neue Möglichkeiten eröffnen können.

3.1 Möglichkeiten des elastischen Klebens

Dass (elastisches) Kleben ein seit vielen Jahren anerkanntes Fügeverfahren darstellt, zeigt seine stetig zunehmende Verbreitung oder gar Dominanz in gewissen Anwendungsgebieten wie z. B. der Verklebung von Windschutzscheiben. Dies hängt zusammen mit den damit verbundenen Vorteilen – und Chancen – Wertschöpfung zu betreiben. Die für das elastische Kleben charakteristischen und über das „normale" Kleben hinausgehenden Punkte sind in der untenstehenden Aufstellung in *Schrägschrift* angegeben.

- *Kleben und Dichten in einem*
- *Ausgleich von Fügeteiltoleranzen*
- *Ausgleich unterschiedlicher thermischer Ausdehnungskoeffizienten der Fügeteile*
- Fügen unterschiedlicher, auch nichtschweißbarer Werkstoffe
- Wärmearmes Fügen
- Steifigkeitsgewinn und höhere dynamische Belastung

[1] Die genauere Bezeichnung „Elastisches Dickschichtkleben" wird in diesem Buch aus Vereinfachungsgründen nicht verwendet.

M. Pröbster, *Elastisch Kleben*, DOI 10.1007/978-3-8348-2181-2_3,

- Keine Schwächung der Fügeteile durch Schweißen
- *Schwingungs- und schalldämpfende Wirkung*
- Gleichmäßige Spannungsverteilung
- Gute Eignung für dünne Bauteile
- Wenig Nachbearbeitung nötig, keine Oberflächenmarkierungen
- Gute Automatisierungsmöglichkeiten
- Neue Konstruktionen möglich
- *Gewisse Toleranz gegenüber Schälbeanspruchungen*
- *Thermische Isolation möglich*
- Elektrische Isolation
- *Verbesserte Stoß- und Schlagfestigkeit (Crashfestigkeit)*
- Vermeidung von Kontaktkorrosion.

Die obenstehende Liste beinhaltet keine Wertung in der aufgeführten Reihenfolge von oben nach unten. Nahezu jede zu lösende Klebeaufgabe unterscheidet sich ein wenig von einer früheren. Damit verändert sich auch die jeweilige Gewichtung der obigen Punkte. Während beispielsweise für den einen Anwender das Vermeiden von kostspieliger Nacharbeit ganz oben in der Prioritätenliste rangiert, legt ein anderer besonderen Wert auf neue Konstruktionen, die ohne elastisches Kleben überhaupt nicht möglich wären. Nachstehend nun weitere Erläuterungen zu den wichtigsten der vorstehenden Punkte:

Kleben und Dichten in einem Die Stellung der elastischen Klebstoffe zwischen den strukturellen Klebstoffen und Dichtstoffen beinhaltet zwangsläufig, dass sie sowohl klebende, d. h. kraftübertragende, als auch dichtende Funktionen übernehmen können. Jeder elastische Klebstoff fungiert daher gleichzeitig auch als ein Dichtstoff. Das bekannteste Beispiel für diese Doppelfunktion ist die bereits erwähnte Einglasung von Automobilscheiben. Bei der „klassischen", längst nicht mehr praktizierten, Einglasungsmethode wurden die Scheiben durch ein Gummiprofil mechanisch in einem Flansch der Karosse fixiert und durch einen plastischen Butyldichtstoff abgedichtet. Elastische, automatisch oder manuell aufgetragene Scheibenklebstoffe übernehmen beide Aufgaben gleichzeitig.

▸ **Info** Jeder elastische Klebstoff wirkt gleichzeitig wie ein Dichtstoff. – Jeder elastische Dichtstoff wirkt (in engen Grenzen) auch wie ein elastischer Klebstoff.

Ausgleich von Fügeteiltoleranzen Alle Fügeteile haben Maßtoleranzen. Je kleiner diese vor der Weiterverarbeitung sein müssen, umso aufwändiger und damit teurer ist das Passendmachen (Richten) der zu verbindenden Bauteile. Im Fahrzeugbau, bei Faserverbundwerkstoffen oder bei Blechkonstruktionen geht es oft um das

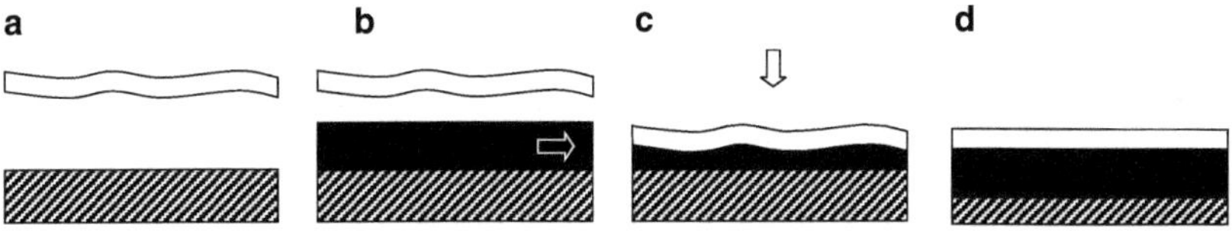

Abb. 3.1 Fügen toleranzbehafteter Bauteile (Längsschnitt); **a** vor dem Fügen, **b** Auftrag des elastischen Klebstoffs von *links* nach *rechts*, **c** lückenlose Verpressung der Bauteile, **d** nach Ausrichtung des dünneren Bauteils

Überbrücken größerer Toleranzen. Hier leisten elastische Klebstoffe einen wertvollen Beitrag: Maßabweichungen im einstelligen Millimeterbereich, gelegentlich um 10 mm oder sogar noch höher, können beim Einsatz von elastischen Klebstoffen meist problemlos überbrückt werden. Elastische, hochstandfest eingestellte Klebstoffe, die als Dreiecksraupe aufgetragen werden, können selbst bei erheblichen Toleranzen noch zu sicheren Verklebungen führen. Die Klebstoffe werden auf ein Bauteil aufgetragen und beim Fügen des zweiten Bauteils dementsprechend mehr oder weniger verdrückt (Abb. 3.1). Manchmal wird auch der elastische Klebstoff in eine vorgegebene breite und toleranzbehaftete Klebfuge ähnlich wie ein Dichtstoff eingespritzt und abgeglättet.

Ausgleich unterschiedlicher thermischer Ausdehnungskoeffizienten Wenn man zwei flächige Bauteile mit deutlich unterschiedlichem Wärmeausdehnungskoeffizienten mit sehr schmalem Spalt (bis ca. 1/10 mm) aneinander klebt, und das Verbundteil erwärmt, um z. B. Sonneneinstrahlung zu simulieren, erhält man einen „Bimetalleffekt", d. h. eine temperaturabhängige Verbiegung, die mindestens zu optischen Verzügen führen wird. Im Extremfall kann auch eines der Bauteile brechen, wenn die Spannung größer als die Materialfestigkeit wird. Eine mehrere Millimeter starke elastische Klebschicht wirkt dagegen wie ein ausgleichender Gummipuffer und fängt die unterschiedlichen Bewegungen der Bauteile auf, ohne dass sie sich besonders stark verformen (Abb. 3.2). Während sich das obere Werkstück (z. B. Glas) im Beispiel kaum ausdehnt bzw. schrumpft, zeigt das untere (z. B. Aluminium) eine ausgeprägte Längenänderung.

Fügen unterschiedlicher Werkstoffe Wenn Bauteile aus unterschiedlichen Materialien verbunden werden sollen, stehen prinzipiell verschiedene Fügetechniken zur Verfügung: Schrauben, Nieten etc. Vielfach greift man auf die Klebtechnik zurück: Unter Einbeziehung der thermischen Ausdehnung oder anderer Randbedingungen erweist sich oft das *elastische* Kleben als die wirtschaftlichste Lösung, so z. B. in

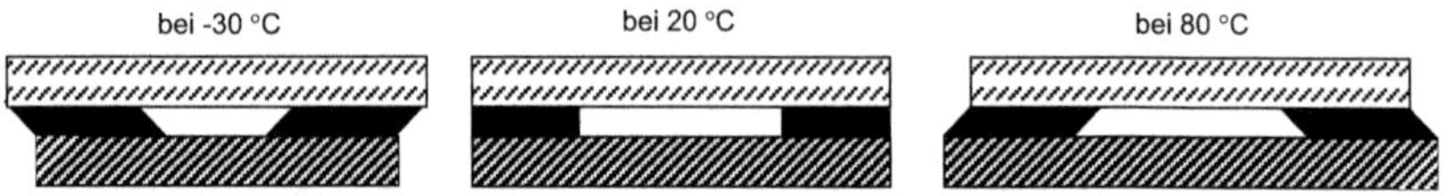

Abb. 3.2 Elastische Verklebung bei Temperaturbeaufschlagung

Abb. 3.3 Unterschiedliche Festigkeiten entlang einer Schweißnaht

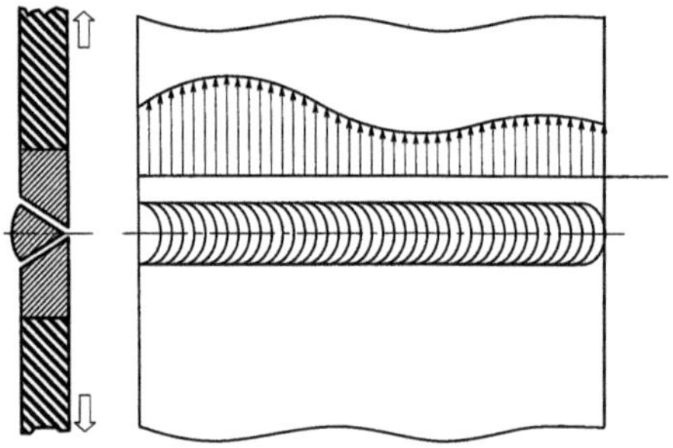

der Fassadentechnik. Je komplexer ein Bauteil ist, umso mehr Materialien mit unterschiedlichen thermischen Ausdehnungskoeffizienten zu fügen sind, desto eher kann das elastisches Kleben seine Vorteile (auch kommerzielle) ausspielen. – Selbstverständlich können auch gleichartige Werkstoffe elastisch miteinander verklebt werden.

Keine Schwächung der Fügeteile durch Schweißen Schweißvorgänge aller Art (und in abgeschwächter Form auch Lötungen) schwächen Fügeteile durch den Eintrag thermischer Energie (Abb. 3.3). Nicht, dass durch die Klebtechnik diese Verbindungsarten etwa überflüssig würden, aber es gibt Anwendungen, in denen auch eine geringe Schwächung (oft in Kombination mit Verzug oder gar einer Schädigung) der Bauteile nicht geduldet werden kann. Vielfach gibt auch der Aspekt „wärmearmes Fügen" den entscheidenden Impuls für das Kleben.

Bei einer Diskussion um die Schwächung der Fügeteile muss man allerdings auch bedenken, dass sich die elastischen Klebstoffe und z. B. Stähle in sehr unterschiedlichen Festigkeitsbereichen befinden: Während typische elastische Klebstoffe Zugfestigkeiten in der Größenordnung bis zu 10 MPa aufweisen, liegen gewöhnliche Baustähle und technische Aluminiumlegierungen zwischen 300 und > 600 MPa. Auch ein Verlust der Zugfestigkeit um eine Zehnerpotenz lässt einen Stahl noch immer „besser" aussehen als einen elastischen Klebstoff, wenn man nur die Materialkennwerte betrachtet. Es kommt auf den Einzelfall an und auf die zur Kraftübertragung zur Verfügung stehende Klebfläche. Bei elastischen Klebungen

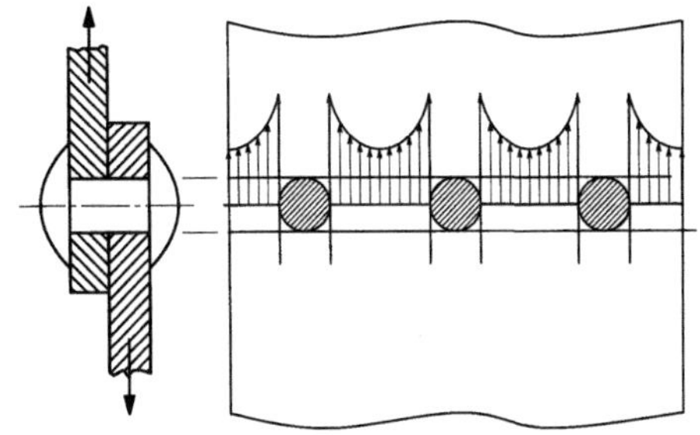

Abb. 3.4 Fügeteilschwächung durch Nieten oder Schrauben

ist das Argument der Bauteilschwächung durch Schweißen also meist untergeordnet, außer man vergleicht mit verschweißten, sehr schwach dimensionierten Fügeteilen.

Schwingungs- und schalldämpfende Wirkung Elastische Klebstoffe leiten den Schall schlechter als Metalle und absorbieren ihn zum Teil (Eigendämpfung). Körperschall wird damit von einem Bauteil zu einem anderen nur stark gedämpft übertragen. Die akustische Wirkung ist umso größer, je höher der Verlustmodul des elastischen Klebstoffs ist, d. h. je besser die eingebrachte Schallenergie in Wärme umgewandelt wird. Über ein teilplastisches Verhalten des elastischen Klebstoffs kann man zu akustisch nennenswerten Verlustmoduln gelangen. Aber auch (hoch-)elastische Klebstoffe, angewandt beispielsweise bei Windschutzscheibenverglasungen von PKW, führen zu einer merklichen Verminderung des Geräuschpegels im Fahrgastraum.

Gleichmäßige Spannungsverteilung Nieten ist nicht nur eine aufwändige Fügetechnologie, sie schwächt und verformt auch die zu verbindenden Bauteile durch die nötigen Bohrungen und schafft Wege für mögliche Leckagen. Bei Belastung ergeben sich Spannungsspitzen an den Lochleibungen (Abb. 3.4). Dagegen wird bei einschnittig überlappt verklebten Blechen die Spannung nahezu gleichmäßig von einem Fügeteil auf das andere übertragen (Abb. 3.5). Das kann dazu führen, dass dünnere und damit leichtere (ggf. preiswertere) Fügeteile verwendet werden können. Beispiel: Die deutlich bessere Gasdichtigkeit von elastisch geklebten (und abgedichteten) Kühlcontainern im Vergleich zu genieteten bringt eine merkliche Energie- und Kostenersparnis für die Betreiber.

Gute Eignung für dünnwandige Bauteile Wenn dünnwandige Bleche als Containeraußenwände oder als „Haut“ auf Fahrzeuggerippen verwendet werden sollen, ist das

Abb. 3.5 Gleichmäßige Spannungsverteilung entlang einer elastischen Klebenaht

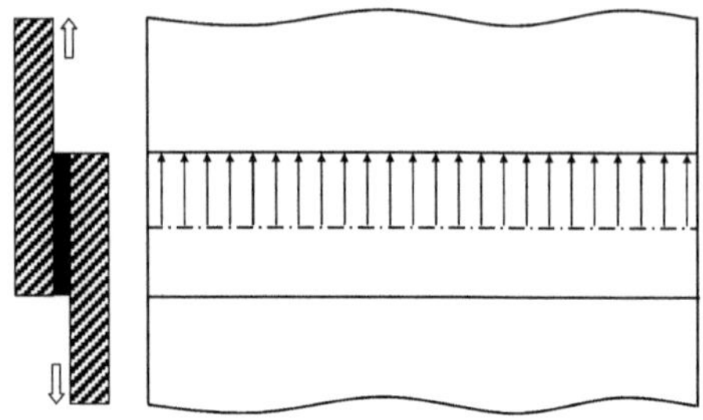

auch eine optische Herausforderung. Dies gilt speziell für Busse und Eisenbahnwaggons. Die Befestigung der Bleche auf den Traggerüsten durch Nieten, Schrauben oder Schweißen ist aufwändig und mit lokalen Verformungen verbunden. Elastische Klebstoffe dagegen überbrücken die immer vorkommenden Fertigungstoleranzen aller Fügeteile; sie sorgen auch gleichzeitig für eine relativ preiswerte Befestigung. Es muss allerdings klebgerecht konstruiert und gearbeitet werden, wie an anderer Stelle ausgeführt wird.

Wenig Nachbearbeitung nötig Schweißnähte und Schweißperlen erfordern Nacharbeit durch Schleifen – meist von Hand. Bei Sichtflächen müssen in vielen Fällen, z. B. wenn noch lackiert werden soll, mit Spachtelmasse die Unebenheiten ausgeglichen werden. Beim elastischen Kleben fallen diese zeit- und personalintensiven Arbeiten weg.

Gute Automatisierungsmöglichkeiten Elastische Klebstoffe können problemlos manuell aufgetragen werden, da die meisten von ihnen eine gute Verarbeitbarkeit und hohe Standfestigkeit besitzen. Eleganter – und kostensparender wo zutreffend – ist der (semi-)automatische oder robotergesteuerte Auftrag, wie er von der Automobilindustrie perfektioniert wurde, beispielsweise beim Einkleben von Scheiben in die Karosse. Hier werden, fast ohne Zutun von Menschen, ehemals sehr personalaufwändige Arbeitsschritte vollautomatisch von Robotern durchgeführt. Einen wesentlichen Anteil haben hierbei die pumpbaren elastischen Klebstoffe, die, aus Fässern kommend, über präzise Dosierpumpen gesteuert, millimetergenau auf den zu verklebenden Scheiben (selten auf der Karosse) platziert werden. Die klebstoffbeschichteten Scheiben werden dann vom Roboter in die entsprechenden Öffnungen der Karosse gesetzt.

Neue Konstruktionen möglich Kleben generell und elastisches Kleben im Besonderen macht neue Konstruktionen möglich, die vorher so nicht zugänglich waren.

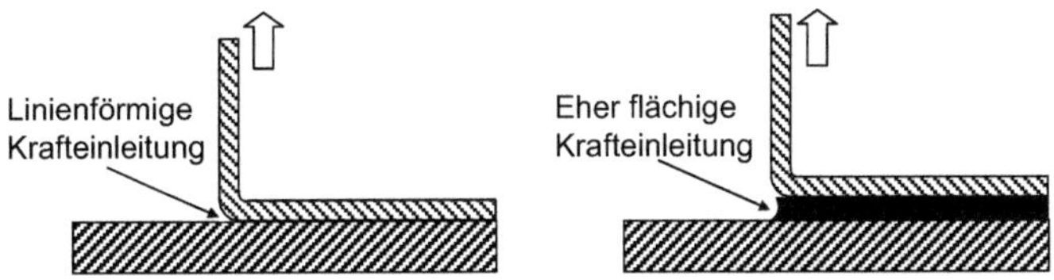

Abb. 3.6 Unterschiede in der Krafteinleitung zwischen steifen (**a**) und elastischen Klebstoffen (**b**) bei Schälbelastung

Einige Beispiele sind die geklebten Scheiben im Transportsektor, geklebte Glasfassaden oder gasdicht geklebte Kühlcontainer. Insbesondere dort, wo größere Fügeteile mit unterschiedlichen thermischen Ausdehnungskoeffizienten verbunden werden sollen, wird man um elastisches Kleben kaum herumkommen.

Gewisse Toleranz gegenüber Schälbeanspruchungen Keine Klebung soll man schälend beanspruchen, denn bei schälender Belastung wird Kraft linienförmig in den Klebstoff eingeleitet – anstatt flächig, wie es dem Idealzustand entspräche. Bei *steifen* Klebstoffen gibt es eine Anrisskraft, nach deren Überschreitung die schälend beanspruchte Klebung schlagartig bricht. *Elastische* Klebstoffe hingegen dehnen sich unter Belastung: Aus einer Schäl-Linie wird eine schmale Schäl-Fläche (Abb. 3.6). Somit verteilt sich die Kraft doch ein wenig auf eine Fläche (der Dicke der Klebschicht entsprechend) und nicht auf eine Linie. Wird die Kraft weiter vergrößert, reißt natürlich auch der elastische Klebstoff. Dies geschieht aber nicht schlagartig, sondern mit „hinhaltendem" Widerstand, je nach dessen Weiterreißverhalten. Hier gibt es deutliche Unterschiede zwischen den einzelnen Technologien. Polyurethanbasierende elastische Klebstoffe zeigen hierbei ein ausgezeichnetes Weiterreißverhalten.

Thermische Isolation möglich Da Kunststoffe – wie auch ausgehärtete elastische Klebstoffe – generell die Wärme schlechter leiten als Metalle, kann eine mehrere mm dicke Klebstoffschicht zu einer gewissen thermischen Isolation zwischen zwei geklebten Werkstücken beitragen (Abb. 3.7). Je dicker die Klebschicht, umso geringer die Wärmeübertragung. Daraus folgt auch, dass im 1/10 mm Bereich aufgetragene (steife) Klebstoffe für diese Aufgabe nicht geeignet sind.[2]

[2] Im Gegensatz dazu sollte bei wärme*leitenden* Klebstoffen die Klebschicht möglichst dünn sein und der Klebstoff eine hohe Leitfähigkeit aufweisen, z. B. durch eingearbeitetes Metallpulver.

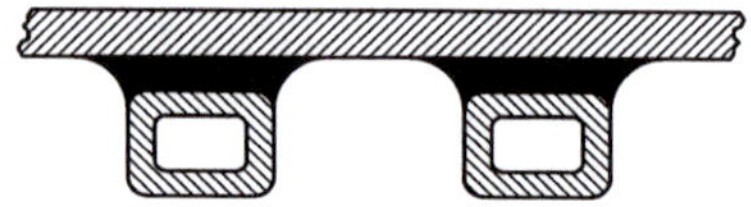

Abb. 3.7 Thermische Entkopplung durch einen elastischen Klebstoff

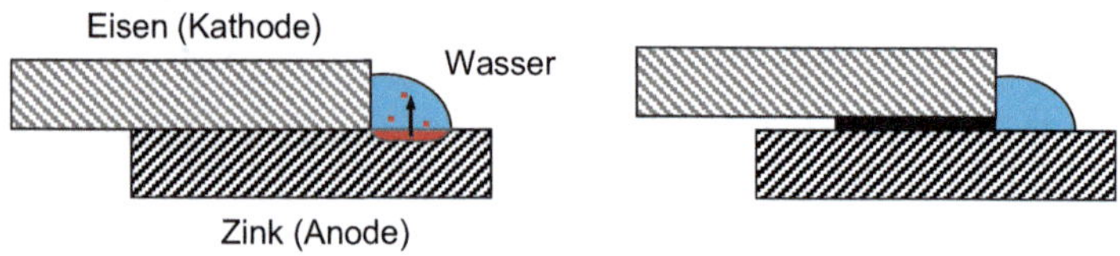

Abb. 3.8 Kontaktkorrosion wirkt im Verborgenen, elastische Klebstoffe (nichtleitend) senken das Risiko

Vermeidung von Kontaktkorrosion Es ist bekannt, dass bei Kontakt unterschiedlich edler Metalle unter Gegenwart von Wasser und Ionen (z. B. Salze, saurer Regen), Kontaktkorrosion auftreten kann. Wird der sich dabei ausbildende Stromkreislauf, der zur Zersetzung des unedleren Metalls führt, durch eine nichtleitende Klebstoffschicht unterbrochen, treten keine Korrosionsvorgänge auf (Abb. 3.8). Auch wenn Klebstoffe generell nicht als Rost- oder Korrosionsschutzmittel eingesetzt werden sollen (Stahl ist vor dem Kleben zu grundieren), so dienen sie doch als Isolator, wenn unterschiedliche Metalle verklebt werden müssen, die möglicherweise kleine Beschädigungen in der Beschichtung zeigen.

▸ **Achtung!** Klebstoffe dürfen nicht als alleiniger Korrosionsschutz bei Metallen dienen. Stahluntergründe (außer rostfreier Stahl) sind vor dem Kleben vorschriftsmäßig mit einer tragfähigen Grundierung zu beschichten.

3.2 Einige Grenzen gibt es doch

Bei der Entscheidung zur Verwendung und eventuellen industriellen Einführung einer neuen Fügetechnik müssen Vor- und Nachteile der zur Auswahl stehenden Möglichkeiten sorgfältig und vorurteilsfrei gegeneinander abgewogen werden, um zu technisch und kommerziell tragfähigen Ergebnissen zu gelangen. Neben den immer vorhandenen Vorteilen einer einzelnen Fügetechnologie – sonst würde sie schlichtweg nicht existieren – sind auch deren Nachteile bzw. Beschränkungen entscheidungsrelevant. Die Nachteile des (elastischen) Klebens stellen sich folgendermaßen dar:

- Klebungen müssen berechnet werden
- Oberflächenvorbereitung der Fügeteile nötig
- Lange Aushärtezeiten, ggf. Fixierhilfen nötig
- Im Vergleich zu Metallen relativ geringe spezifische Belastbarkeit
- Kriechen der Klebung bei Dauerbelastung
- Begrenzte Temperaturfestigkeit
- Möglicherweise Unterwanderung der Klebschicht durch Feuchtigkeit
- Keine zerstörungsfreien Prüfverfahren
- Klebschicht ist alterungsanfällig (Langzeitbeständigkeit beachten)
- Kleben ist ein „Spezieller Prozess“
- Reparatur und Demontage manchmal schwierig oder unmöglich
- Umstellung auf Klebprozesse bringt neue Anforderungen für die Mitarbeiter
- Die Qualität einer Klebung muss erarbeitet und kann nicht „erprüft“ werden.

Klebungen müssen berechnet werden In der Metallbranche „weiß“ man, dass die Tragfähigkeit eines einzelnen Niets aus dessen Abscherspannung und dem Lochleibungsdruck berechnet werden kann. Auch Klebungen können mittlerweile genauestens berechnet werden, doch dies ist für viele Anwender noch ungebräuchlich, was man als – allerdings überwindungsfähigen – Nachteil ansehen mag. Die Berechnung elastischer Klebungen kann, wenn eine Abschätzung der Auslegung bereits ausreichend ist, auch mit einfachen Mitteln durchgeführt werden (s. Kap. 5).

Oberflächenvorbereitung der Fügeteile nötig Die korrekte und manchmal recht aufwendige Oberflächen(vor-)behandlung der zu verklebenden Werkstücke ist entscheidend für den späteren Erfolg und die Dauerhaftigkeit einer Klebung (s. Abschn. 6.3). Gelegentlich wird die nötige Oberflächenbehandlung als einer der Hinderungsgründe für den Einsatz der Klebtechnik gesehen, oft deswegen, weil sie strikt vom eigentlichen Klebprozess getrennt sein sollte. Die Oberflächenbehandlung ist nicht nur für die Ausbildung der nötigen Haftung entscheidend, sondern auch für das Alterungsverhalten einer Klebung unter Chemikalien- und Wasserbelastung.

▸ **Praxistipp** Erfolg oder Misserfolg einer elastischen Klebung hängen in besonderem Maße von der korrekten Oberflächen(vor-)behandlung ab.

Lange Aushärtezeiten; ggf. Fixierhilfen nötig Schweißen, Nieten, Durchsetzfügen oder Schrauben haben einen großen Vorteil: Bereits sehr kurz nach dem Fügeprozess ist der entstandene Verbund bereits zu 100 % belastbar. Alle reaktiven, pastösen (pastenförmigen) Klebstoffe hingegen brauchen Zeit, um sich vom Auftragszustand zu einem mechanisch belastbaren Kunststoff zu verwandeln. Heißschmelzklebstoffe tun dies recht rasch über physikalische Abkühlung, zweikomponentige Systeme über einen chemischen Prozess ebenso, doch ist meist hier der Zeitbedarf schon höher. Die bei den elastischen Klebstoffen oft verwendeten einkomponentigen Produkte benötigen Stunden, um soweit verfestigt zu sein, bis weitergearbeitet werden kann. Hier müssen oft noch Fixierhilfen verwendet werden, damit sich die härtende Klebschicht nicht verformt. Wie die Klebstoffindustrie auf diese Herausforderungen reagiert, z. B. durch reaktive Hotmelts und Produkte mit schneller Anfangshaltekraft (engl.: position tack), wird an anderer Stelle detailliert beschrieben.

Im Vergleich zu Metallen relativ geringe spezifische Belastbarkeit Die (Zug-)Festigkeit eines ausgehärteten Klebstoffs, eine Materialkonstante, ist um ein Vielfaches geringer als die von Metallen. Das kann und muss durch entsprechend angepasste Konstruktionen kompensiert werden: über die Klebefläche (Überlappungslänge mal Überlappungsbreite). Der Versuch, Stäbe oder Bleche per stumpfem Stoß zu verkleben, wird wegen der zu kleinen Klebeflächen regelmäßig mit einem Misserfolg enden.

▸ **Praxistipp** Was einem Klebstoff an Materialfestigkeit (Eigenfestigkeit) fehlt, kann und muss über die Klebfläche kompensiert werden.

Kriechen der Klebung bei Dauerbelastung Kriechen ist die permanente Verformung (engl.: creep, auch compression set) eines Werkstoffs unter Last. *Elastische* Klebstoffe sind anfällig für Kriechverformungen, da sie neben den gummielastischen Eigenschaften, die für die Rückstellung bei Lastwegnahme sorgen, auch gewisse plastische Anteile aufweisen, die für die permanente Verformung unter Last mitverantwortlich sind. Die Kriechneigung eines Klebstoffs hängt weiter von seiner Vernetzungsdichte, aber auch von der Temperatur ab. Elastische Klebstoffe haben, im Gegensatz z. B. zu den Epoxiden, ein relativ weitmaschiges Netzwerk mit geringer Vernetzungsdichte und eher beweglichen Maschen (sonst wären sie nicht elastisch). Auch dieses Netzwerk kann sich unter Last zu einem gewissen Teil umstrukturieren und dauerhaft verformen: Der Klebstoff kriecht. Die Tendenz zum Kriechen muss möglichst durch eine geeignete Konstruktion kompensiert werden, bei der statische Lasten nicht durch den Klebstoff abgefangen werden sollten, sondern durch mechanische Vorkehrungen. – Wechsellasten hingegen werden von elastischen Klebstoffen hervorragend bewältigt.

Begrenzte Temperaturfestigkeit Die meisten organischen Werkstoffe erweichen schon bei mäßiger Temperaturerhöhung und verlieren deutlich an mechanischen Eigenschaften wie Zug- und Druckfestigkeit oder Härte. Das gilt auch für elastische Klebstoffe. Bei einer Temperaturerhöhung nehmen unter Weicherwerden des Klebstoffs in steter Funktion die mechanischen Eigenschaften ab und die Tragfähigkeit einer Klebung sinkt. Zudem „längt" sich eine mechanisch belastete Klebstoffschicht in der Fuge, d. h. die Fügeteile verändern ihre Position. Solange beides im Rahmen der Auslegung stattfindet und damit berücksichtigt wurde, kann diese Einschränkung toleriert werden. Die Verminderung der Tragfähigkeit von elastischen Klebstoffen bei erhöhten Temperaturen kann aber durchaus ein Ausschlusskriterium für manche Anwendungen sein. Als „kritisch" vom Festigkeitsstandpunkt her gesehen, können bereits Temperaturen ab 60 °C gelten. Dieses Verhalten muss bei der Berechnung von Klebverbindungen berücksichtigt werden.

Möglicherweise Unterwanderung der Klebschicht durch Feuchtigkeit Wenn größere Mengen an Feuchtigkeit in die Klebschicht vordringen und an die Grenzfläche zum geklebten Werkstück gelangen können, wird eine Klebung in aller Regel geschwächt. Einerseits kann das Wasser wie ein Weichmacher auf den Klebstoff wirken und andererseits durch Hydrolyse (Spaltung von chemischen Bindungen durch Wasser) – vorwiegend in der Grenzschicht zum Substrat – eine Klebung schwächen oder lösen. Feuchtigkeit ist einer der größten Alterungsfaktoren von Klebungen, insbesondere in Kombination mit erhöhten Temperaturen. Generell sollten Klebungen so konstruiert und platziert werden, dass sie nicht einer andauernden Feuchteeinwirkung ausgesetzt sind. Gelegentlicher Wasserkontakt ist unkritisch, wenn die Klebung danach wieder abtrocknen kann.

Keine zerstörungsfreien Prüfverfahren Eine Schweißnaht in Stahl kann man zerstö rungsfrei auf Lunker und andere Fehler überprüfen und aus der Abwesenheit von Fehlern auf deren einwandfreie Funktion schließen. Eine ähnliche Vorgehensweise ist bei Klebstoffen nur sehr bedingt möglich, trotz aller Bemühungen mit Infrarot- und Ultraschalluntersuchungen. Bei elastischen Klebungen kann nur durch Überwachung des gesamten Herstellprozesses indirekt auf die Fehlerfreiheit der Klebung geschlossen werden, eine direkte Messung ist nicht möglich.

Klebschicht ist alterungsanfällig Die Alterung (s. Abschn. 3.3) von elastischen Klebungen – und der Schutz davor – umfasst:

- Fügeteile
- Grenzfläche (ggf. inkl. Primer)
- elastischen Klebstoff.

Neben der schon angeführten Feuchtigkeitsproblematik erfolgen bei vibrationsbelasteten elastischen Klebungen auch *mechanische* Alterungsvorgänge, die zum Abbau der Kohäsion beitragen. Durch mechanische Belastungen werden einzelne Polymerketten zerrissen oder der Verbund zwischen Polymermatrix und den (verstärkenden) Füllstoffen lockert sich. – Sehr hohe *thermische* Belastungen lassen elastische Klebstoffe meist zunächst verspröden (mit Ausnahmen, bei denen Erweichung eintritt) bis hin zur nachfolgenden chemischen Zersetzung. Gealterte Klebstoffe zeigen nicht mehr das Festigkeits- und Elastizitätsverhalten des ungealterten Materials.

Kleben ist ein „Spezieller Prozess" Hauptsächlich wegen der in der Serienproduktion fehlenden zerstörungsfreien Prüfungen von (frischen) Klebungen ist es notwendig, das Kleben generell als „Speziellen Prozess" zu betrachten. Bei einem solchen ist es definitionsgemäß nicht möglich, bei unbemerkt auftretenden Abweichungen im Arbeitsablauf gegenzusteuern. Vielfach ist dies ungewohnt. Dies bedingt einen hohen Aufwand bei Schulung (s. Kap. 8) und Überwachung der Ausführenden und aller betroffener Prozesse, insbesondere der Vorbehandlung der Fügeteile (s. Abschn. 6.3). Dies stellt eine Herausforderung an das Qualitätswesen dar (s. Kap. 7).

▸ **Info** *Spezieller Prozess*: Durch nachträgliche Überwachung und Messung am Produkt oder durch zerstörungsfreie Prüfverfahren kann das Ergebnis nicht in vollem Umfang überprüft (verifiziert) werden. Fehler können ggf. erst bei Gebrauch erkannt werden (DIN EN ISO 9001).

Reparatur und Demontage manchmal schwierig Das gezielte Entkleben (engl.: disbond on command) von reparaturbedürftigen oder nicht mehr benötigten *strukturell* verklebten Artikeln steckt noch immer in den Kinderschuhen, zumindest, was die kommerzielle und industrielle Nutzung betrifft. Das Lösen von *elastischen* Klebungen, die mehrere mm dick sind, ist dagegen nicht allzu schwierig, wie man am Ersatzteilgeschäft mit geklebten Automobilscheiben sieht. Aufgrund der Klebschichtdicke kann eine elastische Klebung mit verschiedenen Trennwerkzeugen (Schneidedraht, Kaltschneideklingen, Schwingmesser etc.) wieder gelöst werden, um z. B. eine Reparatur auszuführen (s. Abschn. 6.7).

Umstellung auf Klebprozesse Die Umstellung eines beliebigen Fügeprozesses auf das Kleben ist meist mit der Investition in neue Maschinen verbunden, deren Besonderheiten zu erlernen sind. Die Mitarbeiter, die vorher andere Fügeprozesse durchgeführt haben, benötigen viel Training, um die Eigenheiten von Klebprozessen zu verinnerlichen. Oberflächenvorbehandlung und Null-Fehler-Toleranz werden zu wesentlichen Elementen des Klebprozesses.

Qualität einer Klebung Da die Qualität einer fertigen Klebung durch zerstörungsfreie Tests nicht vollständig nachgewiesen werden kann, und somit „Ausreißer" nicht erkannt werden können, muss die Qualität im Gesamtprozess erarbeitet werden. Sie kann also nicht durch Auslese von Fehlklebungen durch Prüfungen erzeugt werden (s. Kap. 7).

▸ **Achtung!** Unbedingt vermeiden![3]

- hohe und/oder lang andauernde statische Belastung
- andauernder Zutritt von Wasser
- hohe Temperaturen
- hohe Schälkräfte

3.3 Auch Klebungen altern!

Das, was Rost und Korrosion für den Metallbau bedeuten und wie damit umgegangen wird, kann man sinngemäß auch auf Kunststoffe und damit Klebstoffe übertragen: Bei den letzteren werden die Abbauvorgänge als *Alterung* bezeichnet. Mit der Alterung von elastischen Klebstoffen gezielt umzugehen ist eine – lösbare – Herausforderung, wenn man weiß, woher die Alterungsprozesse rühren und durch welche Rezeptverbesserungen und konstruktive Abhilfemaßnahmen man die Alterung eines Klebverbundes verlangsamen kann.

▸ **Info** *Alterung:* Die Gesamtheit aller im Laufe der Zeit in einem Material irreversibel ablaufenden chemischen und physikalischen Vorgänge (DIN 50035-1).

Die physikalisch-chemischen Eigenschaften von geklebten Verbindungen verändern sich im Laufe ihres Lebens durch die Alterung. Manche Molekülketten im Inneren des Klebstoffs reißen, z. B. aufgrund permanenter Spannung oder wiederholter mechanischer Belastungen. Dies kann zu einer Erweichung des Klebstoffs führen („Ausleiern") und damit zu verminderter Festigkeit. Andere Klebstoffe entwickeln zusätzliche Quervernetzungen – sie verspröden, z. B. durch Einwirkung von Wärme und/oder UV-Strahlung. Die Reißdehnung sinkt und die Festigkeit erhöht sich. Solche Veränderungen können speziell bei elastischen Klebstoffen zu

[3] Keine Regel ohne Ausnahmen: Mit bewusst eingesetzten Spezialprodukten kann manches der Verbote umgangen werden.

merklichen Auswirkungen auf die Gummielastizität führen. Der Verlust von elastifizierenden Weichmachern im Laufe eines „Klebstofflebens“ kann zu einer Verhornung (Versprödung) führen oder klebrige Oberflächen hervorrufen. – Alterungsvorgänge, sofern vorherbedacht und innerhalb der Grenzen der Spezifikation, müssen nicht von vorneherein als katastrophal angesehen werden: sie gehören eben mit dazu.

Es ist ein erklärtes Ziel der Klebstoffentwickler, die unvermeidbaren Alterungsvorgänge rezeptiv so weit in den Griff zu bekommen, dass beim Einsatz des Klebstoffs keine unliebsamen Überraschungen auftreten, d. h. vorzeitiges Versagen beklagt werden muss. Dies geschieht meist durch die geschickte Auswahl entsprechender Additive, die z. B. für UV-Schutz sorgen oder Thermostabilisatoren, die – in begrenztem Rahmen – die Temperaturstabilität eines ausgehärteten Klebstoffs verbessern, indem sie reaktive Spaltprodukte abfangen, die bei der Alterung entstehen. Die prinzipielle Temperaturstabilität des jeweiligen Klebstoffpolymers ist allerdings eine charakteristische Materialeigenschaft, die sich nur in bestimmten Grenzen durch die Klebstoffrezeptur optimieren lässt. Sie hängt eng mit der Stabilität der chemischen Bindungen zwischen den einzelnen Atomen in der Polymerkette zusammen. So sind z. B. Silikone mit ihren generell temperatur- und UV-beständigen Siloxanbindungen deutlich hitzestabiler als z. B. Polyurethane, Silan-modifizierte Polymere oder Polysulfide.

Die Alterung setzt sich meist aus mehreren Verursachern zusammen, die, je nach Klebstoff und Anwendung, unterschiedlich zum Gesamtalterungseffekt beitragen (Abb. 3.9).

Die wichtigsten Alterungsfaktoren von elastischen Verklebungen sind (in absteigender Reihenfolge):

- Zutritt von Feuchtigkeit
- Wärme
- UV-Belastung
- Mechanische Belastungen
- Chemikalien
- Biologische Belastungen.

Zutritt von Feuchtigkeit Der bedeutendste Alterungsfaktor einer elastischen Verklebung ist der andauernde Zutritt von Feuchtigkeit, verbunden mit dem Eindringen von Wassermolekülen in den Klebstoff und in die Grenzschicht zwischen Klebstoff und Fügeteil. Alle bekannten Klebstoffe nehmen Wasser auf – in allerdings sehr unterschiedlichen Mengen. Wasser kann prinzipiell auf zwei Arten im Klebstoff

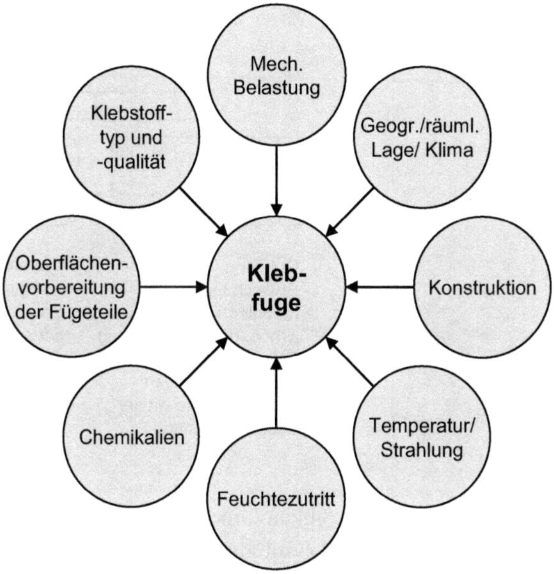

Abb. 3.9 Alterungsfaktoren bei einer Klebverbindung

wirken: als Weichmacher und als chemischer Reaktionspartner. Die Auswirkungen sind unterschiedlich (Abb. 3.10).

Die relativ weichen elastischen Klebstoffe sind mit ihrem weitmaschigen Polymernetzwerk deutlich anfälliger gegenüber Wasser als beispielsweise „glasharte" Epoxid- oder Polyurethanklebstoffe. Wie hoch diese Anfälligkeit nun ist, hängt ab von:

- Art des elastischen Klebstoffs
- Verfügbare Wassermenge (Umgebungsfeuchtigkeit)
- Temperatur
- Klebgeometrie
- Wasserdurchlässigkeit der verklebten Werkstoffe.

Die *Art des elastischen Klebstoffs* (Silikon, Polyurethan, Silan-modifiziertes System, Polysulfid) und die einzelnen Formulierungsbestandteile wie z. B. Füllstoffe, Weichmacher oder Haftvermittler bestimmt die grundlegende Wasseraufnahmefähigkeit (Quellbarkeit) eines elastischen Klebstoffs. So ist die generelle

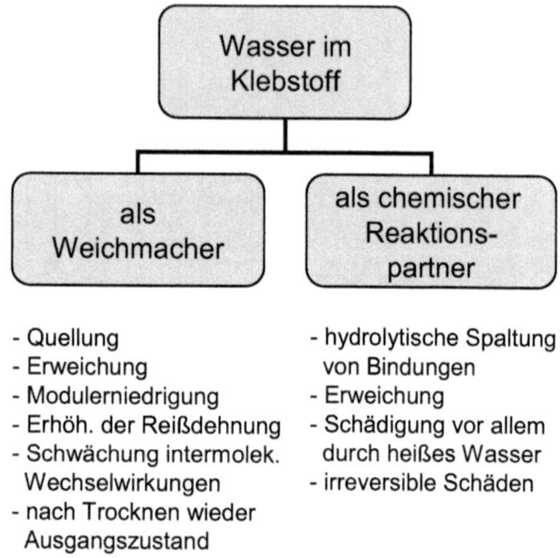

Abb. 3.10 Eingedrungenes Wasser kann in einem Klebstoff unterschiedlich wirken

Wasseraufnahme von elastischen Silikon- und PU-Klebstoffen recht gering, bei Silan-modifizierten Systemen und Polysulfiden deutlich höher.

Die *verfügbare Wassermenge (Umgebungsfeuchtigkeit)* wirkt sich sehr stark auf das Alterungsverhalten aus. Wasser besteht aus kleinen, sehr polaren Molekülen, die sich zudem bei erhöhter Temperatur gut bewegen. Daher kann Wasser insbesondere an der Grenzschicht zwischen Klebstoff und Fügeteil die physikalischen Wechselwirkungen zwischen Polymer und Werkstoff stören, indem es sich „dazwischendrängt". Chemische Bindungen werden, zumindest bei Raumtemperatur, kaum gespalten, möglicherweise aber bei höheren Temperaturen. Wasser in der Klebschicht kann auch die Fügeteile selbst angreifen, z. B. die allgegenwärtigen Oxidschichten auf Metallen destabilisieren – dies umso mehr, wenn Alkalien oder Säuren im Wasser gelöst sind. Dies kann zu Korrosionserscheinungen führen, die an den Klebschichträndern beginnen, und, je nach Metall, unter Sauerstoffzutritt bei erhöhter Temperatur noch beschleunigt werden („bondline corrosion"). Sind Korrosionsprozesse bereits im Gange, muss mit einem erheblichen Festigkeitsabfall der Klebung gerechnet werden. – Wasser kann zudem lösliche Bestandteile eines elastischen Klebstoffs auswaschen, z. B. Weichmacher oder Alterungsschutzmittel und so zu negativen Veränderungen im Gefüge und in der Funktion des Klebstoffs führen. Der in manchen Fällen hiermit verbundene Schrumpf erzeugt innere Spannungen und vermindert die Elastizität („Verhornung").

Die *Temperatur* des Wassers kann eine entscheidende Rolle bei der Schadwirkung spielen: Einerseits leisten Silikonklebstoffe zur Herstellung von Aquarien über Jahrzehnte klaglos ihre Dienste, obwohl sie dauernden Kontakt mit Wasser haben.

Andererseits lassen sich manche Silikonklebstoffe, mit denen Glas verklebt wurde, im Labor bei einem Kochtest gut vom Untergrund lösen: Das Silikon ist deutlich gequollen, sodass zudem auch mechanische Spannungen eine gewisse Rolle spielen dürften. Wenn man den abgelösten Klebstoff wieder mit der Glasscheibe kontaktiert, Wasser- und Wärmezufuhr abstellt, kann man in manchen Fällen interessanterweise einen praktisch vollständigen Wiederaufbau der Haftung beobachten, nachdem der Klebstoff wieder abgetrocknet ist. Offensichtlich haben sich chemische Bindungen, die im Kochtest gelöst wurden, wieder zurückgebildet.

Die *Klebgeometrie* ist mitentscheidend, ob und wie schnell Wasser in den Klebstoff eindringen kann. Schmale Klebespalte sind günstiger als breite. Klebfugen, auf denen Wasser nicht stehenbleibt, sondern ablaufen kann, sind besser als solche, bei denen dies nicht der Fall ist. Hier spielt die Konstruktion eine entscheidende Rolle für das Alterungsverhalten der gesamten Klebung.

Bei hoher *Wasserdurchlässigkeit der verklebten Werkstoffe* kann die Feuchtigkeit auch über das Substrat an die Grenzschicht zwischen Kleb- und Werkstoff gelangen (Umläufigkeit). Somit ist dann nicht mehr die Wasseraufnahme des Klebstoffs für die Schädigung entscheidend, sondern ein Fügeteil. Denkbar ist dies beispielsweise für Holz, Holzwerkstoffe oder Glasfaser-verstärkte Kunststoffe (GFK), die durch Vorschädigung eine gewisse Delamination aufweisen.

Wärme Wärme bzw. hohe Temperaturen sind bedeutende Alterungsfaktoren, denn durch Wärmezufuhr können chemische Bindungen brechen und es können sich neue bilden. Damit wird die Struktur des Klebstoffs nachhaltig verändert, denn das Polymer zerfällt in kleinere Stücke. Diese können entweder durch Weiterreaktion der meist entstehenden Radikale (hochreaktive Molekülbruchstücke) zu spröden 3D-Netzwerken führen oder, wie z. T. bei den Silan-modifizierten Polymeren, auch zur Verflüssigung des Klebstoffs. Durch Antioxidantien in der Formulierung versuchen die Hersteller zwar, den Mechanismus der thermischen Zersetzung zu unterbinden, die Dauertemperaturbeständigkeiten der meisten Nicht-Silikondichtstoffe liegen trotz der zugesetzten Additive aber nur in der Größenordnung von max. 100–120 °C; normale Silikonklebstoffe sind dagegen bis ca. 150 °C beständig, hitzestabilisierte sogar bis 250 °C Dauertemperatur oder darüber.

UV-Strahlung Neben dem sichtbaren Licht (57 %) enthält die Sonnenstrahlung (Abb. 3.11) auch UV- (6 %) und Wärmeanteile (37 %). Damit wirken auf einen „besonnten" Klebstoff im Außenbereich immer mehrere Alterungsfaktoren gleichzeitig ein und können Alterungsvorgänge stärker beschleunigen als wenn diese Faktoren allein oder hintereinander einwirken würden. Die Auswirkungen sind allerdings sehr unterschiedlich: Während beispielsweise Silikonklebstoffe nahezu

Abb. 3.11 Der Hauptschädigungsfaktor im Sonnenlicht ist der UV-Anteil (Foto: daveg147/Wikipedia)

keine Alterungseffekte im Freien zeigen, erscheinen bei Silan-härtenden Systemen zumindest Mattierungen und leichte Auskreidungen. Bei vielen Polyurethansystemen kommt es zu Vergilbungen oder Rissbildung an der Oberfläche; tiefer gehende Risse sind jedoch selten, sodass durch direkte UV-Bestrahlung eine Schädigung des Klebstoffs selbst nicht sehr wahrscheinlich ist. Wegen der hohen Weiterreißfestigkeit von elastischen PU-Klebstoffen ist eine Rissvertiefung kaum zu befürchten. Anders ist es bei der Verklebung von Glas, bei der die Klebschicht durch das Glas hindurch belichtet wird. Hier wirken sich auch geringe Strahlungsmengen, die durch das Glas hindurch gehen, kumulativ schädigend auf PU-Klebstoffe aus. Üblicherweise werden Schwarzprimer als Schutz vor den UV-Strahlen verwendet (s. Abschn. 4.2).

Mechanische Belastungen Mechanische Belastungen durch Dehn-/Stauchzyklen, Walken etc. muss ein elastischer Klebstoff – innerhalb von Grenzen – aushalten, denn hierfür wurde er konzipiert. Trotzdem „ermüdet" ein solcher im Laufe seines Lebens durch Bruch von Bindungen oder Ablösen von Füllstoffteilchen von der Polymermatrix. Die mechanischen Eigenschaften verändern sich, meist verbunden mit einer Erweichung des elastischen Klebstoffs. Solange sich die Veränderungen der mechanischen Kennwerte im ursprünglich geplanten Wertebereich bewegen, ist dies zu akzeptieren. Statische Belastungen können bei elastischen Klebstoffen zu irreversiblen Veränderungen (Kriechen) führen, wenn sie zu hoch sind. Schlagartige Belastungen werden in aller Regel gut kompensiert.

Chemikalien Manche Chemikalien, organische oder anorganische, schädigen elastische Klebstoffe. Sind es bei organischen Lösemitteln oft reversible, teilweise erhebliche, Quellungen, so schädigen starke anorganische Säuren und Basen viele Klebstoffe irreversibel: Säuren können nicht nur Polymerketten chemisch verändern, sondern sie lösen das oft als Füllstoff verwendete Calciumcarbonat auf. Interessanterweise können auch schwache organische Säuren wegen ihrer teilweisen Löslichkeit in der Polymermatrix nachhaltige Schäden in der Tiefe eines Klebstoffs verursachen, sofern sie bis dahin vordringen. Basen können über Verseifungsreaktionen manche Polymere spalten und führen zu einer Erweichung des Klebstoffs. Die Beständigkeit von Klebstoffen gegenüber Chemikalien und Wasser wird gelegentlich in Form von Tabellen angegeben. Bei Benutzung letzterer sollte beachtet werden, unter welchen Testkonditionen die Werte generiert wurden und ob sich diese auf die jeweilige Ist-Situation einer Anwendung übertragen lassen. – Gase wie Sauerstoff und insbesondere Ozon können bei mechanisch gespannten elastischen Klebstoffen zu den sog. Ozonrissen führen, wie sie aus der Gummiindustrie bekannt sind.

Biologische Belastungen Durch Schadinsekten wie Termiten, Tierausscheidungen, bakteriellen oder pilzlichen Abbau werden elastische Verklebungen in den seltensten Fällen geschädigt. In besonderen Fällen, z. B. in den Tropen, können diese Schädigungsformen aber durchaus vorkommen.

Die Alterungsbeständigkeit einer (elastischen) Klebung bemisst sich daran, wie lange sie chemischen, physikalischen oder biologischen Einflüssen einzeln oder kombiniert widerstehen kann, oft in Kombination mit mechanischen Belastungen. Ein Versagenskriterium ist dann gegeben, wenn sich der Klebstoff durch Alterung so verändert hat, dass er seine spezifikationsgemäßen Aufgaben nicht mehr erfüllen kann. Beispiel: Verlust der Haftung, Festigkeit oder Verformungsfähigkeit.

Vorhersagen, wie lange eine Klebung den verschiedenen Angriffen widerstehen kann, sind äußerst schwer zu treffen, da die Umstände fallweise sehr unterschiedlich sein können. So wird eine Klebung, die in Arizona der extrem trockenen Witterung ausgesetzt ist, anders belastet als eine im Mittelmeerraum oder an der Nordseeküste.

▸ **Info** Die *Kombination* verschiedener Alterungsfaktoren (z. B. Wärme + UV-Strahlung + Feuchte) erzeugt multiplikative Effekte und führt zu besonders schnellen Alterungseffekten.

Welche Parameter kann nun der Konstrukteur der Klebfuge bzw. der Verarbeiter des Klebstoffs beeinflussen, um ein günstiges Alterungsverhalten zu erzielen?

- Ideale Form und Position der Klebfuge
- Effektive Oberflächenvorbehandlung

Abb. 3.12 Spannungsrisse in Acrylglas, das in gebogenem Zustand mit einer organischen Flüssigkeit kontaktiert wurde (Foto: Henkel AG & Co. KGaA)

- Einhaltung der Aushärteparameter
- ggf. Versiegelung der Klebfugenkanten.

Werden manche, unter *mechanischer* Spannung stehende Kunststoffe mit elastischen Klebstoffen kontaktiert, die im ungehärteten immer und im gehärteten Zustand oft flüssige Bestandteile enthalten, können sich *Spannungsrisse* in zu verklebenden Werkstoffen ausbilden. Diese können zu einem spröden Versagen des verklebten Bauteils führen. Die „eingefrorenen" Spannungen des Kunststoffs stammen häufig bereits aus der Herstellung des Bauteils (Spritzguss), oder aber von nachträglichen Zwängungen und Bohrlöchern. Durch Kontakt mit einem flüssigen Medium, das in den Kunststoff eindringen kann, lösen sich diese Spannungen und es kommt zur Ausbildung von Rissen oder zum Sprödbruch. Das flüssige Medium, das im Klebstoff oder einem Primer enthalten ist, kann neben einem Lösemittel auch ein Weichmacher oder interner Haftvermittler sein. Damit können vermutlich die meisten Klebstoffe als mögliche Quelle für spannungsrissfördernde Flüssigkeiten angesehen werden. Für Spannungsrissbildung besonders anfällige Kunststoffe sind Polystyrol, Acrylglas oder Polycarbonat (Abb. 3.12).

▸ **Praxistipp** Mögliche Maßnahmen zur Unterdrückung der Spannungsrissbildung:

- Tempern des Kunststoffteils
- Teile beim Fügen nicht klemmen, pressen, deformieren oder mechanisch bearbeiten

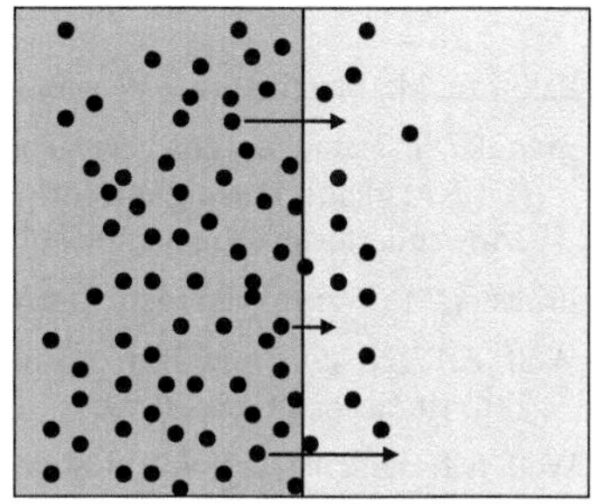

Abb. 3.13 Migration an der Kontaktfläche Klebstoff/Kunststoff

- Schnellhärtende Klebstoffe verwenden
- So viel wie nötig, so wenig wie möglich Klebstoff einsetzen
- Notfalls andere Kunststoffe einsetzen.

Eine weitere Form der Alterung einer Klebung sind *Migrationsvorgänge*. Auch als Weichmacherwanderung bezeichnet, beschreiben diese Vorgänge den Übergang von Weichmachern, aber auch anderen Flüssigbestandteilen von einem ausgehärteten Klebstoff in einen Kontaktstoff und umgekehrt. Wie oben angeführt, sind in den meisten elastischen Klebstoffen Weichmacher, Haftvermittler, ggf. etwas Lösemittel enthalten. Im Kontakt zu manchen Kunststoffen kann es vorkommen, dass diese nicht chemisch gebundenen Flüssigkeiten aus dem Klebstoff in den Kunststoff wandern (Abb. 3.13). Das führt zu mechanischen Veränderungen sowohl im Klebstoff als auch im Kunststoff. Bei dem im Bild dargestellten Beispiel wandert ein Weichmacher aus dem Klebstoff in einen Kunststoff, z. B. PVC, der durch den eingedrungenen Weichmacher angelöst wird. Dadurch verändern sich seine mechanischen Eigenschaften (Erweichung oder Klebrigwerden); der Klebstoff erfährt eine ungeplante Verfestigung. Es entsteht eine Grenzschicht mit unvorhersehbarem mechanischen Verhalten in Bezug auf die Kraftübertragung („weak boundary layer"). Der umgekehrte Fall, dass Additive aus einem Kunststoff in den Klebstoff einwandern, ist seltener. Dieses Problem kennt man eher von manchen Lacken und Beschichtungen, die die Härtung eines darauf aufgebrachten frischen Klebstoffs stören können.

Literatur

Ballhorn, M., Marchetti, K.: Warum versagt eine Klebverbindung? Adhäsion **3**, 19 (2010)

Brendler, S., Haufe, A.: Zur Versagensvorhersage von Silikon-Glas-Klebeverbindung mit LS-DYNA: Identifizierung von geeigneten Materialmodellen und -parametern. 6. LS-DYNA Anwenderforum, Frankenthal (2007)

Pröbster, M.: Warum versagen Fugen? Adhäsion **12**, 2 (2005)

Wolf, A.T. (Hrsg.): Durability of Building and Construction Sealants. RILEM publication, Bd. 10. Cachan Cedex (1999)

Wolf, A.T. (Hrsg.): Durability of Building Sealants. RILEM publication, Bd. 21. Cachan Cedex (1999)

Die Produkte fürs elastische Kleben

4

In diesem Kapitel werden die Eigenschaften und Beispiele möglicher Anwendungen von chemisch aushärtenden Silikonen, Polyurethanen, Silan-Hybridsystemen und Polysulfiden vorgestellt.

Ein elastischer Kleb- und Dichtstoff besteht, gleichgültig, welche Chemie dahinter steckt, stets aus einigen grundsätzlichen Rohstoffen, die alle eine Bedeutung für das fertige Produkt haben. Nicht in jedem elastischen Klebstoff müssen alle genannten Rohstoffe vorkommen; andere, die nur in Spezialformulierungen enthalten sind, wurden der Übersichtlichkeit halber weggelassen. Fachleute nennen einen fertig zusammengemischten Kleb- oder Dichtstoff einen „Compound" und das Vermengen der einzelnen Rohstoffe beim Hersteller heißt „compoundieren". Ein luftfeuchtigkeitshärtender Compound, das sind die meisten der in Tab. 4.1 genannten chemischen Systeme, wird feuchtigkeitsdicht in einem Verkaufsgebinde eingeschlossen, zum Beispiel in eine Düsenkartusche oder in ein Fass – letzteres meist zusätzlich mit luftfeuchtigkeitsdichtem Innensack. Nach Öffnen des Gebindes und Ausspritzen des Inhalts beginnt eine chemische Reaktion mit der Feuchtigkeit der Umgebungsluft, die zur Aushartung führt. Die Aushärtung beginnt mit der Bildung einer Haut nach Ablauf der sog. Hautbildungszeit. *Bevor* sich die Haut gebildet hat, muss gefügt werden! Danach dringt die Härtungsfront in die Tiefe des Produkts vor. Es ist direkt einsichtig, dass die Härtung langsamer wird, je tiefer sich die Wassermoleküle der Luft durch die immer dicker werdenden Schichten des aushärtenden Klebstoffs hindurcharbeiten müssen. Wenn wenig Feuchtigkeit in der Luft ist, fehlt dem Klebstoff der Reaktionspartner und dies führt zu einer langsameren Aushärtung. Zudem gilt für alle chemischen Reaktionen: Je niedriger die Temperatur, desto langsamer ist die Umsetzung, je höher die Temperatur, desto schneller verläuft sie. Dies merkt man am schnellsten an der Hautbildungszeit (HBZ). Bei hoher Temperatur und Luftfeuchtigkeit bildet jeder einkomponentige Kleb- und Dichtstoff sehr schnell eine Haut. Das bedeutet, dass man sich nach dem Fügen mit dem Abglätten oder Säubern einer sichtbaren Klebenaht nicht allzu viel Zeit lassen

M. Pröbster, *Elastisch Kleben*, DOI 10.1007/978-3-8348-2181-2_4,

Tab. 4.1 Die Bedeutung der wichtigsten Rohstoffe in elastischen Klebstoffen

Rohstoff	Bedeutung
Basispolymer(e)	Bestimmt die grundlegenden Eigenschaften
Weichmacher	Verbessert Verarbeitung, erhöht Tieftemperaturelastizität
Füllstoffe	Verbessern Härte, geben „Körper", beeinflussen Rheologie, verbessern mechanische Eigenschaften
Lösemittel	Verbessern Verarbeitbarkeit und Anfließverhalten, heutzutage zunehmend seltener verwendet
Extenderöle	Verbilligen (fallweise) die Rezeptur
Haftvermittler	Sorgen für bessere Haftung zum Fügeteil
Vernetzer	Helfen beim Aufbau des gummielastischen Netzwerks
Pigmente	Geben dem Endprodukt seine Farbe
Katalysatoren	Ermöglichen bzw. beschleunigen Aushärtereaktion
Sonst. Additive	Ergeben spezielle Eigenschaften (z. B. fungizide Wirkung, Brandschutz, Alterungsschutz)

kann. Der Vorteil ist, dass die einmal gebildete Haut zunehmend unempfindlicher gegenüber mechanischer Beschädigung wird. Bei niedrigen Temperaturen ist es gerade umgekehrt: Man kann sich mit dem Fertigmachen der Klebestelle viel Zeit lassen, doch bleibt der eingebrachte Kleb- und Dichtstoff auch lange klebrig, bindet Staub und verewigt Fingerabdrücke. Weitere Details hierzu siehe auch Abschn. 6.6.

▸ **Info** Die Reaktivität feuchtigkeitshärtender, einkomponentiger Klebstoffe hängt stark von der Luftfeuchtigkeit und der Temperatur ab: Hohe Feuchte und hohe Temperatur (Sommer): kurze Hautbildungszeit (HBZ) und schnelle Durchhärtung; niedrige Feuchte und niedrige Temperatur (Winter): lange HBZ und langsame Durchhärtung.

Neben der Feuchtigkeitshärtung, die beim elastischen Kleben wegen ihrer Einfachheit eine Hauptrolle spielt, ist bei manchen Systemen auch die Vernetzung über spezielle Härter, die als zweite Komponente einer ersten Komponente beigemischt werden, gebräuchlich.

4.1 Silikone: Der Erfolg hat viele Väter

Das kann man mit Fug und Recht für die Silikontechnologie sagen: F.S. Kipping in England, E.G. Rochow in den USA und R. Müller aus Deutschland kann das

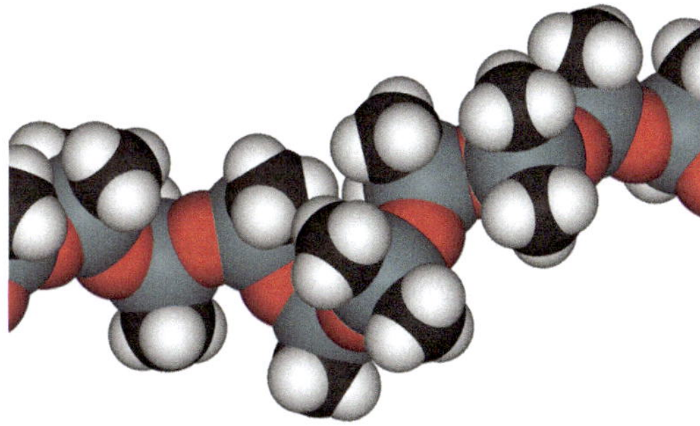

Abb. 4.1 Kalottenmodell einer Polysiloxankette. *Grau*: Siliziumatome; *rot*: Sauerstoffatome; *schwarz*: Kohlenstoffatome; *weiß*: Wasserstoffatome (Grafik: http://de.academic.ru)

Verdienst zugesprochen werden, Anfang des 20. Jh. eine ganz neuartige Klasse von Verbindungen gefunden und sie industriell verfügbar gemacht zu haben: die Silikone.

Mittels der Silikonchemie werden mittlerweile sehr viele Produkte hergestellt: hitzefeste, aber elastische Backformen, Körperimplantate, hochtemperaturbeständige Silikonkautschuke, Bautenschutzmittel und Tausende weiterer. Hierzu gehören auch die elastischen Silikonklebstoffe und Silikondichtstoffe. Die Silikone führen, von der Produktionsmenge her gesehen, den Reigen der elastischen Dichtstoffe sogar an.

4.1.1 Basisinformationen

Die Silikone (gelegentlich auch Silicone geschrieben, engl. silicones, nicht zu verwechseln mit dem Element Silizium, engl.: silicon) stehen zwischen der anorganischen, d. h. mineralischen, und der organischen, auf Kohlenstoff basierenden Chemie (s. auch Abb. 2.3). Die Molekülketten der Silikone haben als charakteristisches Strukturelement die sog. Siloxan-Bindung (Si–O–Si), bei der sich Silizium- und Sauerstoffatome abwechseln und eine sehr stabile Kette bilden. Die Silizium-Sauerstoff-Bindung ist eine der stabilsten in der Chemie und deutlich widerstandsfähiger als die Kohlenstoff-Kohlenstoff- (C–C) oder Kohlenstoff-Sauerstoff-Bindungen (C–O) der organischen Chemie. Die organischen Seitengruppen (Methylgruppen aus einem Kohlenstoff- und drei Wasserstoffatomen) der auch Polysiloxane genannten Silikone verleihen den Ketten ihre Beweglichkeit, d. h. Elastizität, die man an ausgehärteten Silikonprodukten so schätzt (Abb. 4.1).

Polysiloxanketten kann man auf verschiedene Arten miteinander vernetzen. Neben der Heißvulkanisation mit Peroxid, die aber im Wesentlichen zur Herstellung von Silikonformteilen verwendet wird, existieren zwei Wege[1], um von flüssig-pastösen Siloxanformulierungen zu vernetzten Gebilden zu kommen. Über eine chemische Modifizierung der Kettenenden werden zwei Arten von Vernetzungsreaktionen ermöglicht:

- Additionsvernetzung; hierbei werden keinerlei Abspaltprodukte gebildet
- Kondensationsvernetzung; hier werden kleine Moleküle während des Vernetzungsvorgangs in die Luft abgegeben.

Wie aus Abb. 4.2 hervorgeht, können mit kondensationsvernetzender Chemie auch die leicht handhabbaren einkomponentigen Systeme formuliert werden. Die einkomponentigen (1 K) kondensationsvernetzenden Systeme härten bei Zimmertemperatur mit der Luftfeuchtigkeit, die zweikomponentigen (2 K) mit einem reaktiven Härter. Manchmal werden die 1 K-Systeme auch als RTV-1 und die 2 K-Systeme als RTV-2 bezeichnet.[2] Kondensationsvernetzende 1 K-Systeme schrumpfen während der Aushärtung um rund 5–6 %, während 2 K-Systeme um 3–4 % schrumpfen können. Additionsvernetzende 2 K-Systeme zeichnen sich durch einen Schrumpf von < 0,1 % aus, sie werden aber kaum als elastische Klebstoffe eingesetzt, weil sie nicht das breite Haftungsspektrum der kondensationsvernetzenden Systeme aufweisen.

Zur Herstellung von luftfeuchtigkeitshärtenden Silikonklebstoffen und Silikondichtstoffen werden beim Klebstoffhersteller zunächst reaktive Silikonprepolymere mit Vernetzern vorreagiert („blockiert“). Dann werden Silikonöl, Füllstoffe und Reaktionskatalysator zugegeben. Nach intensivem Mischen und Homogenisieren (Abb. 4.3) wird luftdicht abgefüllt. Die Aushärtung eines solchen Kleb- oder Dichtstoffs beginnt sofort, wenn er z. B. aus einer Kartusche ausgespritzt wird und mit Luftfeuchtigkeit in Kontakt kommt. Die in den Klebstoff eindringenden Wassermoleküle lösen die Blockade der Vernetzer und es kommt zu einer chemischen Reaktion und damit zur Aushärtung. Aus Kostenersparnisgründen werden bei billig verkauften Silikon*dichtstoffen* oft Extenderöle als Streckmittel in den Compound eingearbeitet. Diese Produkte sind für anspruchsvolle elastische Verklebungen nicht zu gebrauchen. – Die Besonderheiten der Luftfeuchtigkeitshärtung werden in Abschn. 6.6 ausführlich erläutert.

[1] Die hier nicht weiter behandelten UV-härtenden Silikone werden mehr als Verguss- und Beschichtungsmassen, denn als Klebstoffe eingesetzt.
[2] RTV-1: Raumtemperaturvernetzend, einkomponentig. Zweikomponentige, raumtemperaturvernetzende Silikone heißen dementsprechend RTV-2.

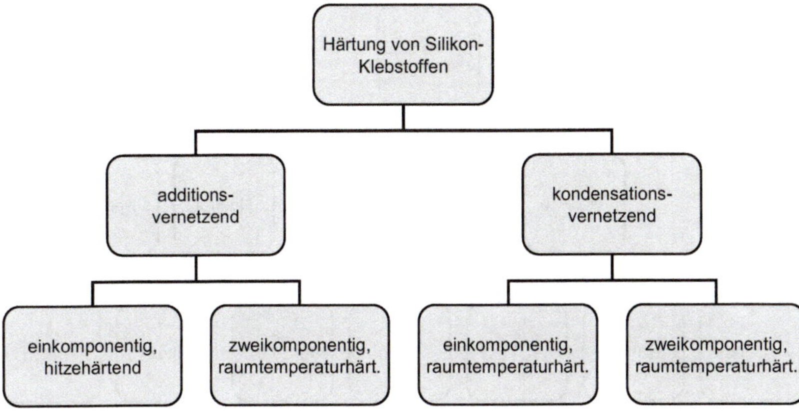

Abb. 4.2 Einteilung der Silikonklebstoffe nach ihrem Vernetzungsmechanismus

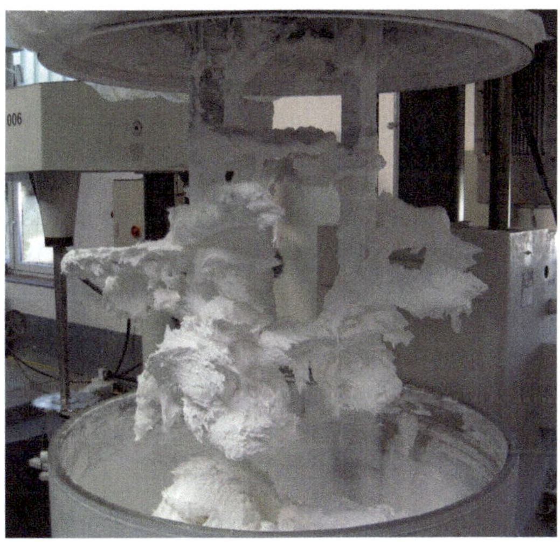

Abb. 4.3 Herstellung eines hochstandfesten Silikonklebstoffs im Mischkessel (Foto: Loop GmbH – Lohnfertigung und Optimierung)

▸ **Info** *Reinsilikone* werden aus Silikonprepolymer, Silikonweichmacher und weiteren Rohstoffen, aber ohne zusätzliche Streckmittel hergestellt. *Extendierte Silikone* enthalten als Streckmittel Polybutene, Öle oder andere Kohlenwasserstoffe.

Die kondensationsvernetzenden Silikonklebstoffe und Silikondichtstoffe werden üblicherweise nach der Chemie ihres Härtungssystems eingeteilt (Abb. 4.4): Wäh-

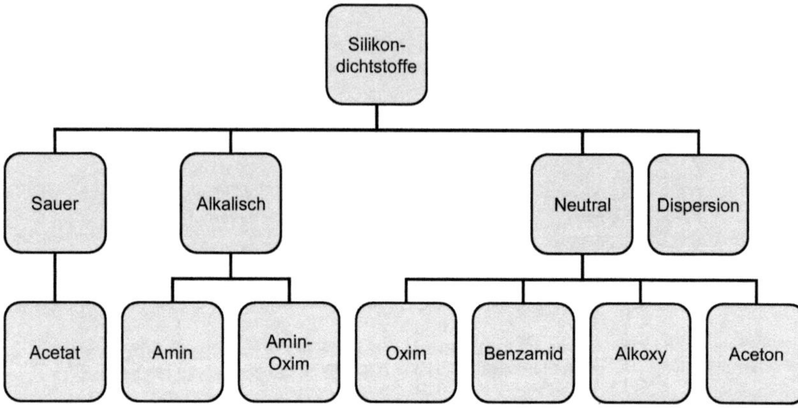

Abb. 4.4 Einteilung der wichtigsten kondensationsvernetzenden Silikondicht- und Silikonklebstoffe

rend des Aushärtevorgangs werden kleine, oft sehr charakteristisch riechende Moleküle abgespalten, die in vielen Fällen namensgebend sind.

Acetatsysteme An ihrem starken Geruch nach Essigsäure, der während der Aushärtung entsteht, sind die Acetatsysteme (auch Essigsilikone genannt) leicht zu erkennen. Solange dieser Geruch wahrzunehmen ist, darf der Kleb- oder Dichtstoff noch nicht belastet werden, weil er noch nicht durchreagiert ist. Die entstehende Essigsäure hat neben ihrer positiven Indikatorwirkung noch eine negative: Sie reagiert, wenn sie mit Buntmetallen (Kupfer, Messing, Tombak, Bronze etc.) in Kontakt kommt, zu Grünspan, einer Form von Korrosion. Auch auf anderen säureempfindlichen Untergründen wie Blei, Lötzinn, Eisen, Marmor und Kalkstein sollten Acetatsilikone nicht eingesetzt werden.

▸ **Achtung!** Das Verschwinden der geruchsintensiven Abspaltprodukte mancher Silikonsysteme ist bei elastischen Verklebungen mit großen Überlappungslängen der Fügeteile keine Garantie für die Vollständigkeit der Durchhärtung.

Die Acetatsysteme zeigen ein breites Haftungsspektrum, insbesondere auf silikatischen Untergründen wie Glas, Keramik, Porzellan, Fliesen, Steinzeug oder Emaille. Zu diesen baut der Klebstoff wegen seiner nahen chemischen Verwandtschaft sehr stabile Bindungen auf. Auch andere Substrate, die entsprechende chemische

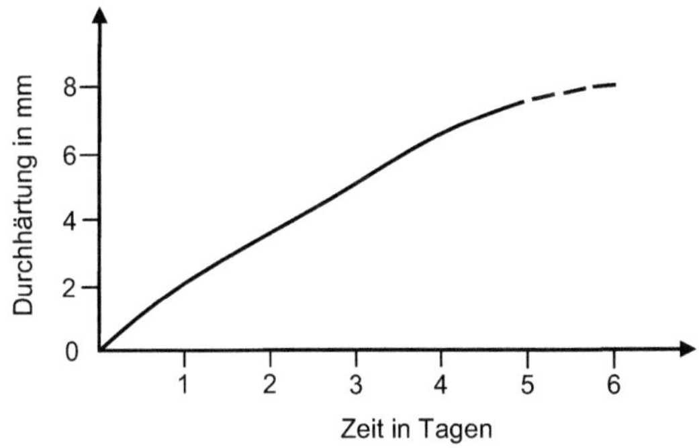

Abb. 4.5 Typische Härtungskurve eines Acetatsilikons bei Normalklima

Strukturen an ihren Oberflächen aufweisen, so zum Beispiel eloxiertes Aluminium, lassen sich dauerhaft mit Acetatsystemen verkleben. Eloxiertes Aluminium trägt eine künstliche, fest haftende, Oxid-/Hydroxid-Schicht, an der das Silikon bei der Aushärtung chemisch „andocken" kann.

In Abb. 4.5 ist eine typische Härtungskurve (bei Normalklima) eines Acetatsystems, aufgetragen in einer Schichtdicke von 20 mm, dargestellt. Man erkennt deutlich, dass der Härtungsfortschritt nicht linear mit der Zeit anhält, sondern er schwächt sich ab dem 5. Tag deutlich ab. Dies liegt daran, dass sich die Wassermoleküle ihren Weg zu noch nicht reagierten Vernetzungsstellen durch eine immer dicker werdende ausgehärtete Silikonschicht bahnen müssen. Ein ähnliches Verhalten zeigen übrigens alle luftfeuchtigkeitshärtenden 1 K-Kleb- und Dichtstoffe.

▸ **Praxistipp** Die Schichtdicke sollte bei Acetatsystemen max. 10 mm betragen, um eine schnelle und vollständige Durchhärtung bei Normalklima[3] zu erhalten.

Im Gegensatz zu Bauanwendungen sind Acetatsysteme in der Industrie wegen des starken Geruchs und der Korrosionsthematik nicht so vielfältig einzusetzen. Verklebungen von Glas mit sich selbst und Glas mit eloxiertem Aluminium gehören jedoch zu den Standardanwendungen.

Aminsysteme Die Aminsysteme zählen zu den am längsten bekannten 1 K-Silikonklebstoffen und Silikondichtstoffen; sie werden heute allerdings eher selten produziert. Sie spalten während der Härtung fischig riechende Amine ab. In ihrer Blütezeit wurden sie als ideale Systeme für die Abdichtung von alkalischen Substraten im

[3] Normalklima, NK nach DIN EN ISO 291: 23 °C, 50 % rel. Luftfeuchtigkeit (r. Lf.).

Bauwesen gesehen. Sie zeichnen sich durch eine sehr hohe physikalisch-chemische Stabilität aus. Der Einsatzschwerpunkt der Aminsysteme hat sich mittlerweile zu speziellen, hoch belasteten industriellen Anwendungen (Kraftwerksbau) hin verschoben. Auch im Lebensmittelbereich (Verkleben von Theken, Kühlhäusern), oder in klimatechnischen Anlagen können Aminsysteme verwendet werden. Bei Raumtemperatur können auch Überlappungsklebungen bis 5 cm (!) Tiefe noch durchhärten, weil die alkalischen Spaltprodukte autokatalytisch wirken. Ein großer Vorteil der Aminsysteme ist die Aushärtung auch bei Temperaturen unter 5 °C. Auch auf empfindlichen Untergründen wie Zinkstahl, Kupfer, Messing, Chrom lassen sich die Aminsysteme einsetzen, weil sie nicht zur Korrosion des Untergrunds führen. – Neben den Reinaminsystemen gibt es als Weiterentwicklung Amin-Oxim-härtende Silikone, die ähnliche Eigenschaften wie die Reinaminsilikone zeigen, aber weniger geruchsintensiv härten.

Neutralsysteme Obwohl die beiden oben genannten Silikonsysteme in ihrer (Alterungs-)Stabilität unübertroffen sind, ist die Abspaltung stark riechender und chemisch reaktiver Moleküle für verschiedene Anwendungen ein Nachteil – speziell in der Industrie. Die Neutralsysteme zeigen diesen Mangel kaum; ihre generellen Eigenschaften im Vergleich zu den anderen Systemen sind weiter hinten in Tab. 4.3 wiedergegeben. Sie machen heute die Hauptmenge der industriell angewandten 1 K-Silikone aus.

Die Härtungsmechanismen der für industrielle Anwendungen relevantesten neutralen Silikonklebstoffe und Silikondichtstoffe sind:

- Benzamid-,
- Oxim-,
- Alkoxy-,
- Acetonhärtung.

Das *Benzamidsystem* ist eines der älteren, heutzutage schon seltener eingesetzten Vernetzungssysteme für 1 K-Silikone. Es verhält sich neutral gegenüber vielen Untergründen und wird beispielsweise im Kunststofffensterbau (Haftung zu PVC) oder in speziellen Formulierungen als Brandschutzsilikon verwendet.

Das *Oximsystem* ist das bekannteste Neutralsilikon. Es entwickelt in seiner klassischen Variante beim Aushärten einen typischen Geruch durch das abgespaltene Methylethylketoxim (MEKO). Wegen ihrer nur leicht alkalischen Abspaltprodukte können Oximsilikone auch auf korrosionsempfindlichen Untergründen eingesetzt werden und zählen damit zu den Universaltypen. Sie sind vor einigen Jahren wegen der Abspaltung von MEKO und dessen vermuteter Reproduktionstoxizität in die

Diskussion geraten. Oximsilikone müssen je nach Vernetzergehalt auf der Verpackung mit dem X_n-Symbol gekennzeichnet werden und die verwendeten Oximvernetzer sind im Sicherheitsdatenblatt anzugeben. Bei den neueren Oximsystemen, die neben MEKO auch MIBKO (Methylisobutylketoxim) abspalten, kann durch entsprechende Formulierung der MEKO-Gehalt soweit gesenkt werden, dass die Kennzeichnungspflicht entfällt. Die Anwender sollten trotzdem, wie bei anderen chemischen Produkten auch, die Sicherheitsratschläge der Hersteller strikt befolgen und insbesondere für gute Frischluftzufuhr beim Verarbeiten der Dichtstoffe und deren Aushärtung sorgen.

Alkoxysysteme erfreuen sich zunehmender Verbreitung. Die früheren Probleme, lagerstabile Produkte zu formulieren, die auch nach längerem Liegen des noch verpackten Produkts in ungehärtetem Zustand nach dem Auftrag noch ausreichend schnell durchreagieren, sind längst gelöst. Auch nach 12 Monaten Lagerzeit in der Kartusche zeigen sie nach dem Ausspritzen keinen übermäßigen Abfall der Durchhärtegeschwindigkeit. Sie liegt normalerweise bei ca. 2 mm/Tag. Das bei der Vernetzung entstehende Methanol und/oder Ethanol ist chemisch nicht aggressiv; Korrosion ist daher nicht zu befürchten. Auch beim Umgang mit Alkoxysystemen muss auf ausreichende Belüftung geachtet werden. Die Verwendbarkeit der Alkoxysilikone entspricht teilweise der der Oximsilikone. Sie kann man daher ebenfalls als Allroundprodukte bezeichnen, mit denen Kunststoffe wie Polycarbonat und Polyacrylat, PVC aber auch Metalle, Glas und mineralische Werkstoffe verklebt und abgedichtet werden können.

Acetonsilikone zählen zu den neuesten Typen der Neutralsilikone. Sie spalten während der Härtung Aceton ab und finden derzeit vorwiegend Verwendung in elektronischen Geräten.

Silikonhotmelts sind noch ziemlich neu und stellen einen Sonderfall der einkomponentigen Systeme dar. Sie werden heiß aufgetragen und bauen bei der Abkühlung sehr schnell über rein physikalische Vorgänge („Erstarrung“) eine gewisse Handhabungsfestigkeit auf. Im Laufe der Zeit übernimmt dann die durch Luftfeuchtigkeit angestoßene „normale“ Härtungsreaktion (neutralhärtend) den Aufbau des Netzwerks. Verwendet werden die Silikonhotmelts bei schnelllaufenden Linienanwendungen, oft in Zusammenhang mit Glas, z. B. bei der Produktion von Isolierglas oder Photovoltaikelementen. Bei der letztgenannten Anwendung kommt es auf gute Haftung zu den dort verwendeten Untergründen an, die neben Glas, Aluminium, Polycarbonat auch Fluorpolymer-Laminate sein können.

Tab. 4.2 Allgemeines Eigenschaftsprofil von Silikonklebstoffen und Silikondichtstoffen

Stärken	Schwächen
Hohe Witterungsstabilität	Geringe Weiterreißfestigkeit
Hohe Flexibilität auch bei tiefen Temperaturen (−50 °C bis −100 °C)	Fehlende Überlackierbarkeit
Hitzebeständigkeit bei Dauertemperaturen bis 250 °C (Spezialformulierungen)	Hohe Wasserdampf- und Gasdiffusion
Hohe UV- und Strahlenbeständigkeit	Starke Quellung in manchen organischen Flüssigkeiten
Gute Ozonbeständigkeit	Gewisse Abrasionsempfindlichkeit
Breites Haftungsspektrum	Durchhärtung in tiefen Schichten langsam (außer Aminsysteme)
Elektrische Isolationswirkung	Korrosive Wirkung mancher Abspaltprodukte
Geringe Moduländerung (≤ 25 % als f(T) zwischen −40 und +80 °C)	Geruch der Abspaltprodukte mancher Systeme
Mäßiger Schrumpf beim Aushärten (≈ 5 %)	
Hohes Rückstellvermögen (> 85 %)	
Reißdehnung bis 800 %	

4.1.2 Eigenschaften

Trotz der unterschiedlichen Chemie der Härtung kann man bei allen ausgehärteten Reinsilikonen von einem ähnlichen Eigenschaftsprofil ausgehen (Tab. 4.2). Es gilt auch hier: Die jeweilige Formulierung beeinflusst in hohem Maße die Endeigenschaften eines Produkts. Dies bedeutet, dass man bei Verwendung derselben Rohstoffe in unterschiedlicher Abmischung zu ganz verschiedenen Qualitäten eines Produkts kommen kann.

Die *Rückstellung* eines (Silikon-)Kleb- oder Dichtstoffs beschreibt seine Fähigkeit, nach einer Dehn- oder Stauchbelastung wieder die Ausgangsform zu erlangen und ist ein Maß für die Elastizität. Hochwertige Silikone zeigen Rückstellungen von über 90 % und sind damit sehr elastisch. Die mechanischen Eigenschaften einiger 1 K-Silikondichtstoffe bzw. -klebstoffe sind in Tab. 4.3 dargestellt.

Die neutralhärtenden 2 K-Silikonklebstoffe, wie sie in Tab. 4.4 aufgeführt sind, zeigen durchwegs höhere Reißfestigkeiten und geringere Reißdehnungen als die Dichtstoffe.

Die *Temperaturbeständigkeit* der Silikonklebstoffe und Silikondichtstoffe beträgt von vorneherein von 120 bis 180 °C, wobei die verschiedenen Härtungssysteme

Tab. 4.3 Mechanische Eigenschaften einiger typischer Silikondichtstoffe bzw. -klebstoffe

Eigenschaft	Acetat	Amin	Oxim	Alkoxy	Aceton
Hautbildungszeit (Fingermethode); min	10	10	10	8	4
Durchhärtegeschwindigkeit; mm/d	2–3	2	2–3	bis 4	> 3
Zugfestigkeit nach DIN 53504; MPa	1,4	1,2	2,9	1,5	2,8
Reißdehnung nach DIN 53504; %	580	250	400	500	100
100 % Modul nach DIN EN ISO 8339; MPa	0,5	0,5	0,9	0,4	n. best.
Shore A Härte nach DIN 53505	25	22	36	22	65
Rückstellvermögen nach DIN EN ISO 7389; %	90	90	n. best.	80	n. best.
Volumenänderung nach DIN 52451-1; %	−5	−5	n. best.	−6	n. best.

Anmerkung: Die obenstehenden Messwerte sind nur als Anhaltspunkte zu sehen (n. best.: nicht bestimmt)

einen Einfluss auf diesen Wert haben. Insbesondere mit Acetatsilikonen – aber auch anderen (Oximsystemen) – lassen sich unter Zugabe von Eisenoxid als Füllstoff Produkte formulieren, die für 250 °C Dauertemperatur ausgelegt sind. Kurzzeitig können manche dieser auch Temperaturen bis 300 °C ausgesetzt werden, ohne dass sie sich merklich zersetzen, da sie teilweise sehr hitzeresistente Spezialpolymere enthalten. Der E-Modul der Silikone ist Temperaturbereich von −40–80 °C nahezu konstant, d. h. es findet kaum Versprödung bei tiefen Temperaturen und keine starke Erweichung bei höheren Temperaturen statt.

Silikone haben zudem eine herausragende *UV-Beständigkeit*. Da Siloxanketten durch UV-Strahlung photochemisch nicht angeregt werden, können sie auch nicht geschädigt werden.[4] Auch gegen andere energiereiche Strahlen (β^--Strahlen) sind Silikone, abhängig von Formulierung und Dosisleistung, ziemlich beständig. Dies muss über Einzelfallprüfungen und entsprechende Zulassungen verifiziert werden.

Die *chemische Beständigkeit* der Silikone gegen Wasser, wässerige Salzlösungen und verdünnte Säuren und Basen ist in der Regel gegeben. Gegenüber organischen

[4] In extendierten Silikonen können jedoch zugesetzte Weichmacher und Extender die UV-Beständigkeit heruntersetzen: Gefahr der Vergilbung bei Langzeitbewitterung.

Tab. 4.4 Mechanische Eigenschaften einiger typischer neutralhärtender 2 K-Klebstoffe zur Glasverklebung

Eigenschaft	SI-A	SI-B	SI-C	SI-D	SI-E
Mischungsverhältnis n. Vol.	10:1	10:1	10:1	10:1	10:1
Topfzeit (bei NK); min	15–40	40	60	15–35	5–10
Zugfestigkeit nach DIN 53504; MPa	2–2,5	2,5	2,2	2,0	1,8
Reißdehnung nach DIN 53504; %	200–400	150	300	350	400
100 % Modul nach DIN EN ISO 8339; MPa	1,0	2,1	1,1	1,0	n. best.
Shore A Härte nach DIN 53505	45	60	45	45	35

Anmerkung: Die obenstehenden Messwerte sind nur als Anhaltspunkte zu sehen (n. best.: nicht bestimmt)

Lösemitteln wie Estern, Ketonen, aliphatischen oder aromatischen Kohlenwasserstoffen sind Silikone nur kurzzeitig formbeständig. Bei längerer Einwirkung (und höheren Temperaturen) werden sie stark angequollen, ohne jedoch chemisch angegriffen zu werden. Diese Quellung ist reversibel und verschwindet wieder beim Austrocknen.

Die *Haftung* fast aller Silikone auf silikatischen Untergründen ist unübertroffen, was von der chemischen Ähnlichkeit der Silikone mit den Silikaten herrührt. So bilden sich zwischen Keramik, Glas oder Emaille und dem härtenden Silikonklebstoff die sehr stabilen Siloxanbindungen aus, die allenfalls unter heißfeuchten Bedingungen (Dampf) zerstört werden. Dass sich, je nach Härtungssystem, auch Unterschiede im Haftverhalten ergeben, geht aus Tab. 4.5 hervor, die als Ausgangspunkt für die Auswahl eines geeigneten Klebstoffs für ein bestimmtes Substrat dienen kann. Wegen der unüberschaubaren Vielfalt an Werkstoffen sollten immer Vorversuche an Originalwerkstücken vorgenommen werden.

Die *Migrationsneigung* der in den meisten Fällen als Formulierungsbestandteil verwendeten Siloxanweichmacher und eventuell vorhandener Extender in saugende Untergründe oder andere kontaktierende Materialien (Kunststoffe, Kleb- und Dichtstoffe) muss beachtet werden.

Tab. 4.5 Haftungsuntergründe für die wichtigsten 1 K-Silikonklebstoffe und 1 K-Silikondichtstoffe

Substrat	Acetat	Amin	Oxim	Alkoxy
Glas	+	+	+	+
Emaille	+	+		+
Keramik	+	+	+	+
Einbrennlacke *	+		+, P	
Alkydlacke *	+	–	+	+
Kunstharzlacke *	+	+	+	
Eloxiertes Aluminium	+	+	+	+
Blankes Aluminium	–	+	+	+
PVC (hart)	P	+	P	+
Stahl	–	+		+
Acrylglas, Polycarbonat		+	*	+
Edelstahl (V2 A)		+	+	+
Kunststoffe *	–, *	–, *	+, *	+, *
Blei, Kupfer, Messing		+	+	+
Zink	–	+	+	

Legende: + Haftung, – keine Haftung oder Unverträglichkeit, P Primer, * Vorversuche

4.1.3 Anwendungen

Silikonklebstoffe sind für die Verklebung von *Glas* besonders geeignet, weil ihr

- Rückgratpolymer (Siloxan) chemisch kompatibel zu Glas ist,
- der Haftungsmechanismus ideal mit Glas harmoniert (Aufbau von Siloxanbindungen) und
- sie eine hohe UV-Beständigkeit aufweisen, auch bei rückseitiger Bestrahlung der Grenzschicht Klebstoff/Glas.

Daher werden 1 K- und 2 K-Silikone bereits seit Jahrzehnten zur Verklebung und Abdichtung von Glas in den unterschiedlichsten Anwendungen verwendet. Als eines der technisch anspruchsvollsten Beispiele seien verklebte Ganzglasfassaden genannt, die auch unter dem Namen „Structural Sealant Glazing Systems" (SSGS, SSG) bzw. „Structural Glazing" (SG) bekannt sind. Beim SG werden Isolierglaseinheiten (Details hierzu in Abschn. 4.4) an metallene Adapterrahmen geklebt, die an der Fassadenkonstruktion befestigt werden und hierdurch mehr oder minder op-

Abb. 4.6 Structural Glazing Fassade (Foto: Interpane)

tisch unterbrechungsfreie Fassaden ergeben (Abb. 4.6). Man unterscheidet bei SG zwei wesentliche Ausführungen:

- Zweiseitiges SG und
- Vierseitiges SG.

Beim *zweiseitigen* SG werden nur zwei Seiten der Verglasungseinheit geklebt, die anderen beiden werden aus Sicherheitsgründen mechanisch befestigt. Dadurch ergeben sich aufgrund der Abdeckprofile sichtbare horizontale oder vertikale Strukturierungen der Fassade (Typ I). Beim *vierseitigen* SG wird die Verglasungseinheit *ausschließlich* durch den elastischen Silikonklebstoff gehalten (Typ IV), der sich zwischen Glas und Adapterrahmen befindet. Obwohl die verklebten Elemente (Glas + Adapterrahmen) nicht auf der Baustelle erzeugt werden, sondern in überwachter Fabrikumgebung, haben in Deutschland vierseitige SG Systeme (noch) keine allgemeine bauaufsichtliche Zulassung.[5] Hierzulande sieht man also nur

[5] In Deutschland ist bis zu einer Einbauhöhe von 8 m Typ 1 oder 2 zugelassen. Ab einer Einbauhöhe von 8 m ist nur mehr der Typ 1 möglich.

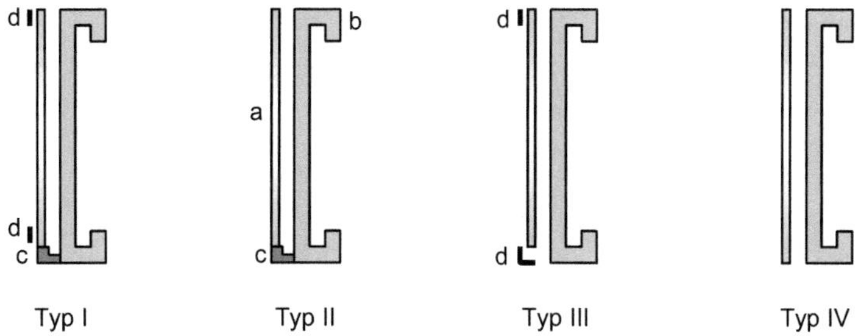

Abb. 4.7 Längsschnitte (schematisch) durch SG-Konstruktionen der Typen I–IV nach ETAG 002 (2001). **a** Verglasungseinheit; **b** Adapterrahmen; **c** Vorrichtung zur Abtragung des Eigengewichts; **d** mechanische Sicherung gegen Herabfallen der Scheibe bei Haftungsverlust des Klebstoffs; Darstellung ohne SG-Klebstoff

zweiseitiges SG, entweder mit horizontal oder vertikal verlaufender Haltekonstruktion. Dies ist in manchen Ländern anders: Hier wird seit Jahren erfolgreich vierseitig strukturell verglast. Nach der Europäischen Richtlinie ETAG 002 (European Technology Assessment Group) gibt es vier Typen von SG mit unterschiedlichen Sicherheitsanforderungen (Abb. 4.7). Bei Typ I, zweiseitiges SG, bleibt die Fassade auch bei Totalversagen der Klebung zwischen Tragstruktur und Verglasungseinheit noch intakt – wenn man von der hierdurch hervorgerufenen Undichtigkeit einmal absieht. Ein Herunterfallen der Verglasungseinheit, verbunden mit einer Gefährdung von Personen oder Sachwerten ist vollkommen ausgeschlossen. Bei Typ II werden die statischen Lasten noch mechanisch abgefangen, Windlasten werden ausschließlich von der Verklebung aufgenommen – aber ohne zusätzliche Sicherung. Sowohl bei Typ III als auch bei Typ IV wird nun auch das Eigengewicht der Verglasungseinheit ausschließlich vom Klebstoff getragen, bei Typ III noch mit mechanischer Herabfallsicherung für den Fall der versagenden Haftung des Klebstoffs, bei Typ IV ohne. Nach Typ IV verglaste Fassaden sehen nach der Meinung vieler am elegantesten aus, bieten sie doch einen fast monolithischen Anblick. Durch das Fehlen von (schattenbildenden) Abdeckprofilen werden außerdem die thermischen Spannungen im Glas vermindert, die bei Sonneneinstrahlung auftreten. Zur Verklebung sind derzeit ausschließlich Silikone zugelassen, die zudem höchsten Ansprüchen genügen müssen. Dies betrifft das Material selbst, aber auch die Vorbereitung der Fügeteile und die Herstellung und Verarbeitung des elastischen Klebstoffs. Entsprechend anspruchsvoll sind die Qualitätskontrollen. Bei der Auslegung von strukturellen Verglasungen wird mit Sicherheitsfaktoren bis 6–7 gerechnet.

Abb. 4.8 Prinzipskizze einer vierseitigen SG-Verglasung

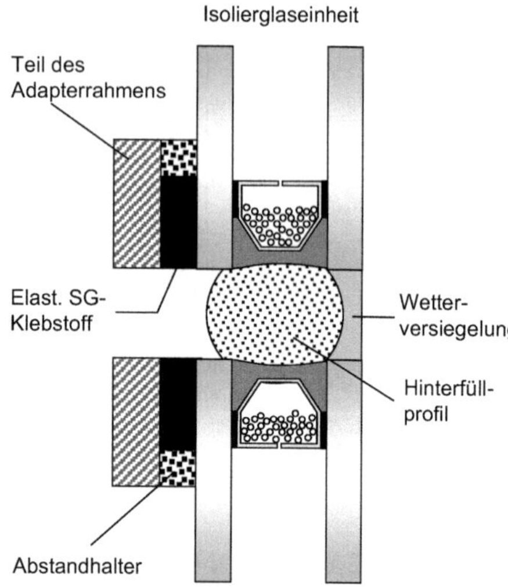

In Abb. 4.8 ist schematisch und nicht maßstabsgetreu ein Schnitt durch eine vierseitige SG-Verglasung gezeigt. Die Isolierglaseinheiten werden ausschließlich durch den elastischen SG-Klebstoff in der Fassade gehalten. Eine Wetterversiegelung (ebenfalls Silikon) schützt die Fugen zwischen den Verglasungseinheiten.

Ebenfalls dem Fassaden- und Fensterbau zuzuordnen ist die kraftschlüssige *Verklebung von Isolierglaseinheiten mit Fensterflügeln*, um leichtere und schmälere Fensterprofile verwenden zu können. Dies geschieht mit speziellen Silikonen; es werden auch andere Klebstoffe eingesetzt. Diese Vorgehensweise ist jedoch noch nicht sehr verbreitet, was nicht zuletzt auch daran liegen dürfte, dass noch kein verbindliches Normenwerk für die Fensterverklebung existiert. Im Gegensatz zu einem konventionellen Fenster, bei dem sämtliche Lasten ausschließlich durch den Fensterrahmen abgetragen werden, übernimmt beim geklebten Fenster das Glas einen Teil dieser Aufgaben. Daher kann die gesamte Konstruktion leichter, z. T. ohne Stahlprofile in den Fensterflügeln, ausgeführt werden. Die Glasfläche pro Fensterflügel steigt, sodass großzügigere Designs möglich werden. Der allerdings ziemlich selten nötige Austausch einer zerbrochenen Scheibe ist bei geklebten Fenstern jedoch wesentlich komplizierter als bei konventioneller Konstruktion.

▸ **Achtung!** *Selbstreinigende* Glasscheiben dürfen keinesfalls mit normalen Silikonprodukten verklebt oder abgedichtet werden: Gewis-

Abb. 4.9 Silikonklebstoffe und Silikondichtstoffe werden seit langem in der Photovoltaik verwendet (Foto: haak78/sxc.hu)

se Inhaltsstoffe der Silikone deaktivieren die Katalysatorwirkung der selbstreinigenden Schicht. Geeignet sind z. B. spezielle Silan-Hybridsysteme.

In der *Photovoltaik* werden die aus zwei Glasscheiben und der von ihnen eingeschlossenen Schicht aus kristallinem Silizium bestehenden Einheiten mit neutral härtenden Silikonklebstoffen in den Halterahmen befestigt (Abb. 4.9). Da kristallines Silizium nur mäßig feuchtigkeitsempfindlich ist, können Silikonklebstoffe verwendet werden, obwohl sie von Haus aus eine relativ hohe Wasserdampfdurchlässigkeit aufweisen. Die Befestigung fertiger Solarelemente auf Tragstrukturen kann ebenfalls mit Silikonklebstoffen erfolgen. Deren Vorteil ist die ausgezeichnete Temperatur-, UV- und Witterungsbeständigkeit, die nachgewiesenermaßen auch über einige Jahrzehnte nicht nachlässt.

Die Anwendungen in der *Luftfahrt* sind sehr vielfältig – Dutzende pro Flugzeug – die Anforderungen an die verwendeten Materialien sind vergleichsweise hoch, und jedes einzelne Produkt muss zugelassen und spezifiziert werden. Silikonklebstoffe und Silikondichtstoffe werden an vielen Teilen eines Flugzeugs verwendet, z. B. in der Elektronik, Kombüsenausstattung, im Passagierraum, aber auch in den Tragflächen und bei den Triebwerken. Bei letzterer Anwendung kommt es vielfach auf Chemikalien- und Hitzebeständigkeit an. Die Chemikalienbeständigkeit erzielt man durch fluorhaltige Siloxanrohstoffe, erhöhte Hitzebeständigkeit durch Phenylgruppen als Seitenketten des Siloxanpolymers.

Abb. 4.10 Mit 1 K-Silikonklebstoff geklebte professionelle Aquarienanlage (Foto: Farao Intl.)

In der *Raumfahrt* gibt es viele hoch spezialisierte Anwendungen von Silikonklebstoffen mit neutraler Härtecharakteristik (meist Oximsysteme). Die Anforderungen sind extrem hoch:

- Widerstandsfähigkeit gegen Abbau durch Strahlung
- Resistenz gegen atomaren Sauerstoff (insbes. bei Abdichtungen und Beschichtungen, weniger bei Klebungen)
- Toleranz gegen extreme Temperaturschwankungen
- Minimale Ausgasung im Vakuum (eine große Herausforderung).

Einige Beispiele sind die Befestigung von Solarzellen an Satelliten oder der Kacheln des Hitzeschilds am Rumpf des Space Shuttle.

Im industriellen *Aquarienbau* werden einkomponentige Reinsilikonklebstoffe (praktisch ausschließlich auf Acetatbasis) seit Jahrzehnten bei der Herstellung von rahmenlosen Ganzglasaquarien verwendet (Abb. 4.10). Trotz der permanenten Beaufschlagung mit Wasser gibt es nur wenig berichtete Versagensfälle. Beachtet werden muss bei der Auswahl des Klebstoffs, dass dieser nicht fungizid eingestellt ist – dies würden Fische und Pflanzen nicht lange überleben. Für einzelne Großaquarien verwendet man bevorzugt 2 K-Alkoxysysteme, um eine schnelle Durchhärtung der oft mehrere Zentimeter tiefen Fugen zu gewährleisten.

Silikonklebstoffe werden weiterhin in vielen Haushaltsgeräten eingesetzt wie Glaskeramikkochfeldern, Backofentüren, Bügeleisen, Mikrowellenöfen, Kühlschränken und -truhen. Guss- und Gliederheizkessel, Rauchgaskästen, Wärmeschränke werden ebenfalls mit Silikonen verklebt. In der Automobilzulieferindustrie werden Luftfilter und Gehäusedeckel mit Silikonen verklebt – nicht zu sprechen von den vielen Dicht- und Vergussanwendungen bei elektrischen und elektronischen Bauteilen. Bei den Automobilproduzenten selbst werden unausgehärtete Silikonklebstoffe und Silikondichtstoffe äußerst ungern gesehen, denn auch schon geringste Mengen von Siloxanen, die in die Luft geraten, können massive Störungen im Lackierprozess hervorrufen.

4.2 Polyurethane: Made in Germany

Die Polyurethane (PU, oft auch als PUR abgekürzt) wurden 1937 von O. Bayer in Deutschland entwickelt und werden seitdem in der ganzen Welt hergestellt und verwendet. Bayer erkannte frühzeitig das immense technische und kommerzielle Potential seiner Erfindung und patentierte sie daher national und international. Die Basispatente sind mittlerweile schon seit Jahrzehnten abgelaufen, doch es kommen immer neue dazu – ein Zeichen für die anhaltende Attraktivität der Polyurethanprodukte, die uns, meist unerkannt, im täglichen Leben auf Schritt und Tritt begleiten: Lacke, Schäume, Sportbeläge, Matratzen, Teppichrücken, gummiähnliche Produkte aller Art und Formteile wie Armaturenbretter aber auch Kleb- und Dichtstoffe.

4.2.1 Basisinformationen

Polyurethane entstehen durch die Reaktion von mehrwertigen Alkoholen mit mehrwertigen Isocyanaten. „Mehrwertig" bedeutet im chemischen Sinne, dass ein einzelnes Molekül mehrere reaktive Stellen hat, an denen ein anderes „andocken" kann. Bei zweiwertigen Molekülen bilden sich Ketten, bei drei- und höherwertigen entstehen räumliche Netzwerke. Die Basis der Polyurethanchemie sind die (mehrwertigen) hochreaktiven *Polyisocyanate*, die über eine Polyadditionsreaktion ohne Abspaltung von Nebenprodukten z. B. mit (mehrwertigen) Polyolen reagieren können. Auch Amine und Wasser reagieren mit den Isocyanaten: Hier entstehen dann die sog. Polyharnstoffe.

In der Klebstoffchemie kommen die Polyisocyanate in zwei wesentlichen Formen vor:

- als *dünnflüssige Härter* für Zweikomponentenklebstoffe, die einer Stammkomponente zugemischt werden und die Härtung auslösen
- als *zähflüssige Prepolymere* für Einkomponentenklebstoffe. Die Prepolymere entstehen als Zwischenprodukt einer Vorreaktion von Polyisocyanaten mit Polyolen und sind noch chemisch reaktiv.

Diese Prepolymere können zu einem späteren Zeitpunkt als Bestandteil einer Klebstoffmischung mit Wasser bzw. Luftfeuchtigkeit reagieren und zu gummielastischen Makromolekülen vernetzen. Aus der spontanen Reaktivität mit Wasser kann man ableiten, dass bei der Herstellung von Polyurethanklebstoffen unter striktem Feuchtigkeitsausschluss gearbeitet werden muss. Das Basisprepolymer, Weichmacher, Füllstoffe und weitere Rohstoffe werden zu einer glatten Klebstoffpaste vermischt, die beispielsweise in luftdichte Düsenkartuschen abgefüllt wird. Sofort nach dem Ausspritzen in die Fuge beginnt die Reaktion mit der Luftfeuchtigkeit und damit die Verfestigung.

Einkomponentige, luftfeuchtigkeitsreaktive Polyurethane spielen heute eine herausragende Rolle bei der elastischen Verklebung. Bei den meisten elastischen PU-Klebstoffen genügen schon verhältnismäßig geringe Wassermengen (1–5 g Wasser für 1 kg Klebstoff), um zu einer Aushärtung zu kommen. Dadurch härten die PU-Klebstoffe bei Normalbedingungen recht zügig, bei trockener Witterung aber immer noch ausreichend schnell (s. auch Abschn. 6.6).

Bei den *zweikomponentigen* Polyurethanklebstoffen werden Harz (Polyolkomponente) und Härter (Polyisocyanatkomponente) getrennt geliefert und müssen vor der Anwendung gemischt werden. Dieser Nachteil wird durch die fast luftfeuchtigkeits*un*abhängige Härtung einer Zweikomponentenmasse aber in vielen Fällen ausgeglichen. Zudem kann bei zweikomponentigen Materialien eine noch größere Vielfalt an Eigenschaften in die Produkte „eingebaut" werden als es bei den einkomponentigen möglich ist.

Die Polyurethanchemie ist deswegen äußerst vielfältig, weil die unterschiedlichsten Polyole und Isocyanate zur Herstellung der dichtstoffrelevanten Prepolymere eingesetzt werden können. Man hat geschätzt, dass rund 300–400 verschiedenartige Isocyanate und wohl über 1000 Polyole für die Klebstoffformulierung zur Verfügung stehen. Daraus resultieren sehr breit einstellbare mechanische Eigenschaften: Sie umfassen einerseits sehr weiche Produkte mit bis zu 1000 % Reißdehnung, die beispielsweise als Baudichtstoffe zum Einsatz kommen. Andererseits gibt es auch solche, die erheblichen Kräften (10–20 MPa Zugscherfestigkeit) widerstehen oder diese übertragen können. Dazwischen liegen die elastischen PU-Klebstoffe. Mit ein- und derselben Basischemie kann also eine vielfältige Palette von Anwendungen abgedeckt werden.

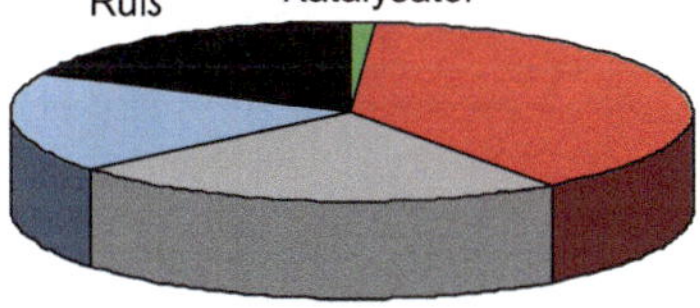

Abb. 4.11 Typische Zusammensetzung eines einkomponentigen elastischen Polyurethanklebstoffs

Basierend auf der verwendeten Isocyanattype findet man im Markt zwei große Gruppen von PU-Klebstoffen:

- Polyurethanklebstoffe auf Basis *aromatischer* Isocyanate
- Polyurethanklebstoffe auf Basis *aliphatischer* Isocyanate.

Hiervon sind die aromatischen Polyurethanklebstoffe (sie enthalten ungesättigte Ringstrukturen) in der Überzahl, wohl nicht zuletzt deswegen, weil sie auch recht preiswert sind. Unter Sonneneinstrahlung neigen aromatische Produkte in hellen Farbtönen jedoch zum Vergilben. Dagegen sind die aliphatisch aufgebauten sehr UV- und lichtstabil, reaktionsträger und allerdings auch teurer. Gelegentlich werden aromatische und aliphatische Rohstoffe zur Erzielung besonderer Eigenschaften auch gemeinsam verwendet. Der Anwender wird die elastischen Polyurethanklebstoffe wahrscheinlich nicht nach den Isocyanaten einteilen. Möglichkeiten zu Unterscheidung sind das Verarbeitungsverhalten, die Standfestigkeit, die Verwendung oder auch die Zahl der Komponenten.

Die Zusammensetzung eines typischen elastischen PU-Klebstoffs, wie er unter anderem zur Direkteinglasung von Automobilscheiben verwendet wird, ist in Abb. 4.11 dargestellt. Er enthält neben dem eigenschaftsbestimmenden, vernetzungsfähigen MDI-Prepolymer (MDI ist ein aromatisches Isocyanat), Weichmacher zur Elastifizierung und Füllstoffe zur Einstellung der rheologischen[6] und mechanischen Eigenschaften, sowie Reaktionskatalysator und Additive.

Die hohe Reaktivität der elastischen PU-Klebstoffe basiert auf der chemischen Umsetzungsfreudigkeit der darin enthaltenen Isocyanate. Isocyanate reagieren aber auch mit der Haut und Schleimhaut des Menschen; sie können Allergien hervorrufen und stehen im Verdacht, Krebs zu erzeugen. Produkte, die *freies* (monomeres)

[6] Rheologie: Lehre vom Verformungs- und Fließverhalten von Materie.

Abb. 4.12 Kennzeichnung eines elastischen PU-Klebstoffs auf dem Etikett

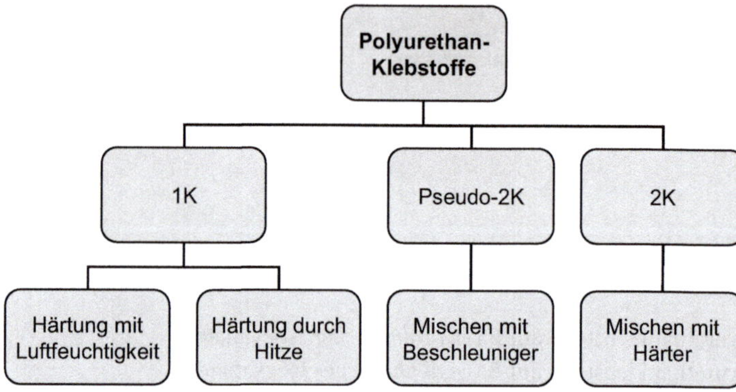

Abb. 4.13 Härtungsarten von Polyurethanklebstoffen

Isocyanat MDI in Konzentrationen über 1 % enthalten, müssen seit dem 01.12.2010 die Einstufung „krebserzeugend Kategorie 3; R 40" tragen und dürfen nicht frei an jedermann verkauft werden. Elastische Klebstoffe enthalten in aller Regel *weniger* als 1 % freies MDI, sie müssen aber trotzdem unter Beachtung aller Vorschriften des Sicherheitsdatenblatts gekennzeichnet (Abb. 4.12) und verarbeitet werden (z. B. Tragen von geeigneten Handschuhen aus LDPE, Low Density Polyethylene, Niederdruckpolyäthylen). Das MDI liegt fast zu 100 % an das Prepolymer gebunden vor.

Härtungsmechanismen der Polyurethanklebstoffe Die wichtigsten Härtungsmechanismen der Polyurethanchemie sind (Abb. 4.13):

- *einkomponentig*; Reaktion mit Luftfeuchtigkeit unter Bildung von Urethan- und Harnstoffgruppen; CO_2 wird in geringen Mengen abgespalten
- *zweikomponentig*; Reaktion Harz mit Isocyanathärter; das Mischungsverhältnis muss genau eingehalten werden
- *pseudo-zweikomponentig*; eine Wasserpaste wird zur Beschleunigung eines 1 K-Systems zudosiert; das Mischungsverhältnis muss *nicht* besonders genau eingehalten werden.

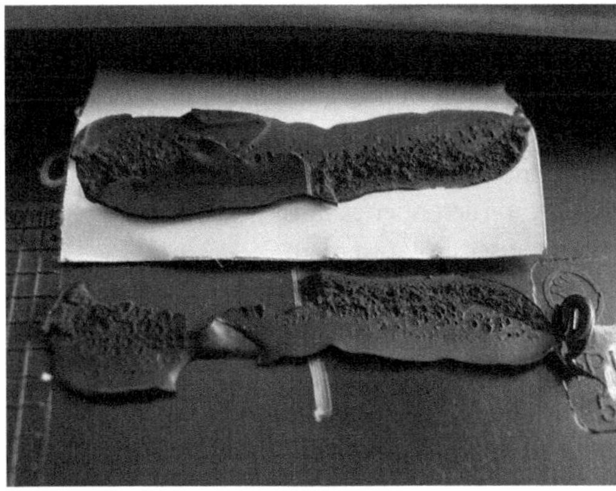

Abb. 4.14 Unerwünschte Blasenbildung in einer PU-Klebstoffraupe (Foto: Henkel AG & Co. KGaA)

Einkomponentige, luftfeuchtigkeitshärtende PU-Klebstoffe Die Aushärtung erfolgt sukzessive von außen nach innen. Die Geschwindigkeit ist abhängig von der Temperatur, der zur Verfügung stehenden Luftfeuchte, der Rezeptur und der Geometrie des Klebspalts.

▸ **Praxistipp** Die optimalen Härtungsbedingungen einkomponentiger elastischer PU-Klebstoffe sind Temperaturen zwischen 10 und 35 °C bei relativen Luftfeuchtigkeiten zwischen 40 und 70 %.

Insbesondere bei schnellhärtenden 1 K-Polyurethankleb-/Dichtstoffen wird gelegentlich ein Blasigwerden der Klebstoffraupe auf dem Werkstoff bemerkt (Abb. 4.14). Die Blasen im Inneren der Raupe entstehen i. d. R. durch das Zusammentreffen verschiedener Umstände:

- schnell eingestellte Hautbildungszeit und Durchhärtung
- Auftrag in dicker Schicht
- Auftrag auf feuchten Untergrund
- Aushärtung bei feuchter und warmer Witterung.

Bei der Feuchtevernetzung eines jeden einkomponentigen Polyurethans entsteht gasförmiges Kohlendioxid, das sich zunächst im Klebstoff löst und dann beginnt, nach außen abzuwandern. Ist die Bildung des Gases schneller als der Abtransport, bilden sich zunächst kleinste, dann aber immer größer werdende Blasen, die manchmal zu unerwünschten Hohlräumen und Kanälen im Inneren der Klebstoffraupe führen.

Von Seiten der Hersteller ist es zwar gelungen, die Tendenz zur Blasenbildung bei den meisten Produkten zu minimieren, doch in Sondersituationen kann sie gelegentlich noch immer auftreten. Um dieses Verhalten zu vermeiden, könnte der Verarbeiter eventuell versuchen, bei ungünstiger Witterung auf langsamer reagierende Produkte auszuweichen. Möglicherweise kann auch die Klebschichtdicke minimiert werden oder es muss gegebenenfalls ein tiefer Klebespalt in zwei Arbeitsgängen ausgespritzt werden.

▶ **Achtung!** Verarbeitet man schnelle, luftfeuchtigkeitshärtende 1 K-PU Klebstoffe bei hohen Temperaturen und Luftfeuchtigkeiten, besteht während der Vernetzung die Gefahr von Blasenbildung und von Haftungsstörungen beim Nassfügen wegen zu rascher Hautbildung.

Bei *warm verarbeitbaren*, luftfeuchtigkeitshärtenden 1 K-PU Klebstoffen enthält die Formulierung Substanzen, die bei erhöhter Temperatur, z. B. zwischen 35 und 60 °C, schmelzen. Dadurch sinkt die Viskosität des Klebstoffs stark ab – und die Verarbeitung kann leichter erfolgen. Nach dem Auftrag der Kleberaupe und dem Fügen des zweiten Teils kühlt die Masse stark ab (besonders auf Metall), die Viskosität steigt an und damit die Haltekraft des ungehärteten Klebstoffs. Durch diesen rein physikalischen Effekt hat man in vielen Fällen eine genügende Anfangshaltekraft (engl.: position tack), und man kann sich Fixierhilfen wie Unterlegekeile oder Klammern ersparen. Die endgültige Härtung erfolgt dann im Laufe der Zeit durch die Luftfeuchtigkeit.

Die *hitzehärtenden*, elastischen 1 K-PU Klebstoffe sind zwar weniger bekannt, zeigen jedoch Eigenschaften, die dem Prinzip „Bond-on-Command" (Härtung auf Befehl) sehr nahe kommen. Sie bestehen aus einer Harzkomponente, in die mikroverkapseltes Isocyanat, ein sog. latenter Härter, eingearbeitet ist. Bei Raumtemperatur ist die Mischung lagerstabil, bei Temperaturerhöhung auf 85–105 °C (rezeptabhängig) wird ein *Schaltpunkt* erreicht, bei dem das verkapselte Isocyanat schlagartig freigesetzt wird und zur Härtung führt. Die Temperaturerhöhung kann einerseits konventionell in Wärmeöfen erfolgen, andererseits aber auch durch Infrarot-Strahlen, Mikrowellenenergie oder über Induktionsheizung. Die ausgehärteten Klebstoffe zeigen Zugfestigkeiten nach DIN 53504 im Bereich von 2,5–13 MPa und Reißdehnungen zwischen 100 und 300 %. Der Glaspunkt liegt bei ca. −40 °C; damit ist die Bedingung der Elastizität bei Raumtemperatur gut erfüllt. Die Haupteinsatzgebiete sind die Automobilzulieferbetriebe, die hiermit z. B. Glas mit Kunststoff verkleben oder Nahtverklebungen/-abdichtungen im Busbau.

Zweikomponentige PU-Klebstoffe Sie bestehen aus getrennt geliefertem Harz (Komponente A) und Isocyanathärter (Komponente B). Die Reaktion beginnt, wenn die beiden Komponenten im vorgeschriebenen Mischungsverhältnis miteinander vermischt werden. Die Härtung eines gegebenen 2 K-Klebstoffs läuft praktisch unabhängig von der Luftfeuchtigkeit ab und wird nur von der Temperatur beeinflusst. Das Mischungsverhältnis ist entscheidend für die späteren Eigenschaften des ausgehärteten Produkts: Eine Unterdosierung des Härters ergibt weiche Klebstoffe, eine Überdosierung entsprechend härtere. Über die Dosierung der Isocyanatkomponente kann in einem gegebenen Rahmen die Endhärte gezielt beeinflusst werden. – Zweikomponentige elastische Klebstoffe werden oft im Reparaturbereich eingesetzt und kommen als vorkonfektionierte Sets in den Handel; sie werden mit passenden Auftragspistolen verarbeitet (statische oder dynamische Mischung, s. Abschn. 6.5), sodass dem Mischungsverhältnis kaum weitere Aufmerksamkeit geschenkt werden muss. Bei manchen industriellen Prozessen kommen 2 K-Anlagen zum Einsatz. Die Motivation ist hier in allen Fällen entweder die schnelle Aushärtung oder die Unabhängigkeit der Aushärtung von den Umgebungsbedingungen.

Pseudo-zweikomponentige PU-Klebstoffe Hierbei handelt es sich im 1 K-Klebstoffe, denen zur Beschleunigung der Aushärtung eine wasserhaltige Paste, meist mit Statikmischer, zudosiert wird. Damit muss das zur Reaktion nötige Wasser nicht von außen nach innen in den Klebstoff eindiffundieren, sondern die Reaktion kann gleichzeitig im Inneren des Klebstoffs starten. Um ein vorzeitiges Zusetzen des Statikmischers zu vermeiden, kann man bei längeren Klebstoffraupen mit reiner Komponente A beginnen, dann Komponente B zudosieren und kurz vor Ende der Auftragsstrecke wieder auf reine Komponente A umschalten. So wird Komponente A, die noch mit wasserhaltiger Komponente B versetzt ist, aus dem Statikmischer ausgetragen. Bei Arbeitspausen erfolgt kaum eine Reaktion der reinen Komponente A im Statikmischer.

▸ **Praxistipp** In manchen Fällen zeigen einkomponentige Klebstoffe ein anderes Haftungsbild, wenn sie mit einer Beschleunigerkomponente als Pseudo-2 K-Systeme aufgetragen werden.

4.2.2 Eigenschaften

Die elastischen Polyurethanklebstoffe mit allen Übergängen zu Dichtstoffen (aus denen sie ursprünglich hervorgegangen waren) und strukturellen Klebstoffen zeigen sicherlich das am breitesten gefächerte mechanische Eigenschaftsprofil aller

Tab. 4.6 Allgemeines Eigenschaftsprofil von elastischen PU-Klebstoffen

Stärken	Schwächen
Breit einstellbare mechanische Eigenschaften	Temperaturbeständigkeit (80–90 °C)
Gute Haftung auf Lacken	Oberflächenrissbildung/Auskreidung bei aromatischen Systemen durch Einwirkung von UV-Strahlen
Hohe Weiterreiß- und Stichfestigkeit	Auf vielen Substraten sind Primer erforderlich
Ausgezeichnete Überlackierbarkeit mit lösemittelhaltigen Lacken	Schrumpf, wenn Lösemittel enthalten sind
Hautbildungszeit kann eingestellt werden (1 K)	Gefahr der Blasenbildung bei zu schneller Härtung bzw. feuchtem Untergrund (1 K)
Lange Hautbildungszeiten möglich (1 K)	Transparente Produkte kaum erhältlich
Hohe Durchhärtegeschwindigkeit möglich (1 K)	Allergiepotential durch die Isocyanate
Wenig Kriechneigung unter statischer Last	Lange anhaltende Nachhärtung möglich
Niedrige Moduln möglich, auch bei tiefen Temperaturen bleibt Flexibilität erhalten	Haftung auf Glas bei manchen Formulierungen
Hohe Reißdehnung und Rückstellung	Metallhaftung
Gute Abrasionsbeständigkeit	Nicht überstreichbar mit Dispersionen
Niedriger Druckverformungsrest	
Resistenz gegen viele Mikroorganismen	
Trinkwasserzulassung ausgewählter Rezepturen	
Beständig gegen verschiedene Chemikalien und Abwässer	

elastischen Klebstoffe. Dies liegt einerseits an der Vielzahl der zur Verfügung stehenden Rohstoffe, andererseits auch daran, dass schon seit vielen Jahrzehnten an der Verbesserung und Modifizierung dieser Produkte gearbeitet wird. Trotz der Vielfalt der Möglichkeiten kann ein generelles Eigenschaftsprofil der elastischen PU-Klebstoffe aufgestellt werden (Tab. 4.6).

In Tab. 4.7 sind die Eigenschaften einiger handelsüblicher elastischer PU-Klebstoffe aufgeführt. Während es sich bei PU-A um ein weiches, dichtstoffähnliches Produkt handelt, steigt die Zugfestigkeit von PU-B bis PU-D deutlich an. Hoch standfeste Produkte lassen sich bei Raumtemperatur nur mehr schwer mit Handpistolen verarbeiten.

Tab. 4.7 Eigenschaften einiger typischer elastischer PU-Klebstoffe

Eigenschaft (bei 23 °C/50 % r. Lf.)	PU-A	PU-B	PU-C	PUR-D	PU-E
Rheologie	Standfest	Standfest	Hoch standfest	Standfest	Standfest
Komponenten	1	1	1	1	2
Hautbildungszeit; min	50	40	20	20	OZ: 10
Durchhärtungsgeschwindigkeit; mm/d	3	4	4	3,5	entfällt
Shore A Härte nach DIN 53505	40	55	55	70	65
Zugfestigkeit nach DIN 53504; MPa	1,8	4	8	9	7
Reißdehnung nach DIN 53504; %	500	300	400	350	250
Weiterreißwiderstand nach DIN 53515; N/mm	6	9	6,5	n. best.	n. best.
Schubmodul nach DIN 54451; MPa	n. best.	n. best.	1,5	3	3
Volumenänderung nach DIN 52451; %	−5	−6	< −1	< −1	< −1
Zugscherfestigkeit nach EN 1465; MPa (Probendicke)	n. best.	2,5 (4 mm)	5 (5 mm)	5–6 (5 mm)	4 (5 mm)
Temperaturbeständigkeit; °C	−40–90	−40–90	−40–90	−40–90	−40–90
Verarbeitungstemperatur; °C	5–40	10–30	5–50	5–35	10–35
Glasumwandlungstemperatur nach DIN 53445; °C	−45	−40	−40	−40	−40
Spez. Durchgangswiderstand nach DIN 53482; $\Omega \cdot cm$	10^{10}	10^{10}	10^{5}	10^{10}	$> 10^{10}$

Anmerkung: PU-E ist ein Zweikomponentensystem; statt der Hautbildungszeit ist die offene Zeit (OZ) angegeben, damit entfällt auch die Durchhärtegeschwindigkeit

Ausgehärtete elastische PU-Klebstoffe zeigen ein vergleichsweise breites Haftungsspektrum auf vielen industriespezifischen Untergründen: In aller Regel ist Haftung gegeben auf lackierten Oberflächen, Keramiken, Siebdruck und manchen Kunststoffen. Vielfach bedient man sich zur Haftungsverbesserung eines *Primers* (Voranstrich, Haftvermittler), der als Filmbildner die Substratoberfläche versiegelt um dann selbst als Untergrund für den darauf aufgebrachten Klebstoff zu wirken.

Auch die Verwendung von sog. Aktivatoren oder Haftreinigern, die keinen Film ausbilden, wirkt auf manchen Untergründen deutlich haftungsverbessernd. Bei der Verwendung eines Aktivators wird eine sowieso nötige Entfettung des Fügeteils ohne Mehraufwand mit einer chemischen Aktivierung der Substratoberfläche verbunden. Bei saugenden Untergründen (Holzwerkstoffe, Pappe etc.), muss darauf geachtet werden, dass der oft hochviskose Klebstoff mit der Oberfläche des zu verklebenden Bauteils ausreichend in Kontakt kommt. Ein „Wegschlagen" des Klebstoffs, wie bei lösemittelhaltigen Produkten, ist nicht zu befürchten.

Im Allgemeinen kann man davon ausgehen, dass elastische Polyurethanklebstoffe gegen Wasser, Salzwasser, leicht saure oder alkalische Flüssigkeiten beständig sind. Sie sind kurzzeitig widerstandsfähig gegen Treibstoffe, Mineralöle oder Schmierfett, werden allerdings von Treibstoffen angequollen. Keine Beständigkeit ist gegeben beim Kontakt mit starken anorganischen Säuren (Mineralsäuren), starken Basen, Alkoholen sowie den üblichen Lösemitteln. Die Beständigkeit gegen Prozesshilfsmittel wie Schneidöl oder Kühlflüssigkeiten, wie sie z. B. im Maschinenbau verwendet werden, sollte sicherheitshalber verifiziert werden, dürfte aber in den meisten Fällen gegeben sein. Bei höheren Temperaturen laufen Zersetzungs- und Quellungsreaktionen entsprechend schneller ab: So ist es möglich, dass eine bisher als beständig angenommene Kombination von Klebstoff und Medium dies nicht mehr ist, wenn sich die Umgebungsbedingungen deutlich verändern. Wenn von vorneherein bekannt ist, dass ein PU-Klebstoff mit einem möglicherweise belastenden Medium beaufschlagt werden soll, ist es zweckmäßig, dies mit dem Klebstoffhersteller abzusprechen, damit, abhängig von der zu erwartenden Belastungsdauer, -temperatur und Art der Chemikalie das passende Produkt ausgewählt werden kann. Einige spezielle Formulierungen weisen eine gute Chemikalienbeständigkeit auf.

4.2.3 Anwendungen

Zu vielfältig sind die Anwendungen der elastischen PU-Klebstoffe, um sie alle einzeln aufzuzählen. Daher wird bei den nachfolgenden Beispielen ein Schwerpunkt auf die Scheibenverklebung in Transportmitteln aller Art gelegt. Diese erste Anwendung elastischer Klebstoffe im Fahrzeugbau ist auch nach Jahrzehnten noch immer eine der wichtigsten geblieben.

Scheibenverklebung beim PKW-Bau 1963 wurden bei General Motors, USA, erstmals Frontscheiben direkt in die Karosserie von Automobilen geklebt. Der Grund dafür war, dass die damals in Mode gekommenen, gebogenen Panoramascheiben nicht mehr durch die bisher üblichen Gummiprofile ausreichend fest in der Karosse zu halten waren. Zudem spielten auch die neu eingeführten Sicherheitsvorschriften (FMVSS 212[7]) eine wesentliche Rolle für die starke Zunahme geklebter Scheiben: Nur mit diesen konnte der Test, ein Frontalaufprall auf ein festes Hindernis bei 30 mph, bestanden werden, ohne dass sich die Frontscheibe aus der Karosserie löste. Zu dieser Zeit gab es noch keine Anschnallpflicht; die geklebten Scheiben verhinderten bei einem Unfall zumindest, dass die Fahrzeuginsassen aus dem Auto geschleudert wurden.

Um die Bedeutung der verklebten Fahrzeugscheiben einschätzen zu können, seien zunächst die allgemeinen Anforderungen an eine Fahrzeugverglasung genannt – unabhängig davon, wie sie an der Karosserie befestigt wird:

- Windschutz
- Sonnenschutz (auch UV-Strahlung)
- Staubschutz, Insektenschutz
- Wärmedämmung
- Einbruchhemmung
- Ein- und Auswurfhemmung
- Schalldämmung
- Antennenträger.

Neben diesen Anforderungen kommt noch die des rationellen Einbaus der Scheiben hinzu. Das lässt sich nach heutigem Kenntnisstand nur durch (automatisiertes) Kleben bewerkstelligen. Die Vorteile des Klebens lassen sich wie folgt zusammenfassen:

- Erhöhung der Karosseriesteifigkeit (Schubfeldversteifung) durch Einkleben der Windschutzscheibe um 30–40 %
- Steigerung der Crashfestigkeit bei einem Unfall – Airbags stützen sich gegen die Scheibe ab.
- Reduzierung der Fahrzeugmasse, z. B. durch Querschnittsreduktion der A, B oder C-Säulen; ggf. Wegfall der hinteren Querwand
- Sichere Dichtfunktion, Ausgleich von Scheiben- und Karosserietoleranzen
- Flush-Glazing (nahezu bündiger Scheibeneinbau) zur Verbesserung von Optik und c_W-Wert (Abb. 4.15)
- Automatisierter Einbau möglich
- Verringerung der Fahrgeräusche über dämpfende Wirkung des Klebstoffs.

[7] FMVSS: Federal Motor Vehicle Safety Standard.

Abb. 4.15 c_W-optimierte Form eines modernen PKW dank Flush-Glazing (Foto: Matthias93, Wikipedia)

Damit ist auch die Begründung gegeben, warum heute nahezu alle Scheiben in der Transporttechnologie geklebt werden.

Die *Karosseriesteifigkeit* eines PKW wird im Wesentlichen durch die Karosseriestruktur selbst bestimmt. Die eingeklebte Windschutzscheibe leistet hierzu einen gewissen Beitrag, danach folgt die Heckscheibe; feststehende Seitenscheiben haben nur einen minimalen Effekt. Der Schubmodul G' des verwendeten Klebstoffs beeinflusst den Zugewinn an Steifigkeit (Abb. 4.16), ab ca. 3 MPa ist allerdings keine wirkliche Verbesserung mehr zu erzielen. Bei zu hochmoduligen Klebstoffen steigt das Bruchrisiko einer Scheibe, wenn z. B. eine Bordsteinkante überfahren wird. Hier werden dann zu starke Kräfte in die Scheibe eingeleitet, weil der Klebstoff zu wenig nachgibt. Mit höherem Modul des Klebstoffs ergeben sich auch akustische Nachteile, d. h. die Scheibe schwingt stärker und strahlt dadurch Schall ab.

Die *Crashfestigkeit* wird erhöht, weil die elastisch angebundenen Scheiben Kräfte aus der Karosserie aufnehmen können. Allerdings bedingt die Integration der Scheiben in die lastaufnehmende Struktur auch, dass zusätzliche Spannungen in das Glas eingeleitet werden, was hohe Anforderungen an die Fehlerfreiheit der Scheiben stellt.

Bei einem Unfall werden Frontscheibenverklebungen nicht nur durch die abrupte Verzögerung, sondern auch durch die sich an der Scheibe abstützenden Airbags – speziell auf Beifahrerseite – schlagartig belastet (Abb. 4.17). Bei vollständig ausgehärteten Klebstoffen stellt dies kein Problem dar. Bei einem Unfall, der kurz nach einer Scheibenreparatur stattfindet und zur Belastung der noch nicht vollständig ausgehärteten Kleberaupe führt, könnte durchaus der Klebstoff überbeansprucht werden. Die Folgen wären fatal: Die Scheibe löst sich vom Karosserieflansch und

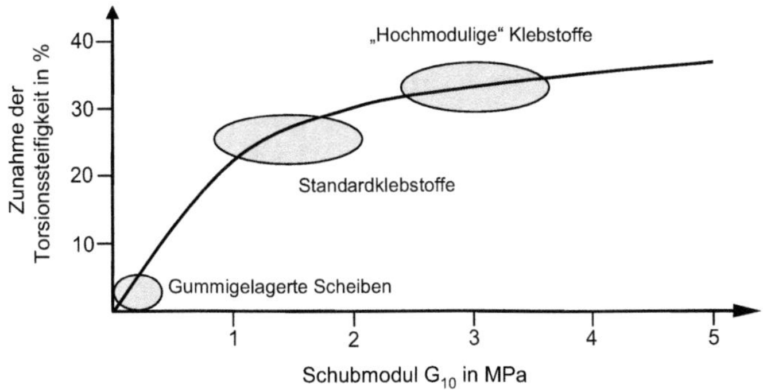

Abb. 4.16 Der Einfluss des Schubmoduls des Scheibenklebstoffs auf die Karosseriesteifigkeit

kann den Airbag nicht mehr abstützen. – Die normalen Aushärtezeiten von Direktverglasungsklebstoffen betragen zwischen 1 und 20 Stunden. Daher haben sich gewisse Mindeststandards, wie FMVSS 212 (FMVSS 214 Seitlicher Pfahlaufprall) bzw. Euro NCAP[8] etabliert, die gewährleisten sollen, dass sich die Klebung nach einem Aufprall nur zu einem gewissen Teil lösen darf – auch wenn der Klebstoff noch nicht vollständig ausgehärtet ist.[9] Bei diesen Crashtests handelt es sich um standardisierte Aufprallversuche, bei denen Front-, Schräg- (Abb. 4.18) und Seitenaufprall simuliert werden. Es ist erlaubt, dass sich beim Crash bis zu 50 % der Kleberaupe, verteilt auf die rechte und linke Seite, lösen dürfen. Es muss allerdings gewährleistet sein, dass sich der aufgeblasene Airbag noch an der Scheibe abstützen kann um den Beifahrer zu schützen.

Das Spektrum der modernen Direktverglasungsklebstoffe umfasst folgende Klebstofftypen:

- Standardklebstoffe
- Klebstoffe mit hohem Schubmodul
- Schnellhärtende Klebstoffe
- Klebstoffe mit hoher Anfangshaltekraft (engl.: green strength); Warmauftrag bei 40–50 °C senkt die Verarbeitungsviskosität (Abb. 4.19)

[8] Euro NCAP: European New Car Assessment Programme (Europäisches Neuwagen-Bewertungs-Programm).

[9] Die Minimalfestigkeit des frischen Klebstoffs sollte > 0,3 MPa betragen, um z. B. nach 1 h FMVSS 212/4 h NCAP zu bestehen (bei angeschnallten Dummies bzw. Passagieren). Ansonsten sind > 1 MPa notwendig.

Abb. 4.17 Crashversuch mit intakt gebliebener Windschutzscheibenverklebung (Foto: Henkel AG & Co. KGaA)

Abb. 4.18 Mobile Crashbarriere entsprechend den Regularien nach FMVSS 214 zur Simulation eines schrägen Seitenaufpralls (Grafik: Ernst wiki/Wikipedia)

- Primerlos auf Lack, Glas und Siebdruck haftende Klebstoffe
- Klebstoffe mit niedriger elektrischer Leitfähigkeit und/oder speziellen Hochfrequenzeigenschaften.

Die Forderungen an einen elastischen Scheibendirektverglasungsklebstoff, der in der Großserie eingesetzt werden kann, sind vielfältig, sowohl was die Verarbei-

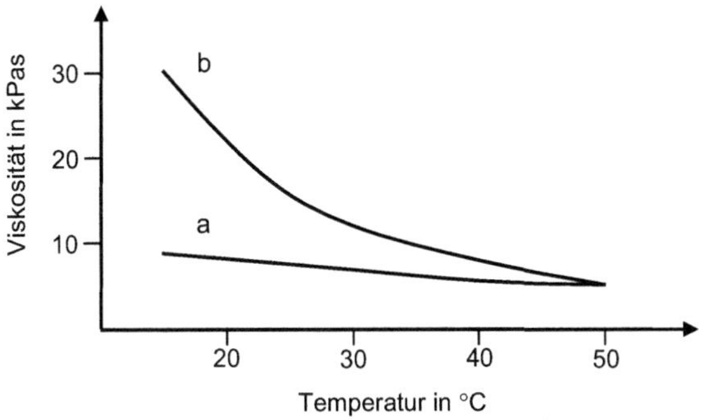

Abb. 4.19 Viskosität als Funktion der Temperatur bei einem Standardklebstoff (**a**) und einem mit hoher Anfangshaltekraft (**b**)

tung des noch ungehärteten Klebstoffs betrifft, als auch nach der Aushärtung. In modernen Automobilfabriken wird der Gesamtprozess des Scheibeneinbaus von rund einem halben Dutzend Handlings- und Kleberobotern bewältigt – bei einer Taktzeit, die zwischen 1 und 5 min liegt. Daher werden sehr hohe Anforderungen an die Einhaltung von Spezifikationsgrenzen gesetzt bei:

- Viskosität
- Standfestigkeit
- Anfangshaltekraft
- Hautbildungszeit
- Haftung
- Zugfestigkeit und Zugscherfestigkeit
- Bruchdehnung
- Schubmodul
- Wärmebeständigkeit
- Elektrische Eigenschaften (spezifischer Durchgangswiderstand, Hochfrequenz-Werte).

Daher haben sich, unabhängig vom jeweiligen Klebstoffhersteller, Wertebereiche für die wichtigsten Parameter ergeben, die in Tab. 4.8 dargestellt sind. Bei einem Klebstoff, der innerhalb der angegebenen Werte liegt, kann man davon ausgehen, dass er nahezu global eingesetzt werden kann – eine Forderung, die von den multinational agierenden Automobilherstellern gestellt wird.

Tab. 4.8 Typische Eigenschaftsbereiche für aktuelle Direktverglasungsklebstoffe

Eigenschaft	Wertebereich
Viskosität nach DIN 53019, Z-5, Scherrate 1,0 s^{-1}; Pa s	2000–7000
Hautbildungszeit (Fingermethode); min	15–30
Durchhärtegeschwindigkeit; mm/24 h	2,5–4,5
Shore A Härte nach DIN 53505	50–75
Zugfestigkeit nach DIN 53504; MPa	6–10
Bruchdehnung nach DIN 53504; %	200–500
Zugscherfestigkeit nach DIN 53283; MPa	3–6
Schubmodul G_{10} nach DIN 54451; MPa	1–3,5
Spezifischer Durchgangswiderstand nach DIN 53482; $\Omega \cdot cm$	10^5–10^{11}

Die Hauptforderung an einen Direktverglasungsklebstoff ist die dauerbeständige Haftung zum Karosserieflansch und zur Scheibe; sie ist beim komplizierten Schichtaufbau moderner Lacksysteme alles andere als trivial. Der Verbund einer lackierten Automobilkarosserie mit einer Scheibe mit Keramiksiebdruck ist an Komplexizität wohl kaum mehr zu überbieten: Es existieren bis zu 10 Grenzschichten, an denen jeweils zwei verschiedenartige Werkstoffe aufeinandertreffen (Abb. 4.20). Unter allen nur möglichen Betriebszuständen, einschließlich Unfall, darf keine einzige dieser Grenzschichten ungeplant versagen; ansonsten könnte sich die Scheibe lösen – mit sehr negativen Folgen. In diesem Verbund ist also nicht nur die Klebstoff- sondern auch Lack- und Metallvorbehandlungsindustrie gefordert.

Eine gewisse Vereinfachung des Aufbaus kann erreicht werden, wenn *primerlos* auf Lack (und auch auf Glas) haftende Klebstoffe verwendet werden. Bei einigen Automobilherstellern sind seit Jahren solche Klebstoffe mit primerloser Lackhaftung erfolgreich im Einsatz. Primerlos auf Lack haftende Klebstoffe werden im nachstehenden Umfeld verwendet und müssen mit einigen Besonderheiten klarkommen:

- Verklebung auf Decklack, Klarlack, KTL-Grundierung[10]
- Decklacke sind meist 2 K-Acrlyat-PUR oder Melamin-Acrylat, lösemittelbasierend
- Neu eingeführte Lackfarben erfordern jedoch gelegentliche Anpassungsentwicklung des Direktverglasungsklebstoffs
- Neue Lacksysteme wie Pulverlacke, Silan-modifizierte Lacke oder kratzfeste Typen stellen zusätzliche Anforderungen.

[10] KTL: Kathodische Tauchlackierung, Kataphorese; elektrochemische Beschichtung von stromleitenden Werkstoffen.

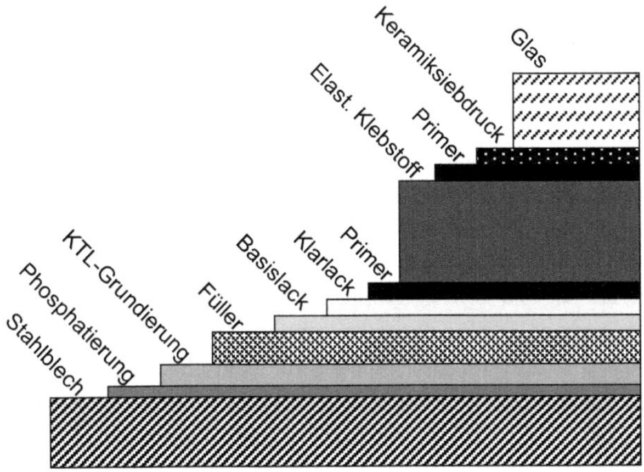

Abb. 4.20 Aufbau einer Scheibenverklebung im PKW (nicht maßstabsgetreu)

Es ist auch möglich, primerlos auf *Keramiksiebdruck* zu kleben. Der Siebdruck (Glasemail) besteht im Wesentlichen aus 60–85 % einer niedrigschmelzenden Glasfritte, 15–40 % Farbkörper und aus Additiven. Je nach Qualität beträgt die UV-Durchlässigkeit zwischen 0,01 und 2 %. Damit wird die UV-Belastung des Klebstoffs durch das Glas bzw. den Siebdruck bestimmt. Die meisten Anwender greifen aber aus Sicherheitsgründen meist doch auf einen Schwarzprimer zurück, der UV-blockierende Rußpigmente enthält.

Die *elektrischen Eigenschaften* der Direktverglasungsklebstoffe haben in den letzten Jahren stark an Bedeutung gewonnen, da neben der Beheizung mittlerweile eine Vielzahl von Antennen in die Heckscheibe integriert werden muss. Dazu werden *niedrigleitfähige* Direktverglasungsklebstoffe als elektrische Isolatoren wegen des Korrosionsschutzes und zur Verwendung mit integrierten Scheibenantennen eingesetzt. Während Standardklebstoffe einen spez. Widerstand von ca. $10^5\,\Omega \cdot \text{cm}$ ausweisen, kommen die niedrigleitfähigen auf Werte von $> 10^6\,\Omega \cdot \text{cm}$; antennenfähige Klebstoffe zeigen $> 10^{10}\,\Omega \cdot \text{cm}$ und weisen zudem noch angepasste Hochfrequenz-Impedanzwerte auf.

Die automatisierte Scheibenverklebung am Band umfasst die nachstehenden Hauptschritte:

- Roboter nimmt die (vorbereitete) Scheibe auf
- Scheibe wird für den Klebstoffauftrag positioniert
- Klebstoffauftrag auf die Scheibe

- Positionierung der Scheibe vor der Fensteröffnung
- Fügeprozess
- Rückkehr des Roboters zur Startposition.

Bei der heutzutage üblichen ausgefeilten Prozesstechnik treten kaum Probleme auf. Prinzipiell können aber folgende Abweichungen möglich sein: Verpressung auf 0 mm („ausgehungerte“ Klebfuge), Lösen von Spannungen, die beim Andrücken in die Scheibe eingebracht wurden (Scheibe hebt vom Karosserieflansch ab), zu wenig Material oder zu geringe Anpresskraft an bestimmten Stellen, größere Toleranzen als erwartet. Die für die Auftragsmenge und Standfestigkeit der Dreiecksform der Klebstoffraupe verantwortlichen rheologischen Eigenschaften werden bei den Klebstoffherstellern optimiert (Abb. 4.21), bevor erste Linienversuche im Automobilwerk stattfinden. Dadurch wird in vielen Fällen bereits bei der Vorstellung eines modifizierten oder neuen Direktverglasungsklebstoffs (nach vorangegangener Laborfreigabe) ein erfolgreicher erster Linienversuch erzielt („first-time-right“-Prinzip).

Beim *modularen* Scheibenkleben werden möglichst viele Schritte der Scheibenvorbereitung (Glasreinigung, Auftrag des Glasprimers, Auftrag einer Vorbeschichtung (PU), ggf. Trimleistenbefestigung etc.) von der Linie weg zum Glashersteller verlagert. An der Linie selbst wird der Klebstoff nur noch kurz durch Hitze aktiviert, bevor die Scheibe gefügt wird. Da sich durch diese Produktionsweise aber kaum wirkliche Einsparungen in der gesamten Prozesskette erzielen lassen, konnte sie sich nicht durchsetzen.

Bei all den genannten Vorteilen darf nicht verschwiegen werden, dass verklebte Scheiben im Automobil auch Nachteile haben: Der Austausch einer geklebten Scheibe im Reparaturfall ist vergleichsweise kompliziert und kann routinemäßig nur von geschultem Personal fachmännisch durchgeführt werden (s. Abschn. 6.7). Insbesondere ist das An- und Abmontieren von Verkleidungen zeitaufwendig; bei manchen Flanschkonstruktionen ist auch das Durchtrennen der Klebstoffraupe mühsam. – In Europa mussten im Jahr 2009 immerhin ca. 18 Mio. Windschutzscheiben wegen Beschädigung ausgetauscht werden.

Elastisches Kleben im LKW-Bau Die Fahrerkabine eines modernen LKW weist rund 50 m Klebenaht auf. Verklebt werden im Wesentlichen Systemträger, Front-, Seiten- und Rückwandscheibe, sowie das Dach. In der Hauptsache kommen steife Polyurethanklebstoffe zum Einsatz, elastische Klebstoffe vorwiegend bei der Scheibenverklebung.

Nach dem Einkleben der Frontscheibe in das Fahrerhaus des LKW muss dieses während der Produktion mit soeben eingeklebter Scheibe gekippt werden, um zügig

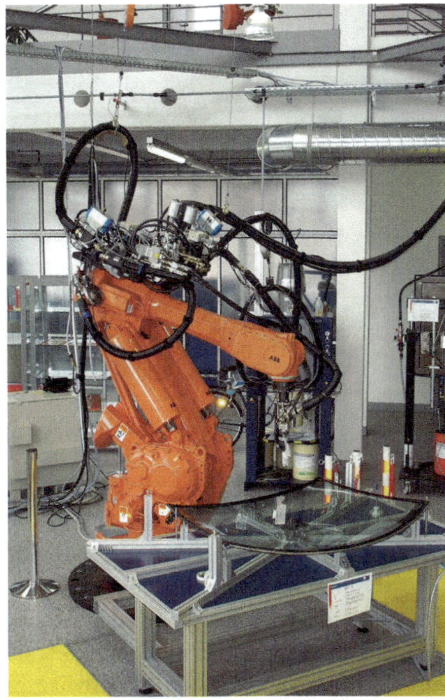

Abb. 4.21 Robotergesteuerter Versuchsauftrag eines Direktverglasungsklebstoffs (Foto: Henkel AG & Co. KGaA)

weitere Montagearbeiten durchführen zu können. So kommen besondere Belastungen auf eine frisch durchgeführte Scheibenverklebung zu: Nach dem Abkippen des Fahrerhauses darf die ca. 40 kg schwere Scheibe keinesfalls verrutschen oder gar herausfallen. Ein nach 30 min durchgeführter Test, bei dem von außen Wasser auf die Kabine gespritzt wird, muss zudem zeigen, ob die eingebaute Scheibe auch wirklich dicht ist.

Großflächige Bauteile, wie komplette Baugruppen, Glasdächer oder Beplankungen lassen sich mit elastischen Klebstoffen hervorragend fügen. Der elastische Klebstoff kompensiert in gewissen Grenzen:

- Toleranzen der Fügeteile
- Positionierungsfehler
- Rückverformungen der Bauteile.

Ist die Rückstellungskraft eines soeben gefügten Bauteils allerdings höher als die Haltekraft des frischen Klebstoffs, können Fehlklebungen entstehen. Durch ei-

Abb. 4.22 Sattelzug mit geklebtem Kühlauflieger (Foto: btr/Wikipedia)

ne Rückverformung der Bauteile können sich Löcher in der Kleberaupe bilden. Bedacht werden müssen auch die beim Handling der Bauteile entstehenden temporären Verformungen, die zusätzliche Spannungen in die Klebung einbringen können. Es ist möglich, diese Verformungen zu messen und über dementsprechend angesteuerte Betätigungselemente auszugleichen. Wenn der Aufwand nicht gescheut wird, lässt sich so eine höhere Sicherheit erzielen und die Rate der Fehlklebungen senken.

Der in Abb. 4.22 gezeigte Kühlauflieger ist ein weiteres Beispiel für die Anwendung elastischer Klebungen: Die Sandwichelemente, die früher an die Tragstruktur genietet wurden, werden heute mit dieser verklebt. Desgleichen werden Wasserabweiseleisten auf dem Dach, sowie Rammschutz- und Befestigungsleisten mit Zurr-Ösen im Inneren des Aufliegers verklebt und nicht genietet bzw. geschraubt. Auch die Bodenkonstruktion ist elastisch verklebt.

Elastisches Kleben im Busbau In einem modernen Reisebus (Abb. 4.23) werden an vielen Stellen elastische Klebstoffe verwendet. Die größte klebtechnische Herausforderung ist sicherlich die Befestigung der Frontscheibe mit bis zu 70 kg Eigengewicht. Nicht nur beim Handhaben dieses flächigen und schweren Bauelements, sondern auch bei der Überbrückung von Toleranzen der Scheibe bzw. des Klebeflansches müssen einige Besonderheiten beachtet werden. PKW-Scheiben werden durch Druckverformung (engl.: pressbending) hergestellt und weisen damit relativ geringe Toleranzen auf. Anders sieht es jedoch bei Bus-, LKW- und Eisenbahn-Scheiben aus, die durch Schwerkraftbiegen hergestellt werden, was mit deutlich

Abb. 4.23 Doppelstockbus mit hohem Glasflächenanteil (Foto: LosHawlos/Wikipedia)

größeren Maßabweichungen verbunden ist. Sie können durchaus 5 mm betragen. Die Karossen von Bussen, LKW oder Eisenbahnwaggons haben Toleranzen im Bereich von 3 mm, gelegentlich auch höher.

Zur Lösung des Toleranzproblems verwendet man hochstandfeste Scheibenklebstoffe, die z. B. als Rundraupen von 20–30 mm Durchmesser auf den Flansch aufgetragen werden. Danach wird die Scheibe gefügt und austretender Klebstoff weggespachtelt oder fehlender ergänzt. Umgekehrt können auch Dreiecksraupen von 20 mm Höhe und 15 mm Breite auf die Scheibe aufgetragen werden (s. Abschn. 6.5). Auch hier werden nach dem Fügen Unregelmäßigkeiten aufgefüllt und verspachtelt. Bis zur Aushärtung des Klebstoffs wird das Gewicht der Scheibe meist von Unterlegkeilen gehalten. Die Verklebung von Seiten- und Heckscheiben ist dagegen weniger aufwendig. Je nach Bushersteller kommen die jeweils am besten in die Abläufe passenden Verfahren zum Einsatz.

Die Seitenverkleidungen von Bussen waren früher punktgeschweißt bzw. genietet, was gelegentlich noch in USA bei älteren Schulbussen zu sehen ist (Abb. 4.24). Eventuell nötige Schleif- und Spachteloperationen können die Korrosionsschutzschicht des Metalls verletzen und sind arbeitsaufwendig. Durch elastisches Kleben wird dies vermieden. Zusätzlich wird durch die akustische Dämpfung des Klebstoffs der Fahrkomfort erhöht; dies gilt auch für die Dachkonstruktion (Abb. 4.25). Vorteilhaft ist zudem ein Versteifungseffekt, der durch die aufgeklebten Beplankungsteile erzeugt wird. – Leichtbauwerkstoffe (z. B. Al oder GFK), wie sie z. B. bei Heck- oder Gepäckklappen eingesetzt werden, können problemlos verwendet werden. Weitere Anwendungen des elastischen Klebens sind Verklebung des Daches,

Abb. 4.24 Amerikanischer Schulbus mit angenieteten Seitenverkleidungen, rechts im Detail (Foto: Jared and Corin/Wikipedia)

Abb. 4.25 Verklebte Dachkonstruktion eines modernen Busses (Grafik: Henkel AG & Co. KGaA)

der Beplankung, Front- und Heckverkleidungen, Fußböden, Zierleisten und andere Ausstattungsteile. In einem modernen Reisebus werden 150–200 kg elastische Klebstoffe verarbeitet, davon entfallen 30–60 kg für die Scheibenverklebung, der übrige Anteil geht in die oben ausgeführten Anwendungen.

Die nachstehende Kostenaufschlüsselung bei der Reparaturverklebung von Busscheiben zeigt, dass der Kostenbeitrag des Klebstoffs im Gesamtpaket recht klein

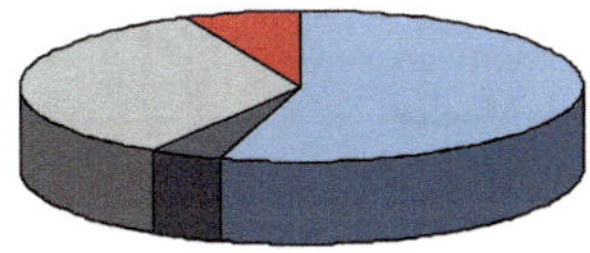

Abb. 4.26 Kostenverteilung bei der Reparaturverklebung einer Busscheibe

Abb. 4.27 Straßenbahn moderner Bauart mit designbedingt vielen Klebestellen (Foto: Sandy 1503/Wikipedia)

ist – trotz der relativ großen Menge, die benötigt wird. Hauptkostenverursacher ist eindeutig die teure Scheibe, gefolgt vom Personalaufwand (Abb. 4.26).

Elastisches Kleben im Schienenfahrzeugbau Im *Eisenbahn-* und *Straßenbahnbau* wird seit vielen Jahren erfolgreich elastisch geklebt, um Gewichts- und Kostenersparnisse zu realisieren und auch um immer neuen Designforderungen gerecht werden zu können, die nur über Kunststoffbauteile verwirklicht werden können (Abb. 4.27). Einige Beispiele für elastische Klebungen sind:

- Führerstand und Bugmaske aus GFK an den Wagenkasten
- Front- und Seitenscheiben
- Front- und Seitenschürzen
- Dachhaut auf Tragstruktur
- Seitenwände an Tragstruktur
- Verkleidungsteile
- Befestigungsschienen, Winkelprofile, Schutz- und Zierleisten
- Böden.

Abb. 4.28 Der einzige kommerzielle Einsatz des in Deutschland entwickelten Transrapid (Maglev) erfolgt in China (Foto: Alex Needham/Wikipedia)

Bei Straßenbahnen werden Elektrik und Elektronik zunehmend in den Dachbereich verlegt, um die Bequemlichkeit der Passagiere beim Ein- und Ausstieg zu erhöhen. Die geformten GFK-Teile, die die elektrischen Einrichtungen schützen, werden elastisch über sehr breite Klebfugen, die aufgrund von Toleranzen durchaus 20–25 mm erreichen können, mit der Wagenstruktur verbunden. Aufgrund ihrer Größe von bis zu 8 m dauert sowohl das Passendmachen der Fügeteile als auch der manuelle Verklebvorgang vergleichsweise lange: Derzeit kommen ausschließlich PU-Klebstoffe mit langer Hautbildungszeit zur Anwendung. Die lange Hautbildungszeit wird benötigt, damit die Fügeteile evtl. noch gerichtet werden können und damit man den Klebstoff noch glätten kann, um optisch ansprechende Fugen zu erhalten. Wie man eine Seitenscheibe richtig einklebt, ist in Abschn. 6.5 ausführlich beschrieben.

Beim von 1969–1979 entwickelten *Transrapid (Maglev)*, der bis zu 500 km/h schnell sein kann, wurde speziell bei den jüngsten Modellen ebenfalls massiv auf die Klebtechnik zurückgegriffen (Abb. 4.28). Bei Klebschichtdicken > 12 mm sind Frontmaske und Seitenschürzen aus FVK-Sandwich (mehrschichtiger Aufbau aus GFK/CFK mit eingearbeitetem Blitzschutzmetallgewebe) mit dem Wagenkasten aus Aluminium verklebt. Die verklebten Bauteile weisen folgende Maße auf: Breite ca. 3 m, Höhe ca. 2 m, Länge ca. 5 m. Neben den Freiheiten im Design ergaben sich rund 30 % Gewichtsersparnis für jedes Teil aus Stahl, das durch GFK ersetzt werden konnte. Eine der Herausforderungen für die Technologie des elastischen Klebens sind Zugbegegnungen und die damit verbundenen Druck- und Sogstöße, die zu Relativbewegungen der verklebten Teile führen und die selbstverständlich über die geplante Lebensdauer des Transrapid zu keinen unspezifizierten Materialermüdungen führen dürfen.

Sonstige elastische Klebungen Im *Yachtbau* wird schon sehr lange strukturell und elastisch geklebt (Verbinden von GFK Ober- und Unterschale bei kleinen Booten,

Abb. 4.29 Eingeklebte Fenster der Megayacht „Pelorus" (Foto: Walker-Boh/Wikipedia)

Innenausbau, Verkleben von Teakdecks, Scheuerleisten), während im Großschiffbau das Kleben noch nicht so verbreitet ist, aber zunehmend an Bedeutung gewinnt: Für ein in Deutschland entwickeltes Konzept von schnellen Einrumpffähren, die 1000 Passagiere mit rund 40 Knoten (ca. 75 km/h) befördern können, musste das Design konsequent auf Leichtbau ausgerichtet werden, um die Anforderungen erfüllen zu können: Der Rumpf besteht zur Gewichtsreduzierung aus Integralplatten aus Aluminium; statt konventioneller Materialien und Fügetechniken wurde auf leichte Klebkonstruktionen gesetzt, z. B. bei der elastischen Verklebung von Sitzschienen mit der Schiffstruktur, Verklebung von Polycarbonatscheiben mit der Außenhaut, Verklebung von Honeycomb Paneelen, Verklebung von innenliegenden Passagierdecks, Verklebung von Deckshäusern auf die Schiffstruktur. Mittlerweile sind bereits fünf dieser je 60 m langen Schnellfähren in indonesischen Gewässern im Einsatz.

Die Verklebung von Bullaugen und Fenstern an Schiffen wird seit 15–20 Jahren praktiziert, ohne dass bisher nennenswerte Ausfälle bekannt geworden waren (Abb. 4.29). Allerdings gibt es hierzu keine systematischen Langzeitstudien, denn die meisten der verklebten Scheiben werden zusätzlich mit mechanischen Haltevorrichtungen ausgestattet, um für ein eventuelles Versagen des Klebstoffs gerüstet zu sein.

Der *Maschinen- und Metallbau* (z. B. Landmaschinen, Sonderfahrzeuge, aber auch Drehbänke, Metallbehälter) verwendet elastische PU-Klebstoffe fast standardmäßig in Anwendungen, die später überlackiert werden sollen. Durch den Lack, der i. d. R. sehr gut auf dem Klebstoff haftet, wird letzterer vor Lichteinfall und eventueller Vergilbung geschützt.

Im *Fassadenbau* gibt es Systeme, bei denen Fassadenplatten über doppelseitige Schaumklebebänder als Abstandhalter mit 1 K-PU Klebstoffen mit der Unterkonstruktion verklebt werden. Erst ab einer gewissen Höhe („Hochhausgrenze") müssen mechanische Vorrichtungen die Fassadenplatten zusätzlich sichern.

Bei der *Isolierglasherstellung* (Näheres s. Abschn. 4.4) haben zumindest in Europa 2 K-Polyurethanklebstoffe die bisher verwendeten Polysulfidklebstoffe mittlerweile aus Preisgründen zum größeren Teil abgelöst. Die verwendeten Formulierungen haften ohne Primer auf den Isolierglas-typischen Untergründen wie Glas und Aluminium bzw. Edelstahl oder Kunststoffen, aus denen die Abstandhalter gefertigt werden. Ein technischer Vorteil der hier verwendeten speziellen Polyurethane ist ihre geringe Feuchtigkeitsdurchlässigkeit, die der Lebensdauer der IG-Einheiten zugute kommt.

4.3 Silan-Hybridsysteme: Die Japaner kommen

Ganz richtig ist die Überschrift nicht: Sie, die Technologie der Silan-Hybridsysteme, erstmals kommerzialisiert in Japan – und seit den späten 1980er Jahren auch in vielen anderen Ländern – ist nämlich schon längst da. Sie ist innerhalb der letzten Jahrzehnte eine der interessantesten Neuentwicklungen auf dem Gebiet der Dicht- und Klebstoffpolymere. Ursprünglich waren sie nur dazu gedacht, die Familie der Baudichtstoffe durch ein weiteres Mitglied mit einer bis dato nicht bekannten Eigenschaftskombination zu erweitern. In den letzten 10–15 Jahren haben sich die Silan-Hybridsysteme aber zunehmend auch als Grundstoffe für elastische Klebstoffe bewährt – eine Entwicklung, die vor allem in Deutschland vorangetrieben wurde.

4.3.1 Basisinformationen

Bei Silan-Hybridsystemen[11] – der Name legt es nahe – sind offensichtlich mehrere Technologien beteiligt: Vereinfacht ausgedrückt ist in den Silan-Hybridsystemen die Härtungschemie von Alkoxysilangruppen mit der Chemie der Polyole bzw. Polyurethane kombiniert. Alkoxysilangruppen sind von der Silikonchemie her bekannt, die Polyurethanchemie steuert gewissermaßen den Innenteil des Hybridmoleküls bei, das Rückgrat („polymer backbone") des Prepolymers (Abb. 4.30). Über die reaktiven Silanendgruppen entsteht bei Zutritt von Luftfeuchtigkeit ein verzweigtes, elastisches Netzwerk bzw. ein elastischer Klebstoff, wenn in einer entsprechenden Formulierung noch Weichmacher, Füllstoffe, Additive und Katalysator zugegen sind. Die im backbone vorhandenen Strukturen sind siloxanfrei, d. h.

[11] Auch oft Silan-modifizierte Polymere (SMP) genannt.

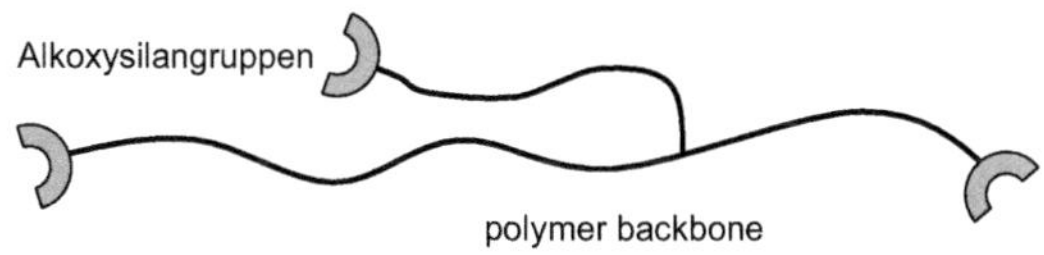

Abb. 4.30 Schematische Darstellung eines Silan-Hybridprepolymers, bestehend aus Polymerrückgrat und vernetzungsfähigen Alkoxysilangruppen

rein organisch, und geben dem fertig vernetzten Produkt einige Eigenschaften der zugrunde liegenden PU-Chemie mit. Silan-Hybridsysteme kann man quasi als Abkömmlinge der Silikon- und der PU-Chemie sehen. Sie vereinen in sich einige der positiven Eigenschaften der beiden „Elternteile", ohne notwendigerweise auch deren Nachteile mitzubringen. Diese neuartige Kombination von Eigenschaften ist auch der Grund für das Interesse vieler Verwender an der Hybrid-Technologie. Sie findet sich in Dichtstoffen, aber auch in elastischen Klebstoffen, Beschichtungen oder Vergussmassen wieder.

Im Wesentlichen kennt man im Markt die folgenden Prepolymere:

- Silan-modifizierte Polyether
- Silan-modifizierte Polyurethane bzw. Polyharnstoffe
- Silan-modifizierte Polyacrylate.

Aus allen diesen lassen sich elastische Klebstoffe formulieren, mit recht unterschiedlichen Eigenschaftsbildern, aber doch einer ganzen Reihe von Gemeinsamkeiten. Der Aushärtemechanismus dieser Systeme ist neutral; es wird meist Methanol abgespalten. Der schwache Geruch von Methanol ist nicht als Warnsignal geeignet: Die Geruchsschwelle liegt bei 2000 ppm. Daher muss aufgrund der Giftigkeit des Methanols bei der Verarbeitung und Aushärtung von Hybriddichtstoffen immer gut gelüftet (z. B. Absaugung) werden. An korrekt ausgerüsteten Arbeitsplätzen liegen die als Funktion der Zeit abgespaltenen Methanolmengen deutlich unterhalb des Arbeitsplatzgrenzwertes (AGW) von 270 mg/m^3 bzw. 200 ppm. Im Zweifelsfall mit Gasspürröhrchen prüfen!

Die meisten der Silan-Hybridklebstoffe sind luftfeuchtigkeitshärtende Einkomponentensysteme, die entweder manuell oder maschinell aufgetragen werden. Für schnelle Industrie- und Reparaturanwendungen ergab sich in der Vergangenheit ein Bedarf für (nahezu) umgebungsunabhängig härtende Systeme, dies führte zur Entwicklung von beschleunigten Systemen. Dazu kann man den 1 K-Systemen eine Beschleunigerpaste, z. B. über einen Statikmischer mittels einer Doppelkartusche zumischen, um die Härtung schneller zu machen. Hierdurch schreitet die Härtung eines Klebstoffstrangs nicht mehr, wie bei 1 K, von außen nach innen fort, sondern sie beginnt zeitgleich überall im Gemisch der beiden Komponenten, wodurch sich eine deutlich schnellere Belastbarkeit der Klebung ergibt. Bei maschinellem Mischen und nachfolgendem Auftrag kommen handelsübliche 2 K-Dosier- und Mischanlagen zum Einsatz, bei denen die Klebstoffe in Hobbocks[12] oder Fässern vorgehalten werden (s. Abschn. 6.4). Die Mischungsverhältnisse reichen von 100:2 bis 10:1 (Stammkomponente zu Beschleuniger). Sie sollten zwar genau eingehalten werden, müssen es aber nicht zwingend – ein großer Vorteil. Bei den echten 2 K-Systemen hingegen muss das Mischungsverhältnis stets genau beachtet werden.

Man hat die Auswahl aus folgenden Produktfamilien:

- Einkomponentige Produkte (luftfeuchtigkeitshärtend)
- Pseudo-2 K-Produkte (Zumischung einer wasserhaltigen Beschleunigerpaste)
- Zweikomponentige Produkte (vereinzelt im Markt vertreten).

4.3.2 Eigenschaften

Nach über 25 Jahren Entwicklungsarbeit bei den Silan-Hybridsystemen gibt es eine Reihe von allgemeinen Eigenschaften, die übergreifend auf alle Formulierungen mehr oder weniger zutreffen:

- Primerlose Haftung auf vielen Substraten
- Hohe UV-Stabilität
- Überlackierbarkeit mit Dispersionen und lösemittelhaltigen Lacken
- Lösemittelfreiheit, wenn gewünscht
- Geringe Geruchsentwicklung während und nach der Aushärtung
- Freiheit von Isocyanaten und Silikonen
- Abwesenheit korrosiver Spaltprodukte
- Hohe Tieftemperaturelastizität.

Das allgemeine Eigenschaftsprofil mit den Stärken und Schwächen der Silan-Hybridklebstoffe ist in Tab. 4.9 dargestellt.

Die auf vielen Untergründen *primerlose Haftung* ist eine der herausragenden Eigenschaften der Silan-Hybridklebstoffe. Sie kommt dadurch zustande, dass man hier Haftvermittlersubstanzen (Silane) dem Klebstoff selbst beimischen kann, was zu einer Art „eingebautem“ Primer führt. Diese Silane sind normalerweise in den

[12] Hobbock: Kleines Fass mit 20–30 l Inhalt.

Tab. 4.9 Allgemeines Eigenschaftsprofil von Silan-Hybridklebstoffen

Stärken	Schwächen
Gute Witterungs- und UV-Stabilität	Hitzebeständigkeit bei Dauertemperaturen über 90 °C
Sehr breites Haftungsspektrum ohne Primer	Weiterreißfestigkeit
Geringer Schrumpf beim Aushärten (< 5 %)	Wasseraufnahme
Geruchsarmut beim Aushärten	Starke Quellung in manchen organischen Flüssigkeiten
Blasenfreie Aushärtung auch bei hoher Luftfeuchte	Durchhärtung in tiefen Schichten langsam
Elektrische Isolationswirkung	Abrasionsempfindlichkeit
Überlackierbarkeit mit Dispersionen	Schmutzaufnahme (bei sehr weichen Produkten)
Überlackierbarkeit mit lösemittelhaltigen Lacken	Unbeständigkeit gegen Säuren
Vergleichsweise geringe Moduländerung (≤ 25 % als f(T) zwischen −40 und +80 °C)	Bei gewissen Formulierungen teilweise kurze Hautbildungszeiten
Sehr hohe Flexibilität auch bei tiefen Temperaturen	Kriechen mancher Formulierungen unter Last
Lagerstabilität des ungehärteten Compounds – formulierungsabhängig	

separat aufzutragenden Primern enthalten. In Tab. 4.10 ist beispielgebend die Haftungsbreite von typischen Silan-Hybridklebstoffen dargestellt. Bei der Interpretation dieser Tabelle ist zu beachten, dass z. B. der allgemeine Begriff „Eloxiertes Aluminium" eine Vielzahl durchaus unterschiedlicher Aluminiumsorten umfasst, was z. B. deren metallurgische Zusammensetzung oder Oberflächenbehandlung betrifft. Um die in der Tabelle angegebenen guten Haftungen zu erzielen, müssen die zu verklebenden Werkstücke sauber sein und tragfähige Oberflächen aufweisen. Nur dann können einige der im Compound vorliegenden Haftvermittlermoleküle selbständig an das entsprechende Substrat wandern und sich dort chemisch verankern. Für sehr kritische bzw. hoch belastete Oberflächen sollte fallweise auch bei den Silan-Hybridklebstoffen eine Oberflächenvorbehandlung oder Primerung vorgenommen werden. Keine Haftung zeigen die Silan-Hybridklebstoffe auf Polypropylen (PP), Polyethylen (PE), Polytetrafluorethylen (PTFE) oder Polyoxymethylen (POM), wenn diese nicht vorbehandelt wurden.

Tab. 4.10 Beispiele für Substrate, auf denen Silan-Hybridklebstoffe i. Allg. haften

Metalle	Kunststoffe	Lacke und Beschichtungen	Holz und Holzwerkstoffe	Mineralische Untergründe
Stahl	Acrylglas*	1 K- und 2 K-Lacke	Spanplatten	Glas
Edelstahl	Polycarbonat*	Dispersionen	Sperrholz	Emaille
Aluminium	ABS	Holzlasuren	Holz	Porzellan
Elox. Aluminium	PVC	Pulverlacke**		Fliesen
Zink				Keramik
Messing				Naturstein***
Kupfer				Beton****
Bronze				
Blei				

Anmerkung: * Gefahr der Spannungsrissbildung; ** unbedingt Vorversuche machen; *** Randzonenverschmutzung muss durch geeignete Produktwahl ausgeschlossen werden; **** bei porösen Substraten muss ein filmbildender Primer verwendet werden

Die hohe *UV-Stabilität* der Silan-Hybridklebstoffe erlangt dann Bedeutung, wenn sie im Außenbereich verwendet werden und gleichzeitig Dichtfunktionen (sichtbare Klebfugen) übernehmen müssen. Die Produkte mit reinen Polyetherstrukturen sind denen mit Polyurethan-backbones in dieser Hinsicht überlegen, weil erstere keine vergilbungsanfälligen aromatischen Strukturen in ihrem Inneren aufweisen. Um das generelle Alterungsverhalten der Silan-Hybridklebstoffe zu stabilisieren, werden allen Formulierungen Alterungsschutzmittel zugesetzt.

Die *Überlackierbarkeit* eines elastischen Klebstoffs ist nur dann ein Thema, wenn es sich um eine sichtbare Klebung handelt. Frisch aufgetragene Silan-Hybridklebstoffe lassen sich mit lösemittelhaltigen Lacken (1 K und 2 K) meist gut überlackieren. Die gleichzeitige Aushärtung des Lacks und des Klebstoffs sorgt für eine gute Anbindung des Lacks an den Untergrund. Allerdings kann es vorkommen, dass bei manchen schnell härtenden 2 K-Lacken der Zutritt von Luftfeuchtigkeit zum Klebstoff gehemmt wird und Aushärteverzögerungen eintreten. Elastische Klebungen, bei denen der ausgehärtete Klebstoff durch Bewegungen der Fügeteile gedehnt und gestaucht wird, sollten nicht mit spröden Lacken überzogen werden. Sie können reißen (Abb. 4.31).

Die *Lösemittelfreiheit* der Silan-Hybridklebstoffe ist ein Pluspunkt dieser Systeme. Da die Ausgangspolymere relativ niederviskos sind, benötigt man keine Löse-

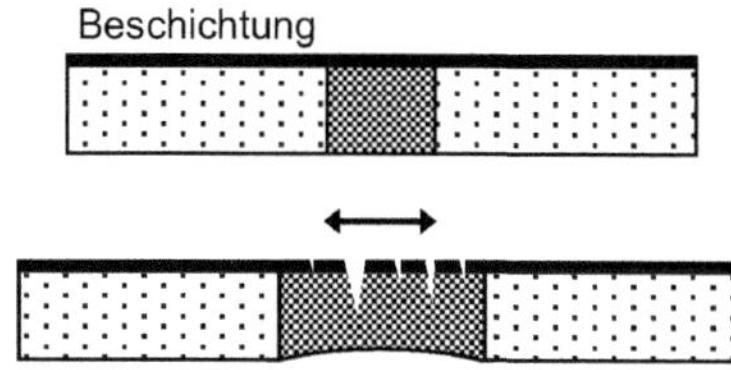

Abb. 4.31 Zu spröde Beschichtung auf einer breiten Klebfuge

mittel, um die Viskosität der Compounds auf ein verarbeitungsfreundliches Niveau einzustellen. Somit ergeben sich auch kaum Volumenschwund (< 5 %) oder Geruchsbelästigung beim Aushärten.

Das *neutrale Härteverhalten* (keine geruchsintensiven oder korrosiven Abspaltprodukte wie sie bei Acetat- und Amin-härtenden Silikonen auftreten), macht Silan-Hybridklebstoffe besonders geeignet zum Verkleben von elektronischen Geräten (Festplatten, Telefone etc.), ohne dass Korrosion von kupferhaltigen Leiterbahnen etc. in der Nähe des Klebstoffs auftritt. Bei lufttechnischen Anlagen können die Silan-Hybridklebstoffe auf der Zuluftseite eingesetzt werden, weil sie keine stark riechenden Abspaltprodukte bilden.

Die *Freiheit von Isocyanaten und Silikonen* bei den Silan-Hybridklebstoffen ist für sich genommen kein besonderes Qualitätskriterium, wie das breite Vorhandensein von Polyurethan- und Silikonprodukten im Markt beweist. Manche Kunden legen allerdings gelegentlich Wert auf die *Ab*wesenheit gewisser Rezeptbestandteile, was zum Einsatz der Silan-Hybridklebstoffe führen kann, z. B. wenn Silikone Lackierstörungen verursachen könnten.

Die hohe *Tieftemperaturelastizität* entsteht durch eine große Beweglichkeit der Polymerketten in Kombination mit einem Weichmacher bei tiefen Temperaturen. Auch bei −60 °C ist noch Elastizität gegeben. Zwar dürfte diese Temperatur bei Außenanwendungen in unseren Breitengraden nie erreicht werden, für manche Anwendungen (Eisenbahn) in Sibirien wird Tieftemperaturelastizität sehr wohl gefordert, desgleichen in kältetechnischen Anlagen.

Obwohl eine der ausgesprochenen Stärken der Silan-Hybridklebstoffe die Ausgewogenheit der Eigenschaften ist, existieren zahlreiche Spezialformulierungen, die auf besondere (Einzel-)Leistungen hin optimiert wurden. Es würde zu weit führen, auf diese Spezialprodukte näher einzugehen, einige Beispiele müssen hier genügen: Es existieren Produkte, die für indirekten Kontakt mit Lebensmitteln zugelassen sind, oder spezielle elektrische Eigenschaften haben, ein flammwidriges Verhalten zeigen oder speziell für Photovoltaikanwendungen optimiert wurden.

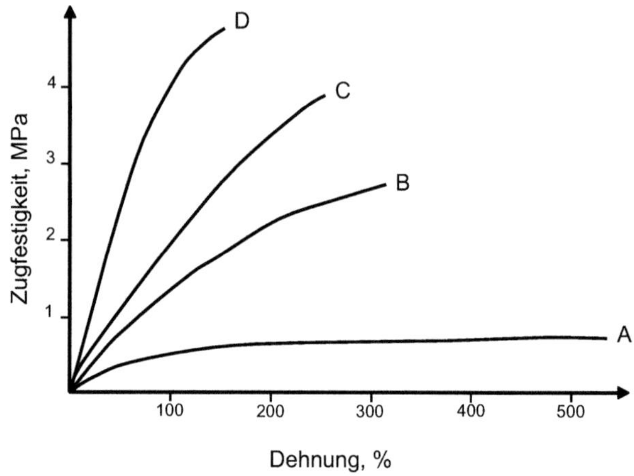

Abb. 4.32 Zug-/Dehnungsdiagramme verschiedener polyetherbasierter Silan-Hybridprodukte A–D (gemessen nach DIN 53504)

▸ **Praxistipp** Wenn sich eine (einfache) Klebeaufgabe mit einem speziellen Silan-Hybridklebstoff nicht lösen lässt (z. B. wegen Haftungsproblemen), sollte man versuchen, mit einem ähnlichen Produkt derselben Familie zum Ziel zu kommen, bevor man einen Technologiewechsel ins Auge fasst: Es besteht eine reelle Chance, mit einem vergleichbaren Produkt doch die Anforderungen zu erfüllen, weil sehr viele unterschiedliche Formulierungen zur Verfügung stehen.

Dass die elastischen Silan-Hybridklebstoffe ihre Wurzeln in der Dichtstofftechnologie haben, zeigt sich nicht zuletzt an der Produktentwicklungshistorie eines namhaften Kleb- und Dichtstoffherstellers (Abb. 4.32): Während das ursprünglich entwickelte Produkt (Kurve A) noch ein klassischer Dichtstoff ist und eine dichtstofftypisch hohe Reißdehnung, gepaart mit niedriger Zugfestigkeit aufweist, zeigen die zeitlich später entwickelten Produkte B–D ganz klar den Trend in Richtung elastisches Kleben. Hier hat man auch einen Bereich bei niedrigen Dehnungen, der ein Hooke'sches Verhalten aufweist und damit linear elastisch ist.

Neben der Härtung über die Luftfeuchtigkeit können praktisch alle Silan-Hybridsysteme durch Zusatz einer wasserhaltigen Beschleunigerkomponente als Pseudo-2 K-Systeme zur Härtung gebracht werden. Die Beschleunigerpaste wird im Verhältnis 2:100 bis 1:10 der Stammkomponente beigemischt. Speziell bei der

Zumischung im Verhältnis 2:100 sind die mechanischen Eigenschaften von beschleunigt oder unbeschleunigt ausgehärteten Klebstoffen deckungsgleich. Beim Verhältnis 1:10 können sich durch einen Verdünnungseffekt leichte Abweichungen ergeben; sie sind praktisch aber nicht relevant. In Tab. 4.11 sind einige typische Eigenschaften für marktgängige 1 K- und 2 K-Silan-Hybridsysteme zusammengefasst. Die Produkte SH-A und SH-B finden hauptsächlich als 1 K-Systeme ihre Anwendung, sie werden jedoch auch in industriellen Prozessen als Pseudo-2 K-Variante verwendet. Das Produkt SH-C ist eine reine 2 K-Version, die ursprünglich als schnelles Reparaturmaterial für manuelle Anwendung aus einer Doppelkartusche konzipiert wurde. Mittlerweile fanden sich hierfür auch Großabnehmer, die SH-C aus Zweikomponentenanlagen verarbeiten. SH-D ist eine neuere Entwicklung, hier verbirgt sich eine Hotmelt-Rezeptur. Sie ist bei Temperaturen zwischen 85 und 120 °C zu verarbeiten und baut nach der Applikation durch Abkühlen, also rein physikalisch, innerhalb weniger Sekunden eine beachtliche *Handhabungsfestigkeit* auf. Die üblicherweise mit ≥ 1 MPa geforderte Handhabungsfestigkeit kann allerdings nur als grober Richtwert dienen. Abhängig von der jeweiligen Verklebungsgeometrie und den Beanspruchungen, die die ganz frische Verklebung „aushalten" muss, können die tatsächlich nötigen Handhabungsfestigkeiten größer oder auch kleiner als 1 MPa sein. Produkt SH-E wurde als schnelle 2 K-Formulierung konzipiert und besticht durch einen äußerst schnellen Aufbau der Handhabungsfestigkeit, diesmal durch eine chemische Reaktion, während Produkt SH-D etwas langsamer reagiert und damit auch einfacher im Umgang ist.

Wie unterschiedlich die Aushärtungskurven einiger der gezeigten Silan-Hybridklebstoffe sein können, ist in Abb. 4.33 dargestellt. Wenn nur das Kriterium der Handhabungsfestigkeit zählt, ergibt sich eine deutliche Zeitverkürzung von Produkt SH-A zu SH-D. Produkt SH-E hat eine sehr kurze offene Zeit, sodass der verwendete Statikmischer sehr schnell „zuwachsen" kann, wenn kein ausreichender Materialfluss gegeben ist. SH-F ist ein breit einsetzbares Produkt, das gut manuell verarbeitet werden kann. Bei der Auswahl eines Produkts für einen Prozess kommen meist mehrere Parameter zum Tragen, sodass in den meisten Fällen ein Kompromiss erzielt werden muss zwischen wünschenswerten und machbaren Eigenschaften eines Produkts. Ein wichtiges Kriterium sind auch die Kosten: Es sollte möglichst nicht nur auf den Kilogrammpreis eines Produkts geachtet werden, sondern eine Vollkostenbetrachtung durchgeführt werden, um zu realistischen Zahlen zu gelangen, die einen belastbaren Vergleich zwischen verschiedenen Produkten oder Technologien ermöglichen.

▸ **Praxistipp** Mechanische Belastung von *aushärtenden* 1 K- oder 2 K-Klebstoffen möglichst vermeiden. Jede Relativbewegung der Fügeteile

Tab. 4.11 Typische Eigenschaften einiger Silan-Hybridklebstoffe

Eigenschaft (bei 23 °C/50 % r. Lf.)	SH-A	SH-B	SH-C	SH-D	SH-E	SH-F
Zahl der Komponenten	1 K/2 K	1 K/2 K	2 K	1 K	2 K	1 K/2 K
Mischungsverhältnis	1 K/10:1	1 K/10:1	1:1	1 K	10:1	1 K/10:1
Hautbildungszeit (Fingermethode)/Topfzeit; min	10–15/20	5–10/ 5–10	–/20–30	5–10/–	–/2	15–25/10
Handhabungsfestigkeit, ZSF ≥ 1 MPa	> 24/ 3–4 h	> 24/ 2–4 h	1,5–3 h	5 min	7–10 min	> 24/40–60 min
Durchhärtungsgeschwindigkeit für 1 K; mm/d	3	3	–	3	–	3
Shore A Härte nach ISO 868	55	60	60	62	55	60
Zugfestigkeit nach ISO 37; MPa	3	4	3	3	3	2,8
Reißdehnung nach ISO 37; %	250	120	150	250	200	200
Zugscherfestigkeit nach ISO 4587; MPa	2,5	2,5	2	2,5	2	2,5
Verarbeitungstemperatur; °C	15–40	15–40	15–40	85–120	15–40	15–40
Gebrauchstemperatur nach DIN EN ISO 10563; °C	−40–100	−40–100	−40–100	−40–100	−40–100	−40–90
Volumenschwund nach DIN 52451; %	< 2	< 2	< 2	< 2	< 2	< 2

stört den Aufbau des Polymernetzwerks und kann zu verminderten Endeigenschaften des Klebstoffs führen.

Die technischen Silan-Hybridklebstoffe werden normalerweise in den Farben schwarz, weiß oder grau formuliert, da in vielen Fällen das Produkt nach der Anwendung nicht sichtbar ist. Selbstverständlich ist es möglich, auch Sonderfarben darzustellen. Eine gewisse Schwierigkeit beinhalten transparente Rezepturen, da hier aus naheliegenden Gründen die Freiheit des Compoundierens stark eingeschränkt ist. Auch muss darauf geachtet werden, dass keine Vergilbung des ausgehärteten Klebstoffs am Sonnenlicht erfolgt. Transparente Klebstoffe werden oft deswegen angewandt, weil die Klebstoffschicht nahezu unsichtbar ist und eventuelle Überschüsse die Fügeteile optisch nicht verunstalten.

Abb. 4.33 Härtungskurven einiger 2 K-Silan-Hybridklebstoffe, gemessen nach ISO 4587. Eigenschaften s. Tab. 4.11

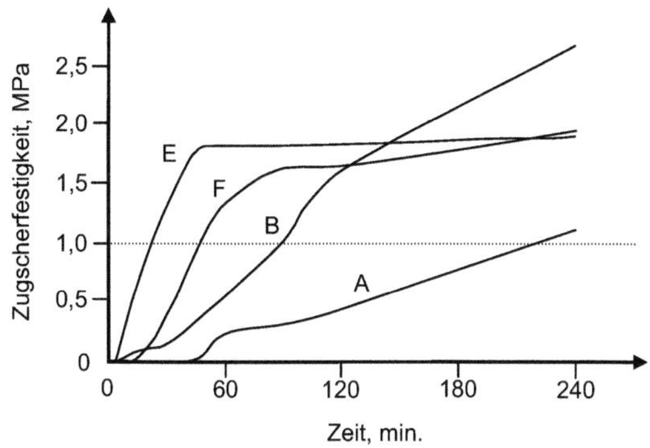

Tab. 4.12 Vergleich einiger wichtiger Eigenschaften elastischer Klebstoffe

Eigenschaft	Silikon	Si-Hybrid	PU
UV-Stabilität	++	+	+/−
Temperaturbeständigkeit	++	+/−	+/−
Primerlose Haftung	+	++	−
Wasseraufnahme	+/−	+/−	+
Überlackierbarkeit	−	+/−	++
Kriechverhalten	+	−	+

Da die Silan-Hybridklebstoffe sowohl mit den Polyurethanen als auch Silikonen konkurrieren (soweit sie ersatzweise eingesetzt werden), ist es hilfreich, eine ungefähre Wertung dieser drei Technologien vorzunehmen. Der nachstehende Vergleich (Tab. 4.12) ist sehr grob und kann nur *ein* Anhaltspunkt für eine Produktauswahl sein.

4.3.3 Anwendungen

Die Silan-Hybridsysteme sind eine eigenständige Technologie, näherungsweise angesiedelt zwischen den elastischen Silikon- und Polyurethanklebstoffen bzw. den entsprechenden Dichtstoffen. Daher treten einerseits Silan-Hybridsysteme als Konkurrenten zu den Silikonen und Polyurethanen auf, da sich die Eigenschaftsprofile teilweise überschneiden. Andererseits konnten sie sich Marktnischen erobern, in denen weder Silikone (Überlackierproblematik, „Silikonpest") noch Isocyanate (Allergiepotential, Kennzeichnung) kundenseitig toleriert werden. Das andauern-

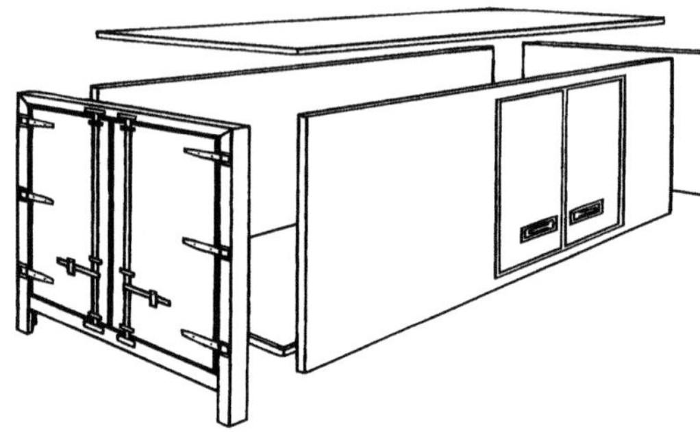

Abb. 4.34 Explosionszeichnung eines Kühlcontainers ohne Rahmenstruktur und Kühlaggregat (Grafik: Henkel AG & Co. KGaA)

de Marktwachstum der verschiedenen Silan-Hybridsysteme legt nahe, dass diese Produktfamilie ganz offensichtlich Bedarfslücken füllt. Einige näher ausgeführte Beispiele mögen dies erläutern.

Verkleben und Abdichten von Kühlcontainern Bei Kühlcontainern handelt es sich um 20 oder 40 Fuß lange, thermisch isolierte und möglichst gasdichte Behälter zum Transport verderblicher Waren in gekühlter Luft oder Schutzgasatmosphäre. Ein Kühlcontainer besteht aus einem stählernen Rahmen, in dem neben thermisch isolierter Tür und Bodenelement Wand- und Deckenelemente in Sandwichbauweise befestigt sind (Abb. 4.34). Die Innenseiten dieser – oft in Edelstahl ausgeführt – wurden ursprünglich über L-Profile und bis zu 2000 Niete an den Innenkanten miteinander verbunden. Auch durch eine nachträgliche und aufwändige Abdichtung der Nietschäfte konnte nicht vollständig verhindert werden, dass erhebliche Gasverluste beim Betrieb des Containers auftraten. Durch das Einkleben von Eckprofilen (meist aus Aluminium) mittels Silan-Hybridtechnologie (Abb. 4.35) ließ sich neben einer erheblichen Arbeitszeitersparnis eine wesentlich bessere Gasdichtigkeit erzielen, was sich in niedrigeren Betriebskosten niederschlägt. Das eingeklebte L-Profil dient auch als „foamstop“ bei der nachträglichen Verschäumung von Hohlräumen an den Stoßstellen der Sandwichelemente. Die Gründe für die Verwendung von Silan-Hybridklebstoffen sind: Haftung auf Edelstahl und spezieller Aluminiumlegierung ohne Primer, Tieftemperaturelastizität und nicht zuletzt eine Zulassung des zur zusätzlichen Abdichtung der Verklebung verwendeten Dichtstoffs für indirekten Lebensmittelkontakt.

Ein ähnliches Anwendungsgebiet findet sich auch bei LKW-Aufbauten, z. B. Kühlkoffern.

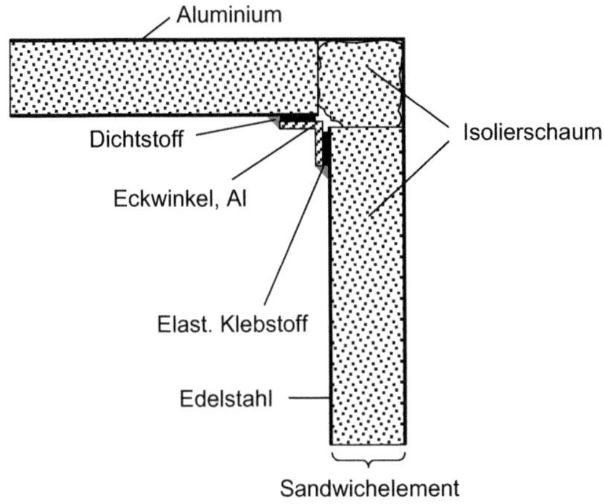

Abb. 4.35 Detail der Eckwinkelverklebung eines Kühlcontainers

Solare Energiegewinnung Ein noch relativ junges Anwendungsfeld von Silan-Hybridklebstoffen sind Verklebungen bei der Gewinnung von Energie aus der Sonnenstrahlung. Solare Gewinnung elektrischer Energie geschieht über zwei Methoden: Direkte Erzeugung von Strom über Photovoltaikelemente oder indirekt über solare Wärmegewinnung mit nachgeschalteten Kraftwerken. In der Photovoltaik (PV) haben sich bisher zwei Anwendungen für Silan-Hybridklebstoffe herauskristallisiert: Die Verklebung von Kollektoren mit einem Trägerprofil (engl.: backrail bonding, Abb. 4.36, 4.37) und das Einkleben kristalliner Photovoltaikelemente in Rahmen (engl.: module mounting, Abb. 4.38). Beim backrail bonding sind die thermischen Anforderungen eher gering, dafür müssen Kriechverhalten (unter allen Betriebszuständen) und Alterungsbeständigkeit ausgezeichnet sein – abgesehen von der Haftung des Klebstoffs sowohl zum PV-Element als auch zum Metall der Tragstruktur. Beim module mounting wird hingegen auf die bewegungsausgleichende Wirkung des elastischen Klebstoffs großer Wert gelegt.

Eine weitere Anwendung für Silan-Hybridklebstoffe findet sich bei der Herstellung von Solarmodulen mit kristallinen Siliziumzellen. Hier stehen diese in direkter Konkurrenz zu den etablierten Silikonklebstoffen und -dichtstoffen, konnten sich offensichtlich aufgrund des Haftungsverhaltens gut etablieren. Kristalline Solarmodule bestehen aus zwei Glasscheiben, zwischen denen die photoaktive Siliziumschicht einlaminiert ist, einer Rückseitenfolie, einem Rahmen und den elektrischen Anschlüssen. Die eigentlichen PV-Einheiten werden in entsprechend geformte Profile geklebt und gleichzeitig abgedichtet. Hierzu beschichtet man die entsprechenden Nute im Profil mit einer berechneten Menge an Klebstoff. Beim Fügen

Abb. 4.36 Schematische Darstellung des backrail bonding eines kristallinen PV-Elements. Auf jedes Profil werden zwei Klebstoffstränge aufgetragen (Grafik: Henkel AG & Co. KGaA)

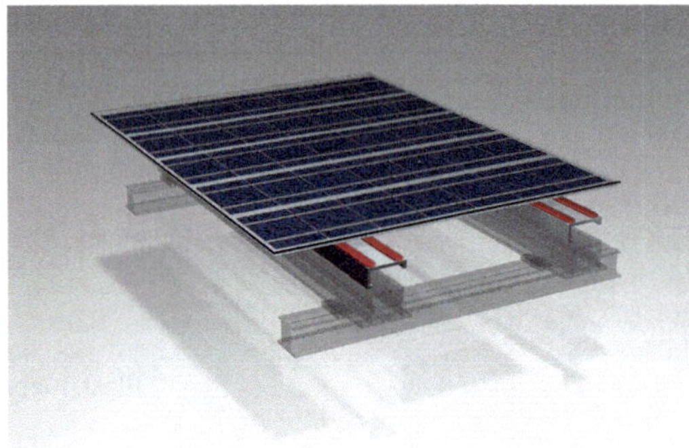

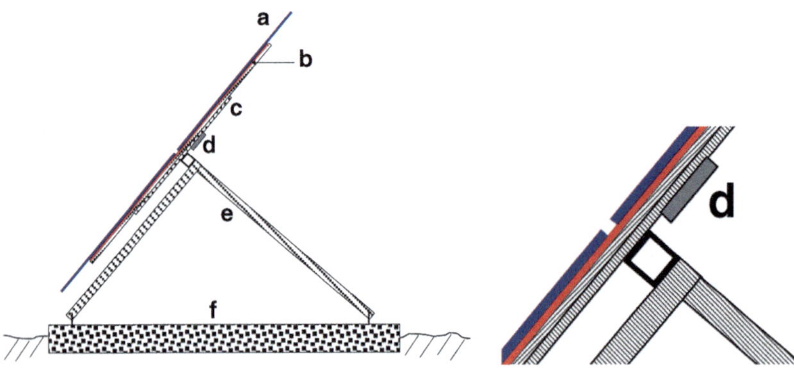

Abb. 4.37 Backrail bonding eines einfachen, statischen Photovoltaiksystems; **a** kristallines Modul, **b** elastischer Klebstoff, **c** Trägerprofil, **d** elektrische Anschlüsse, **e** Tragstruktur, **f** Betonfundament. *Rechts* Details

verdrängt das in die Nut eintauchende Glaselement gerade so viel Klebstoff, dass einerseits keine Hohlräume entstehen, andererseits kein Klebstoffüberschuss austritt. Weichelastische Klebstoffe können die Relativbewegungen zwischen Glas und Aluminiumrahmenprofil, die durch deren unterschiedliche Wärmeausdehnungskoeffizienten verursacht werden, gut kompensieren.

Bei der Solarthermie haben sich Kraftwerke durchgesetzt, bei denen wannenförmige Spiegel die Sonnenstrahlung konzentrieren. Diese Spiegel werden auf verschiedene Weisen auf Traggestellen befestigt, u. a. auch mit Silan-Hybridklebstoffen. Neben der Befestigungswirkung gleichen sie auch hier wieder die unterschiedlichen thermischen Ausdehnungskoeffizienten von Solarspiegel und Haltegerüst aus.

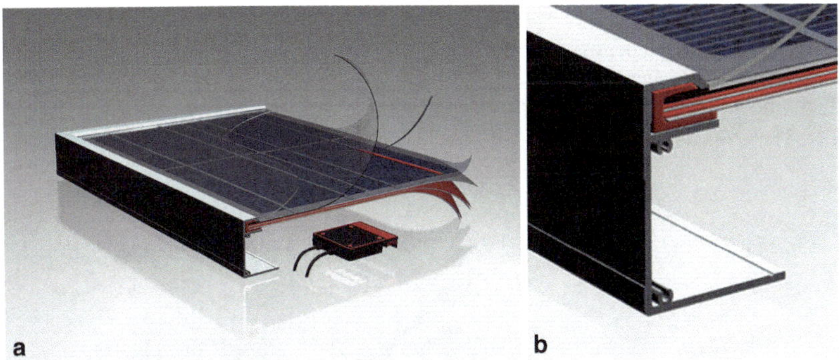

Abb. 4.38 Kristallines Solarmodul mit eingeklebter PV-Einheit (Grafiken: Henkel AG & Co. KGaA)

Fahrzeugbau Der Vormarsch der Silan-Hybridtechnologie im Fahrzeugbau begann in der *Wohnwagen- und Wohnmobilindustrie*. In dieser traditionsorientierten Branche wurden in der Vergangenheit die zahlreichen Dichtprobleme mit Polyurethan- (und Butyl)dichtstoffen gelöst, nicht immer zur Zufriedenheit der Kunden. Insbesondere bei der Verwendung von weißen PU-Dichtstoffen auf weißem Wohnwagenblech zeigte sich die geringe UV-Stabilität der Polyurethane, die zu einer gewissen Vergilbung aller mit PU verklebten und abgedichteten sichtbaren Nähte führte. Da der Markt zu immer hochwertigeren Fahrzeugen tendiert, wurde die gute UV-Stabilität und die problemlose Haftung der Klebstoffe zum Muss. Dies war der Türöffner für die Silan-Hybridprodukte, die auch auf den kritischen Wohnwagenblechen und wohnwagentypischen Kunststoffen gut haften. Kleben und Dichten liegen beim Wohnmobilbau oft eng aneinander; viele der Klebfugen sind Sichtfugen und müssen damit auch UV-stabil sein (Abb. 4.39).

Im *Busbau* sind schon jetzt bis zu 20 verschiedene Materialien zu verkleben, die Vielfalt dürfte in der Zukunft eher noch steigen, weil insbesondere immer neue Kunststoffe ihren Eingang in die Konstruktionen finden. Gelegentlich stoßen die hauptsächlich verwendeten elastischen PU-Klebstoffe bei speziellen Werkstoffen an ihre Grenzen. Daher werden für einige Anwendungen auch Silan-Hybridklebstoffe eingesetzt, z. B. bei der Bodenverklebung, bei der Scheibenverklebung oder beim Kleben von Paneelen aus faserverstärktem Kunststoff auf den Rahmen. Im *LKW-Bau*, z. B. bei Kofferaufbauten werden Silan-Hybridklebstoffe ähnlich wie PU-Klebstoffe verwendet. Auch im *Eisenbahn-* und *Straßenbahnbau* werden häufiger Silan-Hybridklebstoffe eingesetzt, zum Teil auch wegen der

Abb. 4.39 Verklebung des GFK-Aufbaus auf dem lackierten Chassis eines Wohnmobils (Foto: Henkel AG & Co. KGaA)

Allergiegefahr, wenn die Werker PU-Produkte (manchmal inkorrekt) verwenden. Verklebt werden Böden, Scheiben, Türdichtungen, Leisten etc. Im *Schiffbau* werden neben Luken, Fenstern, Scheuerleisten auch zahlreiche Klebungen im Innenausbau mit Silan-Hybridsystemen vorgenommen.

In der sog. *Allgemeinen Industrie*, die vom Maschinenbau über Feinwerktechnik bis zur Weißen Ware und zum Heizradiatorenbau reicht, existiert eine nicht mehr zu überschauende Anzahl von Anwendungen ganz unterschiedlich konzipierter Silan-Hybridsysteme. Auch in Windkraftanlagen werden Silan-Hybridklebstoffe, z. B. bei den Generatorgondeln, eingesetzt.

Es ist anzunehmen, dass die immer größere Vielfalt bei den Werkstoffen den Trend zu universell haftenden, möglichst unproblematisch zu verwendenden elastischen Klebstoffen fördert.

4.4 Polysulfide: Kleben wie Pech und Schwefel

Die chemische Klasse der Polysulfide wurde bereits im Jahr 1840 durch die beiden Deutschen K. Löwig und S. Weidemann entdeckt. Sie konnten jedoch mit den stinkenden Laborkuriositäten wenig anfangen und so mussten 80 Jahre vergehen, bis ein Amerikaner, J.C. Patrick, erkannte, dass man durch Vernetzung der Polysulfide kautschukähnliche Produkte herstellen konnte, die er dann „Thiokol" nannte und schließlich fabrikmäßig produzierte. In den Vierzigerjahren des vergangenen Jahrhunderts verhalf dann die Darstellung *flüssiger*, chemisch härtbarer Alkylenpolysulfide dieser Technologie endgültig zum Durchbruch als Binder von Kleb- und Dichtstoffen. Dies führte in den Fünfzigerjahren zu chemisch vernetzenden Dichtstoffen und elastischen Klebstoffen.

4.4.1 Basisinformationen

Polysulfidprepolymere werden bevorzugt durch Oxidationsreaktionen miteinander vernetzt, die nach der Zumischung einer oxidierenden Substanz starten. Ein 2 K-Polysulfidklebstoff besteht aus einer Komponente A (Harzkomponente), die das Prepolymer, Weichmacher, Füllstoffe, Reaktionsregler und Haftvermittler aufweist und einer Komponente B (Härterkomponente), die eine Paste aus Oxidator, Weichmacher, Füll- und Hilfsstoffen ist. Als Oxidator verwendete man früher vorwiegend Bleiperoxid oder Dichromate;[13] sie wurden in den meisten Fällen durch das gesundheitlich weniger bedenkliche Mangandioxid abgelöst. Über Katalysatoren und Reaktionsregler lässt sich die Härtung in weiten Grenzen einstellen.

Weder das Basismaterial noch die Härterkomponente sind empfindlich gegenüber Luftfeuchte, was sich bei Herstellung, Lagerung und Transport positiv bemerkbar macht. Bei der Verarbeitung sind 2 K-Polysulfidklebstoffe nahezu problemlos: Selbst größere Abweichungen vom Sollwert (bis ±15 %) des Mischungsverhältnisses[14] ergeben nach der Härtung in den meisten Fällen noch immer „vernünftige" Festigkeitsniveaus. Bei einer Unterdosierung des Härters verlängert sich nur die Aushärtezeit. Der Luftsauerstoff wirkt ebenfalls auf lange Sicht hin oxidierend und kann einen eventuell unterdosierten Härter etwas ausgleichen.

Bei einer Überdosierung verläuft die Härtung anfangs zwar schneller, doch die nominelle Endhärte wird nicht mehr erreicht, denn die überschüssige B-Komponente wirkt weichmachend auf das Endprodukt.

▸ **Praxistipp** 2 K-Polysulfidklebstoffe tolerieren (im Notfall) bis zu ±15 % Abweichung vom Soll-Mischungsverhältnis. Trotzdem: Bei manuellem Mischen möglichst genau dosieren und Verluste einer Komponente vermeiden. Überdosierung ist kritischer als Unterdosierung

Üblicherweise handelt es sich bei den 2 K-Polysulfidklebstoffen um viskose, standfeste Pasten, die per Hand oder zumeist maschinell im Verhältnis 10:1 vermischt werden.[15] Die Härtung beginnt sofort nach dem Zusammenmischen der beiden Komponenten – allerdings nach einer gewissen offenen Zeit des Klebstoffs

[13] Im Luft- und Raumfahrtbereich werden diese Oxidatoren weiterhin eingesetzt (wg. Korrosionsschutz und Temperaturbeständigkeit).

[14] Abweichungen vom Soll-Mischungsverhältnis ergeben sich manchmal an nicht optimal eingestellten 2 K-Anlagen beim Umschaltpunkt der Dosiereinrichtung.

[15] In Deutschland wird das Harz (Polymerkomponente) mit Komponente A bezeichnet, der Härter mit Komponente B. In den USA ist es genau umgekehrt: Das Harz (base) ist component B und der Härter (accelerator) ist component A.

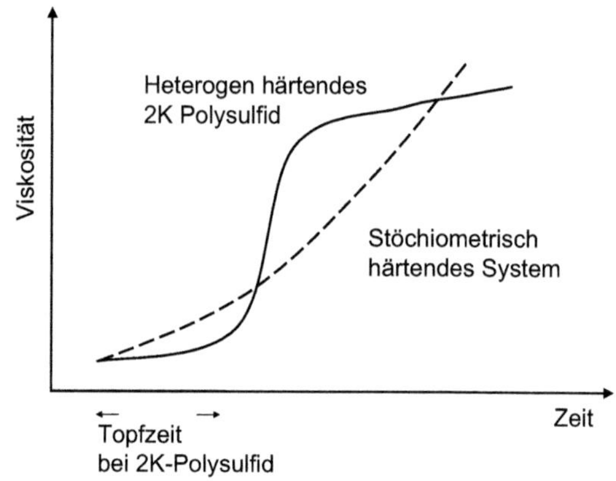

Abb. 4.40 Stufenförmiger Viskositätsanstieg bei 2 K-Polysulfidklebstoffen

(Abb. 4.40). Während dieser Zeit (ca. 0–30 min, rezeptabhängig) kann der Klebstoff verarbeitet werden. Der fast stufenförmige Verlauf der Härtungskurve erlaubt eine lange Topfzeit und verursacht kaum Anhärtungen im Statikmischer.

Zu einer meist hellen Basiskomponente gehört eine unterschiedlich gefärbte Härterkomponente. So sieht man nach dem Mischen sofort, ob der Dichtstoff homogen ist oder nicht.

4.4.2 Eigenschaften

Die allgemeinen Eigenschaften von Polysulfidklebstoffen sind in Tab. 4.13 dargestellt.

Die speziellen Eigenschaften der elastischen Polysulfidklebstoffe beruhen auf der gesättigten Struktur des Prepolymers mit seinem hohem Schwefelanteil (ca. 37 %) und der Ethylformal-Bindung im Polymer. Daraus ergibt sich die nachstehende Kombination von Eigenschaften:

- sehr gute *Chemikalienbeständigkeit* (incl. Öle, Treibstoffe, Hydraulikflüssigkeiten)
- hoher Wasserdampfdiffusionswiderstand
- hoher *Gasdiffusionswiderstand* (z. B. gegen Argon)
- sehr gute Wetterbeständigkeit (incl. Ozon)
- sehr gute Tieftemperatur-Flexibilität (bis −50 °C).

Tab. 4.13 Allgemeines Eigenschaftsprofil von Polysulfidklebstoffen

Stärken	Schwächen
Breit einstellbare mechanische Eigenschaften	Temperaturbeständigkeit (max. 70–80 °C)
Primerlose Haftung auf Glas	Druckverformungsrest, Kriechen unter Last
Chemische Beständigkeit (Treibstoffe, Öle, Hydraulikflüssigkeiten)	Auf manchen Substraten sind Primer erforderlich
Gute Beständigkeit gegen Basen	Unbeständigkeit gegen starke Säuren
Überlackierbarkeit mit lösemittelhaltigen Lacken	Geruch im unausgehärteten Zustand
Geringe Edelgaspermeation	Wasseraufnahme
UV-Beständigkeit bei direkter Bestrahlung	
Relativ niedrige Feuchtepermeation	
Niedrige Moduln möglich, auch bei tiefen Temperaturen	
Lange Topfzeit und schnelle Aushärtung bei Zweikomponentensystemen möglich	
Unempfindlichkeit gegenüber Fehldosierungen	
Recycelbarkeit	

Die herausragende Chemikalienbeständigkeit (Tab. 4.14) beschert den Polysulfidklebstoffen (und Polysulfiddichtstoffen) eine ungebrochene Verwendung im Flugzeugbau, aber auch bei Abdichtungsanwendungen im Tiefbau, wenn das Eindringen wassergefährdender Flüssigkeiten ins Erdreich verhindert werden soll. Die mechanischen Eigenschaften von typischen Polysulfidklebstoffen sind in Tab. 4.15 dargestellt.

4.4.3 Anwendungen

Neben der abdichtenden Verwendung von Polysulfidprodukten im Flugzeugbau (Treibstofftanks), im Tiefbau (Flugplätze, Abwasser, chemische Industrie) und bei der Einglasung von Holzfenstern werden Polysulfidklebstoffe hauptsächlich bei der Produktion von *Isolierglaseinheiten* für den Fensterbau verwendet.

Eine Isolierglaseinheit besteht aus zwei (oder drei) planparallelen Glasscheiben, die durch ein verklebtes Randverbundsystem auf Abstand gehalten werden (Abb. 4.41). Die früher luft-, jetzt fast ausschließlich edelgasgefüllten Isolierglasein-

Tab. 4.14 Im Labor gemessene Chemikalienbeständigkeit einer repräsentativen Polysulfidformulierung (Proben für 6 Wochen im Medium, Raumklima, optische Beurteilung)

Anorg. Säuren	Organische Säuren	Laugen	Kohlenwasserstoffe	Alkohole/Ketone	Öle
Salzsäure 10 %	Ameisensäure 5 %	Ammoniakwasser 25 %	Benzin	Butanol	Bremsflüssigkeit
Salpetersäure 5 %	Essigsäure 10 %	Natronlauge 10 %	Kerosin	Glycol	Hydrauliköle
Schwefelsäure 25 %	Milchsäure 40 %	Kalklauge konz.	Petroleum	Glyzerin	Schmieröl
Phosphorsäure 25 %	Oxalsäure 10 %		Testbenzin	Isopropanol	Flugzeughydrauliköl
	Weinsäure 15 %		Diesel	Methylalkohol	Terpentinöl
	Zitronensäure 20 %			Methylisobutylketon	

Anmerkung: Es wird dringend zu Eigenversuchen geraten!

Tab. 4.15 Eigenschaften von typischen Polysulfidklebstoffen

Eigenschaft	PS-A	PS-B
Mischungsverhältnis	100:8	100:10
Rheologie	Nivellierend	Standfest
Topfzeit; min	100	50
Shore A Härte nach DIN 53505	25	45
Zugfestigkeit nach DIN 53504; MPa	0,8	2
Reißdehnung nach DIN 53504; %	380	120
E_{100}-Modul nach DIN 53504; MPa	0,7	1,7
Temperaturbeständigkeit; °C	−55–125	−30–90
Verarbeitungstemperatur; °C	5–35	5–40

heiten verwendet man, um die Energieverluste eines Gebäudes zu minimieren. Verringert bereits eine luftgefüllte Isolierglaseinheit mit einem Wärmedurchgangskoeffizient $U_g \approx 2{,}8\text{–}3\,\mathrm{W/(m^2 \cdot K)}$ den Wärmeverlust im Vergleich zu einer Einfachscheibe ($U_g \approx 5{,}8\,\mathrm{W/(m^2 \cdot K)}$) ganz erheblich, so werden heutzutage in entwickelten Märkten fast ausschließlich mit Argon gefüllte IG-Einheiten mit beschichtetem Glas hergestellt, die noch bessere Werte ($U_g \approx 1{,}1\text{–}1{,}3\,\mathrm{W/(m^2 \cdot K)}$) aufweisen, um den Anforderungen des Energieeinspargesetzes zu genügen. Die

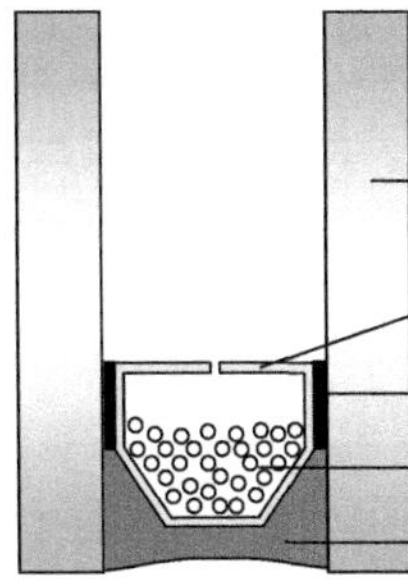

Abb. 4.41 Aufbau einer Standard-Isolierglasscheibe

Zukunft wird den dreifachverglasten Systemen gehören mit $U_g < 1\ \mathrm{W/(m^2 \cdot K)}$. Die Aufgaben des (geklebten) Randverbunds sind:

- Abstandsvorgabe für die Scheiben
- Mechanischer Zusammenhalt der Scheiben
- Abdichten des Systems gegen Feuchtigkeitseintritt (zur Vermeidung von Kondensat bei kalter Witterung)
- Abdichten gegen Verlust von Argon (zur möglichst langen Bewahrung der Wärmedämmeigenschaften)
- Trockenhalten des Scheibenzwischenraums über Jahrzehnte (Molekularsieb).

Aus diesen Aufgaben ergibt sich die nachstehende Belastungssituation einer eingebauten Isolierglaseinheit, die immerhin 25–30 Jahre ihren Dienst tun muss, ohne zu versagen. Ein Versagen äußert sich in einem inneren Kondensationsbeschlag der IG-Einheit: Sie muss dann ausgetauscht werden. Der organisch geklebte Randverbund unterliegt folgenden Belastungen:

- Temperaturwechsel zwischen −20 °C und +60 °C, hervorgerufen durch den Tag-/Nachtwechsel oder die Jahreszeiten
- UV-Licht, das an die Grenzfläche Klebstoff/Glas gelangt
- Feuchtigkeit durch in den Fensterrahmen eingedrungenes Wasser oder äußeres Kondensat
- Mechanische Belastungen durch Wind oder Betätigung von Fenstern und Türen
- Mechanische Belastungen durch „Pumpen“ der IG-Einheit, hervorgerufen durch Temperatur- oder Luftdruckwechsel
- Dauernde mechanische Vorbelastung durch barometrische Höhenunterschiede zwischen Herstellungs- und Einbauort.

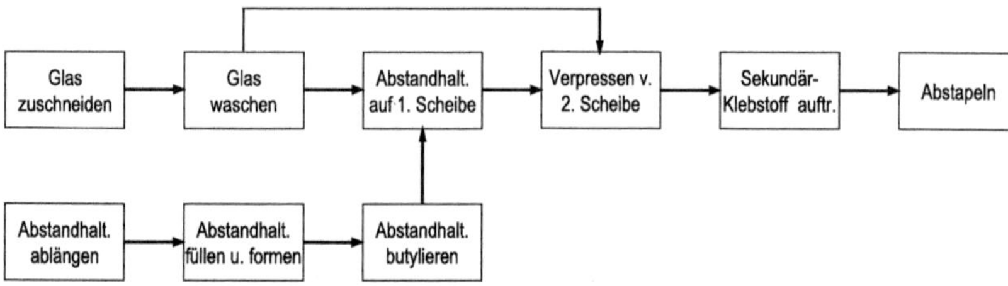

Abb. 4.42 Schematische Darstellung einer Produktionslinie für 2-faches Isolierglas

Die Herstellung von Isolierglasscheiben erfolgt üblicherweise vollautomatisch auf entsprechenden Anlagen, die pro 8 h-Schicht ca. 600 Einheiten (gemischt 2-faches und 3-faches Isolierglas) produzieren können. Der Ablauf ist schematisch in Abb. 4.42 dargestellt.

Die europäische Isolierglasproduktion basierte viele Jahrzehnte fast ausschließlich auf Polysulfidklebstoffen, weil sie eine Reihe von vorteilhaften Eigenschaften mitbringen. Die Gutmütigkeit des Systems sowohl im ungehärteten als auch gehärteten Zustand ermöglicht es, dass insbesondere auch unerfahrenere Hersteller praktisch ohne Ausschuss produzieren können. In hochentwickelten Ländern werden Polysulfidklebstoffe für die Isolierglasproduktion mittlerweile seltener eingesetzt, sie wurden durch die preiswerteren Polyurethane verdrängt. In Osteuropa und China („emerging markets") ist Polysulfid stark vertreten, nicht zuletzt, was handwerklich orientierte Betriebe betrifft. Die noch immer geschätzten Eigenschaften sind:

- Keine der beiden Komponenten reagiert mit Luftfeuchtigkeit. Daher ist kein Schutz von Anlagenteilen gegen Feuchtigkeitszutritt notwendig, es erfolgt kein „Zuwachsen" von Leitungen
- Unempfindlichkeit des Polysulfidsystems gegenüber Dosier- und Mischfehlern
- Es sind lange Topfzeiten einstellbar: Kürzere Maschinenstillstände können ohne Wechsel des Statikmischers überbrückt werden
- Das gute Fließ- und Mischverhalten der Basis- und Härterkomponente ermöglicht hohe Fertigungsgeschwindigkeiten
- Schnelle Klebfreiheit und Härtung. Bereits 2 h nach der Herstellung können die IG-Einheiten eingebaut werden.

Neben der Hauptanwendung, Isolierglas für Bauzwecke, werden auch *Eisenbahnwaggons* üblicherweise mit Isolierglas verglast, damit die Passagiere in den

Genuss der wärmeisolierenden und schallschützenden Eigenschaften kommen. – Als Kuriosum sei noch die Verwendung von Polysulfid-geklebten Isolierglasscheiben im PKW- und Busbau erwähnt, wo es (allerdings sehr selten) als Schallschutzglas und zur Komforterhöhung in Seitenscheiben eingesetzt wird. Die Konstruktion besteht meist aus zwei je 3 mm dicken, thermisch vorgespannten Glasscheiben, die über ein ebenfalls 3 mm dickes, zweistufiges Randverbundsystem aus Polysulfid und Butylkautschuk gasdicht miteinander verbunden sind. Neben einer Schalldämpfung im höherfrequenten, von Windgeräuschen beherrschten Bereich wird auch eine verbesserte Behaglichkeit bei niedrigen Außentemperaturen erzielt. Da dieses System schwer und teuer ist, wird es nur in ausgewählten Limousinen der Luxusklasse und in sehr hochwertigen Fernreisebussen eingesetzt.

Literatur

Amstock, J.S.: Handbook of Glass in Construction. McGraw-Hill, New York, S 179 (1997)

Driller, S.: Verglasungssysteme – Gummiverglasung bis Flash-Glazing. In: Brück, K.-H. (Hrsg.) Fahrzeugverglasung, S. 70. Vieweg, Braunschweig (1990)

Grimm, S., Pröbster, M.: Polysulfidkleb- und Dichtstoffe: Problemlöser für schwierige Fälle. Adhäsion **10**, 18 (2003)

Hermann, M., Rieder, M.: Gesamtsysteme für Klebertechnik 1 K-, 2 K einschließlich Vorbehandlung von Glas und Karosserien. In: Brück, K.-H. (Hrsg.) Fahrzeugverglasung, S. 97. Vieweg, Braunschweig (1990)

Hirthammer, M., Schumann, M.: Neue Entwicklungen in der Scheibendirektverglasung. In: Schottner, G., Abersfelder, G. (Hrsg.) Fahrzeugverglasung, S. 167. expert, Renningen-Malmsheim (1995)

Lucke, H.: ALIPS Aliphatische Polysulfide. Hüthig & Wepf, Basel (1992)

Müller, B., Rath, W.: Formulierung von Kleb- und Dichtstoffen. Vincentz, Hannover (2009)

Pröbster, M.: Dichtstoffe mit silanvernetzenden Polymeren; Trends und Perspektiven. Adhäsion **1–2**, 10 (2004)

Pröbster, M.: Moderne Industriedichtstoffe. Vulkan, Essen (2006)

Pröbster, M.: 140 Jahre Isolierglas – 50 Jahre organischer Randverbund (Teil 1), Glas Fenster Fassade **10**(2009) 30 und (Teil 2), Glas Fenster Fassade **11**(2009a), 42

Pröbster, M.: Versatile Backbones for High-tech Sealants and Adhesives (Part 1), Adhesion **9**(2009) 18 und (Part 2), Adhesion **10**(2009b) 16

Schlickenrieder, K.P.: Methodik zur Prozessoptimierung beim automatisierten elastischen Kleben großflächiger Bauteile. Diss. TU München, München (2007).

Symitz, D.: Fügetechnik Kleben bei der Fahrzeugverglasung – Status und Trends. In: Teicher, G. (Hrsg.) Glas im Automobil, S. 84. expert, Renningen-Malmsheim (2001)

Thiele, L.: Polyurethanklebstoffe im industriellen Einsatz – eine Standortbeschreibung. Henkel AG & Co. KGaA, Düsseldorf (2007)

Planung und Auslegung von elastischen Klebungen

5

Lange bevor die eigentliche Klebung durchgeführt wird, muss man sich zur Planung und Auslegung (Bemessung) der Klebfuge, und zum Klebprozess selbst Gedanken machen. Während die Praxis des elastischen Klebens in Kap. 6 ausführlich beschrieben ist, handelt dieses Kapitel von der Auslegung von Klebfugen.

5.1 Von der Idee zur Fertigung

Konzeption und Herstellung von Klebverbindungen sollten mit dem Bewusstsein angegangen werden, dass das Kleben eine von verschiedenen möglichen Fügetechnologien ist und seine eigenen Regeln hat – wie die anderen auch. Wenn diese beachtet werden, können Verbunde mit höchster Qualität entstehen.

Die wichtigsten Schritte auf dem Weg zu reproduzierbaren und langzeitbeständigen Klebungen sind:

- Idee (Ziel)
- Produktplanung
- Auswahl der Fügetechnik
- Werkstoffauswahl der Fügeteile
- Design der Fuge
- Klebstoffauswahl
- *Auslegung der Klebfuge*
- ggf. Modifikation des herzustellenden Produkts
- Fertigungsplanung
- Fertigungsvorbereitung
- Fertigung.

M. Pröbster, *Elastisch Kleben*, DOI 10.1007/978-3-8348-2181-2_5,

Einige der genannten Punkte beeinflussen sich gegenseitig und müssen ggf. iterativ aneinander angepasst werden. Beispielsweise hängt das Design einer (Kleb-) Fuge nicht nur von den Wünschen der Produktdesigner („unsichtbare Fuge“) sondern auch von technischen Erfordernissen ab („möglichst große Klebflächen“). In diesem Spannungsfeld müssen Kompromisse gefunden werden, die aber niemals zu Lasten der Sicherheit gehen dürfen.

Die Konstruktion ist mit bis zu 60–70 % für die Gesamtkosten einer Klebung verantwortlich. Das Ziel eines jeden verantwortlichen Konstrukteurs muss es daher sein, bei geringstem Aufwand die bestmögliche Funktion zu erzielen. Demzufolge sollten so wenige Konstruktionselemente wie möglich verwendet werden und die Einfachheit der Konstruktion sollte oberstes Ziel sein. Auch an eventuell notwendige Reparaturen oder die Entsorgung, bei der möglicherweise die gefügten Teile wieder getrennt werden müssen, muss bereits während der Konstruktion gedacht werden.

5.2 Ein paar Grundlagen

Um das mechanische Verhalten eines Klebstoffs bzw. einer Klebung zu charakterisieren, verwendet man neben verschiedenen anderen am häufigsten die folgenden beiden Testmethoden:

- Zugversuch
- Zugscherversuch.

Wenn man die mechanischen Kennwerte eines Klebstoffs ermitteln will, kann man im *Zugversuch* eine ausgehärtete Probe, z. B. einen Schulterstab, axial solange recken, bis er reißt. Die Festigkeit σ ergibt sich aus Kraft (F) pro (Querschnitts-) Fläche (A). Die Elastizität ε ergibt sich aus dem Verhältnis $\Delta l / l_0$. Der E-Modul als charakteristische Größe folgt mit $E = \sigma / \varepsilon$. Mit einer verklebten Probe, wie in Abb. 5.1a dargestellt, kann man dieselben Werte ermitteln und erhält zusätzlich Informationen über die Adhäsionsfestigkeit.

Der *(Zug-)scherversuch* (auch Schubversuch) eignet sich ebenso gut zur Beschreibung von elastischen Klebstoffen. Hier wird eine geklebte Probe (gemäß Abb. 5.1b) bis zum Versagen geschert, um charakteristische Größen der Klebung zu ermitteln. Die auf eine Scherprobe aufgebrachte Kraft F führt bei gegebener Klebfläche A und Dicke d bei einer Scherfestigkeit τ zu einer charakteristischen Verschiebung v bzw. zu einem Gleitungswinkel γ. Analog zum Zugversuch ergibt sich die Scherfestigkeit τ als Quotient von Kraft F pro Fläche A. Die Gleitung,

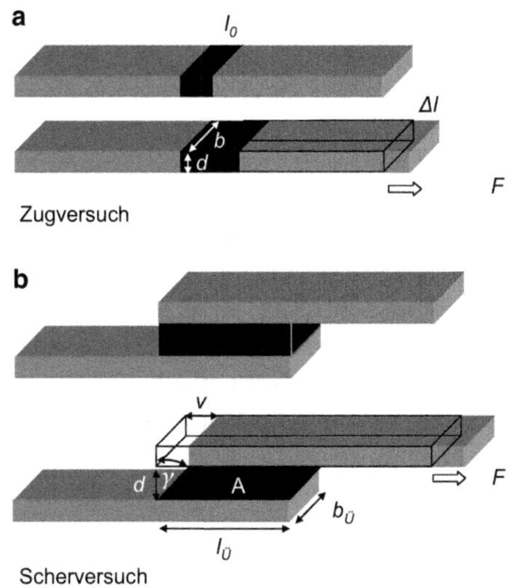

Abb. 5.1 **a** Zug- und **b** Scherversuch. *F* einwirkende Kraft, *A* Fläche, *d*, *b* Dicke und Breite der Klebschicht, $l_Ü$ Überlappungslänge, $b_Ü$ Überlappungsbreite, *v* Gleitung, *γ* Gleitwinkel

d. h. die Auslenkung der Fügeteile unter Krafteinwirkung, wird durch $\tan \gamma = v / d$ beschrieben. Weichere Klebstoffe zeigen bei ansonsten gleichen Bedingungen ein größeres $\tan \gamma$ als steifere. Bei ein- und demselben Klebstoff verformen sich dickere Klebschichten stärker als dünnere. Der charakteristische Wert $\tan \gamma$ bleibt aber erhalten. Der Schubmodul *G* ist eine charakteristische Maßzahl eines jeden Klebstoffs und errechnet sich zu $G = \tau / \tan \gamma$.

Sowohl Zug- als auch Zugscherfestigkeit lassen sich im Labor mit einer Zugprüfmaschine leicht bestimmen. Sie stellen die Grundlage für die Berechnungen von Klebungen dar und werden von den Klebstoffherstellern ermittelt und meist in den Technischen Datenblättern publiziert. Damit die angegebenen Werte aussagefähig sind, müssen Prüftemperatur und Prüfgeschwindigkeit mit angegeben sein.

▸ **Info** *Zugversuch und Scherversuch: Die wichtigsten Formeln und Zusammenhänge*

	Zugversuch	Scherversuch
Festigkeit	$\sigma = \frac{F}{A}$ (Zugfestigkeit)	$\tau = \frac{F}{A}$ (Scherfestigkeit)
Elastizität	$\varepsilon = \frac{\Delta l}{l_0}$ (Dehnung)	$\tan \gamma = \frac{v}{d}$ (Gleitung)
Steifigkeit	$E = \frac{\sigma}{\varepsilon}$ (*E*-Modul)	$G = \frac{\tau}{\tan \gamma}$ (*G*-Modul)
	$\sigma = E \cdot \varepsilon = \frac{F}{A} = \frac{\Delta l}{l_0} \cdot E$	$\tau = G \cdot \tan \gamma = \frac{F}{A} = \frac{v}{d} \cdot G$

Im Gegensatz zu strukturellen (hochfesten) Verklebungen hat die *Steifigkeit der Bauteile* in erster Näherung keinen entscheidenden Einfluss auf die Beanspruchbarkeit einer elastischen Verklebung. Bei einer elastischen Verklebung liegt die Festigkeit des Klebstoffs in aller Regel um eine bis mehrere Größenordnungen unterhalb der Festigkeit der Fügeteile, sodass sich letztere bei Beanspruchung meist nur wenig verformen. Trotzdem spielt die Steifigkeit der Gesamtkonstruktion eine gewisse Rolle, sie wird daher bei einer genauen Auslegung mit berücksichtigt, insbesondere wenn es sich um große Konstruktionen handelt.

Mit der Erhöhung der Überlappungslänge wird die durchschnittliche Schubspannung in einer Klebung verringert. Allerdings bewirken Spannungsspitzen bei steifen Klebstoffen eine nur unterproportionale Erhöhung der Bruchlast. Generell gilt, dass Spannungsspitzen, die in einer Klebeverbindung auftreten, dimensionierend sind, d. h. auf diese hin muss die Konstruktion ausgelegt werden. Elastische Klebstoffe sind hier relativ tolerant aber auch bei diesen sollten Spannungsspitzen konstruktiv berücksichtigt und möglichst minimiert werden. Bei elastischen Verklebungen kann demnach die Überlappungslänge eher vergrößert werden, ohne dass sich die maximal übertragbare Kraft einem Grenzwert nähert. Man ist vollkommen auf der sicheren Seite, wenn man die Klebfugen*breite* erhöht, um zu einer höheren Kraftübertragung zu kommen.

Bei einer Vergrößerung der Klebstoffschichtstärke kann die Klebung bei einer Schubbeanspruchung leichter elastisch nachgeben. Die Schubspannung verteilt sich auf ein größeres Volumen, was zu einer geringeren spezifischen Verformung des Klebstoffs führt und damit auch zu einer Verringerung von Spannungsspitzen. Alternativ könnte man bei nicht erhöhter Klebfugendicke auch einen Klebstoff mit geringerem E-Modul verwenden, um dieselben Effekte zu erzielen.

Kräfte sollen in Klebfugen immer möglichst gleichmäßig eingeleitet werden. Exzentrisch eingeleitete Kräfte erzeugen zusätzliche Biegemomente, die zu mehrachsigen Spannungszuständen führen können, was der Lebensdauer einer (belasteten) Klebung abträglich ist.

▸ **Praxistipp** Bei steifen, hochfesten (strukturellen) Verbindungen bringt eine Erhöhung der Überlappungslänge der beiden zu verklebenden Bauteile nur eine geringe Erhöhung der Kraftübertragung. Es bestehen hohe Spannungsspitzen an den Grenzen der Fügeteile. – Bei elastischen Verklebungen ist zwar die Belastbarkeit im Vergleich zu den strukturellen deutlich geringer, durch Vergrößern der Überlappungslänge lassen sich aber nahezu proportional auch die übertragbaren Kräfte erhöhen, weil die Spannungsspitzen geringer ausfallen.

5.3 Praktische Bemessung von elastischen Klebungen

Eine wichtige Voraussetzung für die Auslegung (Bemessung, Berechnung) einer Verklebung ist die Kenntnis der *wirklichen* Belastungen (Spannungen) und Verformungen bei den verschiedenen Einsatzbedingungen der zu verklebenden Konstruktion. Bei der Verklebung von komplexen Bauteilen ist eine Vielzahl von auftretenden Kräften zu berücksichtigen, kein einfaches Unterfangen, wie man am Beispiel einer geklebten Frontscheibe eines PKW leicht nachvollziehen kann: Im regulären Fahrbetrieb treten unterschiedliche niederfrequente Vibrationen auf, beim Überfahren von Bordsteinen ergeben sich Scherkräfte und bei einem Unfall muss die Klebung schlagartige Dehnungen durch die abrupte Verzögerung und das Aufblasen des Airbags so überstehen, dass die Scheibe nicht aus der Karosse herausfliegt. Die verformungsbezogene Auslegung von Klebverbindungen ist oft einfacher als die festigkeitsbezogene, weil man Verformungen direkt messen kann. Für Spannungen gilt das nicht: Sie muss man aus Kraft durch Fläche berechnen, was bei linearelastischen Werkstoffen mit überschaubarem Aufwand gelingt. Bei hyperelastischen Werkstoffen wie den Klebstoffen ist dies deutlich schwieriger, da hier Viskoelastizität und die Abhängigkeit von der Verformungsgeschwindigkeit eine Rolle spielt. Für die weiter unten dargestellten näherungsweisen Verfahren zur Auslegung spielt dies aber keine Rolle.

▸ **Info** *Bemessung einer Klebfuge*: Festlegung der Klebgeometrie in Form und Abmessungen für einen speziellen Klebstoff.

▸ **Achtung!** Eine Klebverbindung ist so zu bemessen, dass die Beanspruchung kleiner ist als die Beanspruchbarkeit (DIN 6701).

Die Auslegung einer elastischen Klebung wird entscheidend durch die folgenden Fragen bestimmt:

- Welche Kräfte müssen übertragen werden?
- Welche Relativbewegungen müssen aufgefangen werden?
- Welche Festigkeit und Verformungsfähigkeit hat der Klebstoff?
- Welche Abminderungsfaktoren müssen berücksichtigt werden?
- Welche Sicherheitsfaktoren sind gefordert?
- Berechnung nach Methoden der technischen Mechanik?
- Berechnung mittels FEM?

Die konstruktive Auslegung einer elastischen Verklebung wird bei Großanwendungen mit FEM[1] Programmen vorgenommen, die zu sehr genauen Ergebnissen führt. Sie ist aber entsprechend aufwendig und nur von Spezialisten durchführbar. FEM Berechnungen sind nicht Gegenstand dieses Kapitels. Daneben existieren auch noch die klassischen rechnerischen Auslegungsverfahren der technischen Mechanik.

Im Folgenden wird eine vereinfachte Methode gezeigt, die zu einer *Abschätzung* der nötigen Dimensionen einer elastisch verklebten Fuge führt. In vielen Fällen hat sich ergeben, dass diese pragmatische Ansatzweise für einfachere Aufgaben völlig ausreichend ist.

Die elastische Klebverbindung muss so ausgelegt sein, dass (a) die geforderten Kräfte sicher und dauerhaft übertragen werden können und (b) die Klebverbindung und auch die Gesamtkonstruktion durch die auftretenden Bewegungen zwischen den Fügeteilen nicht geschädigt werden. Der erste Punkt führt zu einer *Spannungsbetrachtung*, aus der sich die Mindestklebfläche ergibt, der zweite zu einer *Verformungsbetrachtung* aus der sich die Mindestklebschichtdicke ergibt. Bevor diese Überlegungen nun wiedergegeben werden, muss nochmals auf einige Eigenheiten der elastischen Klebstoffe hingewiesen werden: Die Eigenschaften von Kunststoffen ändern sich stark im Temperaturband. Bei tiefen Temperaturen sinkt die Reißdehnung zugunsten einer höheren Kraftaufnahme, bei hohen Temperaturen können bei einer meist größeren Reißdehnung jedoch nur geringere Kräfte übertragen werden: Der elastische Klebstoff wird deutlich weicher, was bei der Auslegung zu berücksichtigen ist. Die in den Technischen Datenblättern der Hersteller angegebenen Werte beziehen sich in aller Regel auf Normalklima bei 23 °C und gelten also nicht für die Ecktemperaturen. Klebstoffe ermüden zudem bei statischer und dynamischer Belastung und verändern sich unter dem Einfluss von Medien. Dies führt zu den Abminderungsfaktoren.

▸ **Info** Aus der Festigkeit und Verformungsfähigkeit (Bruchdehnung) geht die *Beanspruchbarkeit* eines Klebverbundes hervor.

---

[1] FEM: Finite Elemente Methode; Rechenmethode, bei der ein Bauteil rechnerisch in eine endliche Zahl kleiner Elemente unterteilt wird, diese einzeln berechnet werden und im Gesamtergebnis das Verhalten des Bauteils simulieren.

5.3.1 Abminderungsfaktoren

Abminderungsfaktoren schlagen die Brücke von Laborwerten zur Realität.

▸ **Info** Der Abminderungsfaktor gibt an, mit welcher Zahl (< 1) eine bei Normalbedingungen gegebene Größe zu multiplizieren ist, wenn auf die tatsächlichen Bedingungen umgerechnet werden soll.

Bei den meisten elastischen Klebstoffen müssen bereits im Temperaturintervall von Zimmertemperatur bis z. B. 80 °C merkliche Verluste der Festigkeit in Kauf genommen werden. Dies ist bei der Auslegung zu berücksichtigen, wenn der geklebte Verbund auch bei höheren Temperaturen zum Einsatz kommen soll. Erfahrungsgemäß muss man mit Festigkeitsverlusten in der Größenordnung von 50 % rechnen. Diese Zahl unterscheidet sich je nach Klebstoffart. Weitere Abminderungsfaktoren aufgrund statischer Langzeitbeanspruchung, dynamischer Beanspruchung, Medieneinwirkung (hauptsächlich Feuchtigkeit) oder UV-Licht müssen fallweise berücksichtigt (Tab. 5.1) werden. Der Abminderungsfaktor für den Feuchtigkeitseinfluss ist je nach betrachtetem Klebstoff sehr unterschiedlich: Bei Klebstoffen, die sehr wenig Feuchtigkeit aufnehmen können, erhält man nahe an 1 liegende Werte, bei Klebstoffen mit hoher Feuchtigkeitsaufnahme müssen erhebliche Abschläge in Kauf genommen werden. Die Feuchtigkeitsaufnahme steigt bei höheren Temperaturen, sie ist zudem bei weicheren Klebstoffen meist höher als bei härteren. Statische und dynamische Belastungen führen ebenfalls zu erheblichen Abminderungsfaktoren. In vielen Fällen werden Abminderungsfaktoren nicht einzeln bestimmt, sondern es wird von einer Faustformel ausgegangen, bei der die nutzbare Festigkeit des Klebstoffs nur 3–6 % der angegebenen Kurzzeitwerte des technischen Datenblatts beträgt. Hier sind zwar praktisch alle (Abminderungs-) Fälle berücksichtigt, und der Konstrukteur ist meist auf der sicheren Seite, doch dürften dadurch auch viele Klebungen überdimensioniert werden. In vielen Fällen kommen eben *nicht* alle Alterungs- bzw. Abminderungsfaktoren zum Tragen. Bei einer erheblichen Anzahl von reinen Innenanwendungen spielen UV-Belastung oder extreme Temperaturen/Feuchtigkeiten kaum eine Rolle. Konstruktionen, bei denen statische Lasten nicht durch den Klebstoff abgetragen werden müssen, sondern anderweitig abgefangen werden, können daher schwächer ausgelegt werden, ohne dass zusätzliche Risiken auftreten. So können manche Abminderungsfaktoren wegfallen, was einer kostengünstigeren Auslegung zugute kommt. Es lohnt sich demnach, die Konstruktion und alle auftretenden Belastungen kritisch zu hinterfragen und in vielen Fällen statt der Faustregel eine detaillierte Berechnung durchzuführen: Dies kann bares Geld sparen.

Tab. 5.1 Abminderungsfaktoren

Beanspruchungsart	Abminderungsfaktor
Statische Langzeitbeanspruchung	0,03–0,06
Thermische Beanspruchung (bei 80–100 °C)	0,5
Dynamische Beanspruchung	0,1–0,3
Geometrie (mehrachsiger Spannungszustand)	unterschiedlich
Feuchtebeanspruchung	0,2–0,8
Schwankungen der Klebstoffqualität (nur strukt. Flugzeugverklebungen)	0,5

Anmerkung: Die angegebenen Bereiche sollen nur zur groben Orientierung dienen, genaue Werte sind vom Klebstoffhersteller zu erfragen

Die bei Raumtemperatur anzusetzenden Festigkeits- und Reißdehnungswerte müssen also abgemindert werden, um den elastischen Klebstoff an den Temperatureckwerten nicht zu überfordern (Abb. 5.2). In diesem Fall sind die Abminderungsfaktoren (im Labor) ganz einfach zu bestimmen: Man misst die Zugscherfestigkeit ausgehend von der Raumtemperatur bis hin zur höchsten geplanten Einsatztemperatur. Das Verhältnis der beiden Werte gibt den Abminderungsfaktor, z. B. 0,5[2]. Mit diesem Wert ist die Zugscherfestigkeit (ZSF) aus dem Datenblatt zu multiplizieren, um auf die tatsächlich nutzbare ZSF zu kommen. Es existieren fallweise noch weitere Abminderungsfaktoren, die alle miteinander multipliziert werden müssen, um bei einer Festigkeitsbetrachtung einem Gesamtwert zu erhalten. Jeder Kunststoff „ermüdet" unter statischer Belastung, d. h. seine Festigkeit sinkt im Laufe der Zeit. Wird der elastische Klebstoff statisch belastet, was konstruktiv möglichst zu vermeiden ist, muss ein Abminderungsfaktor von ca. 0,03 bis 0,06 (!) zum Ansatz gebracht werden (Abb. 5.3). Die dynamische Beanspruchung des elastischen Klebstoffs muss mit einem Abminderungsfaktor von ca. 0,1 berücksichtigt werden (Abb. 5.4). Dies bedeutet mit anderen Worten, dass eine Verklebung, die vielen Lastwechseln ausgesetzt war, nicht mehr ihre ursprüngliche Festigkeit aufweist. Derartige Werte kann man durch die sog. Wöhler-Kurven bestimmen, bei der die Festigkeit eines Werkstoffs als Funktion einer großen Zahl von Lastspielen aufgetragen wird. – Eine eventuelle Medienbelastung (auch Wasser, falls es einwirkt) muss ebenfalls berücksichtigt werden. Geometrische Einflüsse („Mehrachsige Spannungszustände",

[2] Alle hier angegebenen Faktoren stammen zwar aus der Praxis, sollen aber nur zur Orientierung gelten. Sie wurden mit elastischen PU- und MS-Klebstoffen ermittelt. Bei tatsächlichen Auslegungen müssen die Originalwerte der Klebstoffhersteller verwendet werden.

Abb. 5.2 Einfluss der Temperatur auf den Abminderungsfaktor f_{Temp}

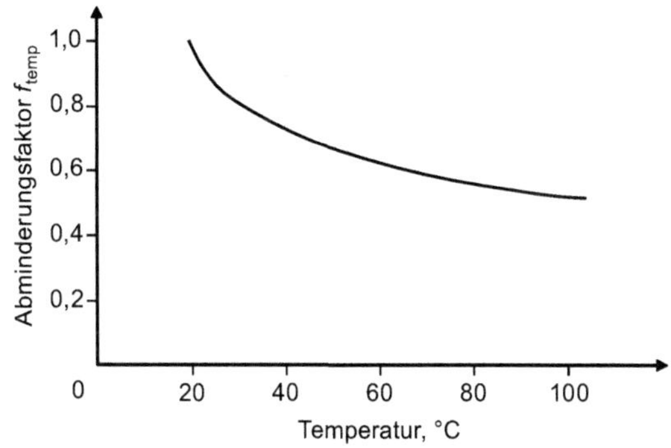

d. h. wenn der elastische Klebstoff gleichzeitig in x-, y-, und z-Richtung belastet wird) wirken ebenfalls mindernd[3]. Der Gesamtabminderungsfaktor errechnet sich wie folgt:

$$f_{\text{gesamt}} = f_{\text{Temp.}} \cdot f_{\text{stat.}} \cdot f_{\text{dynam.}} \cdot f_{\text{Medien}} \cdot f_{\text{Geom.}} \cdot f_{\text{sonstige}} .$$

Es kann nötig sein, auch weniger naheliegende Abminderungsfaktoren (f_{sonstige}) mit einzubeziehen, z. B. den Flächenanteil der tatsächlichen Benetzung, der nicht immer notwendigerweise 100 % betragen muss. Hierdurch vermindert sich die kraftaufnehmende Klebfläche A. Sofern nicht immer kohäsiver Bruch (Materialfestigkeit) erfolgt, sondern auch adhäsive Bruchanteile auftreten, muss der Adhäsionsbruchanteil ebenfalls mindernd in die Rechnung einbezogen werden.

Wenn man alle „üblichen" Abminderungsfaktoren berücksichtigt, ergibt sich für die meisten Fälle ein *Richtwert* der nutzbaren Zugscherfestigkeit eines Klebstoffs von rund 3–6 % (!) der im Technischen Datenblatt angegebenen Daten. Das ist nach dem ersten Anschein nicht viel, doch es wird nachstehend gezeigt, wie man dies durch die Gestaltung der Klebefläche mehr als ausgleichen kann.

▸ **Info** Als Faustregel kann man bei *statischer* Belastung einer elastischen Klebefuge 3–6 % der Nominalfestigkeit annehmen, bei *dynamischer* Belastung 15 %.

▸ **Info** Wo immer möglich, statische Lasten durch mechanische Halterungen abfangen.

[3] Hierunter fällt auch die Querkontraktion, die gelegentlich bei der Bestimmung der „wahren Zugfestigkeit" mit berücksichtigt wird.

Abb. 5.3 Einfluss der Zeit auf f_{stat}

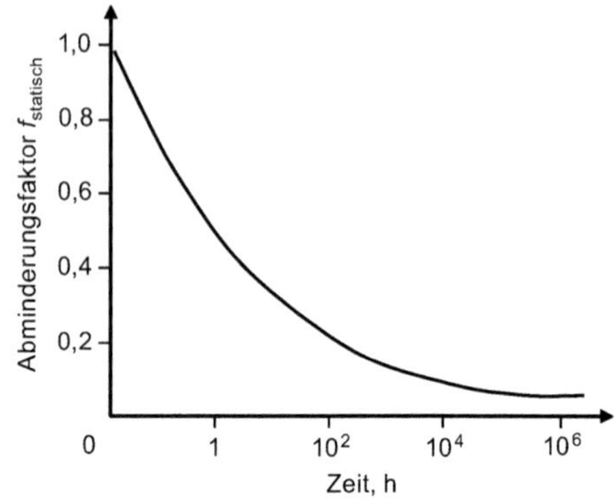

Abb. 5.4 Einfluss der Zahl der Lastspiele auf $f_{dynam.}$ (Wöhler-Kurve)

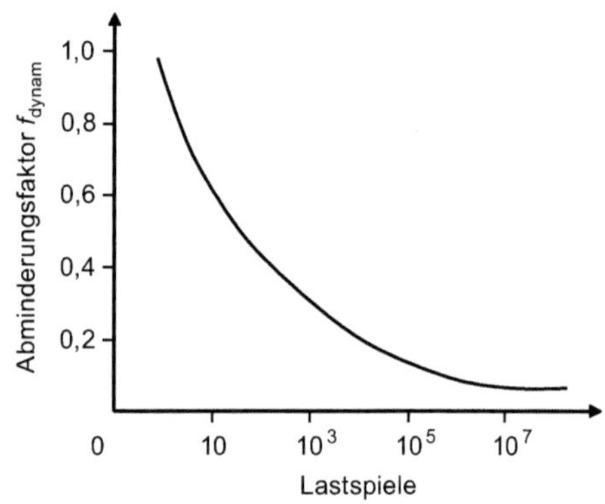

In der Flugzeugindustrie wird beim strukturellen Kleben übrigens noch mit einem weiteren Abminderungsfaktor gerechnet, der Schwankungen in der Materialqualität des Klebstoffs (Charge-zu-Charge Abweichungen) und den Unterschied von Labor- und Produktionsqualität in Betracht zieht[4]. Er ermittelt sich zu $f = 0{,}66 \cdot 0{,}8 = 0{,}53$. Es ist eine Überlegung wert, diese Vorgehensart auch auf elastische Klebungen und andere Anwendungen zu übertragen, weil auch hier mit prinzipiell ähnlichen Abweichungen zu rechnen ist.

[4] Auch in der ETAG 002 wird mit einem „statistischen Abminderungsfaktor" gerechnet, um die oben genannten Abweichungen zu berücksichtigen.

5.3.2 Vorgehensweise

Die *näherungsweise* Berechnung einer elastischen Klebung erfolgt in vier Schritten mit unterschiedlichen Verantwortlichkeiten:

1. Ermittlung der Klebstoffkennwerte einschließlich der Abminderungsfaktoren (Hersteller)
2. Festlegung der Sicherheitsfaktoren (Anwender)
3. Berechnung der maximalen Belastbarkeit (Anwender)
4. Auslegung der Maße der Klebfuge (Anwender)

Die Ermittlung der *Klebstoffkennwerte* obliegt dem Hersteller des Produkts. Kurzzeitfestigkeiten, Reißdehnungen etc. sind immer einfach zu beschaffen und Bestandteil der meisten Technischen Datenblätter. Aber auch Wöhler-Kurven müssen vorliegen, genauso wie weitere klebstofftypische Abminderungsfaktoren. Wegen der extrem zeitaufwendigen Tests sind dynamische und statische Abminderungsfaktoren wertvolle Charakteristika einzelner Klebstoffe. Angenommen, alle benötigten Daten sind vorhanden, muss als nächstes der gewünschte *Sicherheitsfaktor*[5] definiert werden. Üblicherweise werden elastische Klebungen mit einem Sicherheitsfaktor von mindestens 2 ausgelegt. Danach erfolgt die Berechnung der maximalen *Belastbarkeit* der geplanten Konstruktion unter Berücksichtigung der Abminderungsfaktoren. Die *Maße der Klebfuge* werden anschließend festgelegt. Die Breite (Überlappungslänge) der Fuge wird von den zu übertragenden Kräften bestimmt, die Dicke der Fuge von den thermischen Ausdehnungsfaktoren.

▸ **Info** Die Auslegung der *Festigkeit* (Belastbarkeit) einer elastischen Klebung muss unter Berücksichtigung der oberen Einsatztemperatur erfolgen, die der *Verformung* unter Berücksichtigung der unteren Einsatztemperatur.

▸ **Info** Wichtige Begriffe:

- *Belastung*: Äußere Kraft F, die am Bauteil wirkt
- *Beanspruchung*: Tatsächliche Spannung (τ, σ), die in der Klebung wirkt
- *Beanspruchbarkeit* (*Belastbarkeit* $B_{\text{max.}}$): Maximale Spannung (τ, σ), die die Klebung verträgt

[5] Der Sicherheitsfaktor gibt an, um welchen Faktor die Festigkeit der Verklebung höher ausgelegt sein muss, als es durch die Berechnung theoretisch sein müsste, um gerade noch nicht zu versagen.

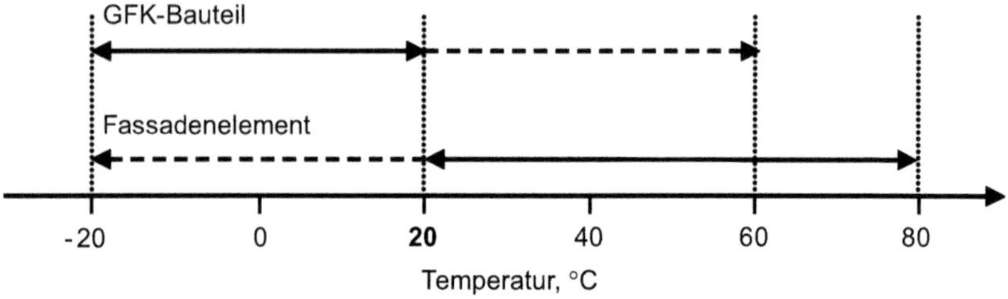

Abb. 5.5 Ermittlung der tatsächlich anzusetzenden Temperaturdifferenz. Für das GFK-Bauteil ist $\Delta T = 40$ K anzusetzen, für das Fassadenelement $\Delta T = 60$ K

5.3.3 Berechnungsbeispiele

Die nachstehenden Berechnungsbeispiele sollen einen Eindruck vermitteln, dass auch mit einfachen Methoden elastische Klebungen zumindest überschlägig berechnet werden können. Zunächst muss die tatsächlich zu berücksichtigende Temperaturdifferenz ermittelt werden. Hierbei kommt nicht die gesamte Temperaturspanne zwischen unterer und oberer Ecktemperatur, z. B. −20–80 °C ($\Delta T = 100$ K) zum Ansatz, sondern nur die größere Differenz zwischen der Temperatur, bei der die Verklebung stattfindet (meist ca. 20 °C) und einer Ecktemperatur (Abb. 5.5).

Im nachstehenden Beispiel wird die Berechnung anhand eines (hypothetischen) Fassadenelements gezeigt.

Rechenbeispiel 1

Geklebtes Fassadenelement: Ein Fassadenelement (Abb. 5.6) soll auf eine tragende Rahmenkonstruktion geklebt werden.

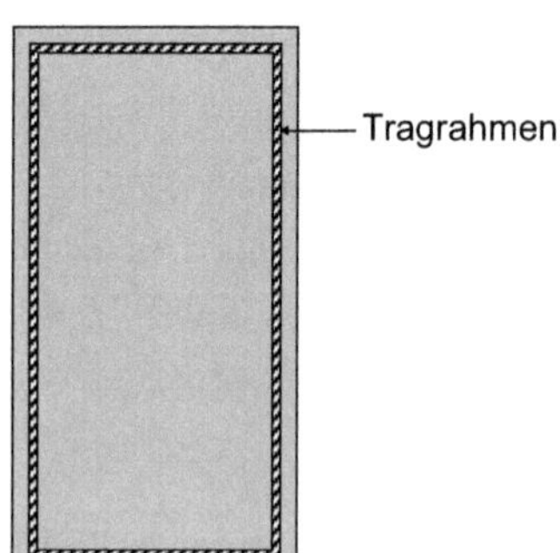

Abb. 5.6 Fassadenelement

Folgende Angaben liegen vor:

Gewicht des Elements:	50 kg
Maße:	$2 \cdot 1$ m
Zugscherfestigkeit des Klebstoffs:	3 MPa[6]
Geforderter Sicherheitsfaktor:	2
Abminderungsfaktor $f_{\text{stat.}}$ des Klebstoffs:	0,06

(andere Abminderungsfaktoren werden hier in der Beispielrechnung nicht berücksichtigt, da $f_{\text{stat.}}$ der Hauptabminderungsfaktor ist)

Schritt 1: Berechnung der maximalen Belastung:

$$B_{\max} = \frac{\text{ZSF} \cdot f}{S_{\min}}$$

$B_{\max}$: max. Belastung (in MPa)
ZSF: Zugscherfestigkeit des Klebstoffs (in MPa)
f: Abminderungsfaktor
$S_{\min}$: minimaler Sicherheitsfaktor

$$B_{\max} = \frac{3\,\text{MPa} \cdot 0{,}06}{2} = 0{,}09\,\text{MPa}$$

Berechnung der benötigten Klebfläche:

Wenn man die so errechnete maximale Belastung $B_{\max}$ in die Formel Festigkeit ist Kraft pro Fläche ($B_{\max} = F / A$) einsetzt und nach der Fläche A auflöst, ergibt sich die nötige Klebefläche:

$$A = \frac{F_{\text{stat.}}}{\text{ZSF} \cdot f_{\text{stat}}} \cdot S_{\min}\ .$$

Bei dem beispielhaften Wandpaneel erhält man, eingesetzt in die obige Formel, folgende minimale Klebfläche:

$$A = \frac{50\,\text{kg} \cdot 9{,}81\,\frac{\text{m}}{\text{s}^2}}{3\,\frac{\text{N}}{\text{mm}^2} \cdot 0{,}06} \cdot 2 = 5450\,\text{mm}^2\ .$$

Teilt man nun die erhaltene Fläche durch die Umfangslänge von 6 m, d. h. der Länge der Klebfuge, erhält man eine minimale Breite der Klebefuge von (nur!) ca. 0,9 mm. In der Praxis werden nach der Verpressung des Klebstoffs zwischen

[6] 1 MPa = 1 N/mm^2.

Paneel und Traggerüst immer breitere Fugen entstehen, die leicht das 5–10-fache des angegebenen Wertes erreichen können. Das ist auch gut so, denn in unserem fiktiven Rechenbeispiel wurde nur die (allerdings ungünstige) statische Last angesetzt.

Schritt 2: Berechnung der Klebfugendicke:

Zur Berechnung der erforderlichen Klebfugendicke benötigt man die Differenz der thermischen Ausdehnungskoeffizienten der beiden zu verklebenden Werkstoffe (im Beispiel seien es GFK mit $\alpha = 20 \cdot 10^{-6}\,\mathrm{K}^{-1}$ und Stahl mit $\alpha = 12 \cdot 10^{-6}\,\mathrm{K}^{-1}$); diese sind in den entsprechenden Werkstoffleistungsblättern oder Tabellenwerken enthalten; siehe hierzu auch Tab. 5.2. Weiterhin kommt die längere der beiden Seiten (2 m) zum Ansatz und es wird von einer anzusetzenden Temperaturdifferenz von 60 K ausgegangen. Mit der Gleichung

$$\Delta l = l_0 \cdot \Delta\alpha \cdot \Delta T$$

erhält man eingesetzt:

$$\Delta l = 2000\,\mathrm{mm} \cdot 8 \cdot 10^{-6}\,\mathrm{K}^{-1} \cdot 60\,\mathrm{K} = 0{,}96\,\mathrm{mm}\ .$$

Unter der Annahme, dass sich das Paneel an beiden Seiten frei ausdehnen kann, treten an jeder Seite nur $1/2 \cdot 0{,}96\,\mathrm{mm} = 0{,}475\,\mathrm{mm}$ Längenänderung auf, was in der folgenden Formel der Klebfugendicke berücksichtigt wird:

$$d = \frac{\Delta l \cdot 0{,}5}{\tan\gamma} = \frac{0{,}96\,\mathrm{mm} \cdot 0{,}5}{0{,}15} = 3{,}2\,\mathrm{mm}\ .$$

Die minimale Klebfugendicke beträgt also 3,2 mm für ein angenommenes $\tan\gamma$ von 0,15, ein Wert, der von Klebstoff zu Klebstoff unterschiedlich ist und der bekannt sein muss. Am vorgenannten Beispiel ersieht man, dass die nötigen Dimensionen der Klebfuge auch bei einem relativ schweren Teil durchaus nicht ungewöhnlich groß sind. Man würde vielmehr Schwierigkeiten haben, eine so schmale Klebfuge aufzutragen. In der Praxis könnte man für diesen Fall sicherlich von einer mindestens 40 mm breiten Tragkonstruktion ausgehen, sodass zur Berücksichtigung weiterer Abminderungsfaktoren noch mehr als genug Klebefläche vorhanden ist. (Bei der Verklebung von realen Fassadenelementen wird in aller Regel darauf geachtet, schwerkraftbedingte Lasten durch Stützelemente konstruktiv abzufangen.)

Im Schienenfahrzeugbau müssen oft lange Elemente verklebt werden, seitdem neben Metallen zunehmend Kunststoffe verbaut werden. Dem nachstehenden Beispiel liegt eine derartige Klebung zugrunde.

Tab. 5.2 Lineare Thermische Ausdehnungskoeffizienten α von ausgewählten Werkstoffen in $10^{-6}\,K^{-1}$

Metalle	Kunststoffe	Mineral. Baustoffe	Sonstige
Aluminium: 24	Polycarbonat: 65	Glas: 3,5–8; Quarzglas: 0,5; Glaskeramik: 0,02–0,05	Polystyrolschaum: 79
Stähle, niedriglegiert: 10–14	Polyacrylat: 70–80	Granit 8–12	Polyurethanschaum: 120–150
Stähle, hochlegiert: 13–19; V2A: 16	Epoxidharz: 40–60	Beton: 10–12	Holz: 3–7 (längs zur Faser); 30–50 (quer zur Faser)
Messing: 19	Polyethylen: 150–230	Marmor: 5–11	Kohlefaserverstärkter Kunststoff (CFK): 0,2 (längs zur Faser); 30 (quer zur Faser). 60 Vol. % Fasern/EP
Kupfer: 16	PVC: 70–80	Fliesen: 7	Glasfaserverstärkter Kunststoff (GFK): 7 (längs zur Faser); 27 (quer zur Faser). 60 Vol. % Fasern/EP
Blei: 29	Polyamid: 90–100		
Zink: 36	Polyester (GFK): 15–50		
	Polyurethan: 110–210 (auch 90–120)		

Hinweis: Alle Angaben dienen nur zur Orientierung. Für genaue Berechnungen müssen die Zahlen aktuellen Werkstoffleistungsblättern entnommen werden. Bei Kunststoffen haben die Füllstoffe und bei den Thermoplasten hat auch die Extrusionsrichtung einen entscheidenden Einfluss auf den Therm. Ausdehnungskoeffizienten.

Rechenbeispiel 2

Langes GFK-Bauteil in Stahlkonstruktion: Ein GFK Teil soll in eine Metallkonstruktion, ähnlich wie in Abb. 5.7 dargestellt, eingeklebt werden. Welche Dicke d muss die Klebfuge haben und welche Maße müssen die Fugen b aufweisen, damit bei hohen Temperaturen das GFK nicht eingezwängt wird?

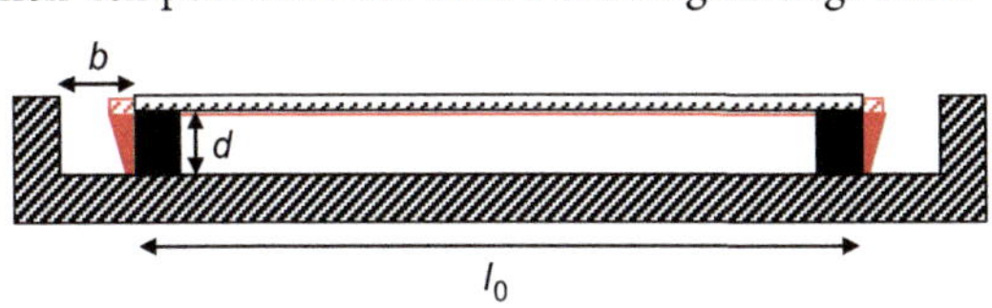

Abb. 5.7 Schematische Darstellung zum Rechenbeispiel

Folgende Angaben liegen vor:

l_0	$= 7500\,\text{mm}$
α_{GFK}	$= 20 \cdot 10^{-6}\,\text{K}^{-1}$
α_{Stahl}	$= 12 \cdot 10^{-6}\,\text{K}^{-1}$
Schubverträglichkeit[7] des Klebstoffs:	45 %
Bewegungsvermögen des Klebstoffs:	25 %
Temperaturbereich:	−20–60 °C ($\Delta T = 80\,\text{K}$), anzusetzen: $\Delta T = 40\,\text{K}$, $\vartheta_{\text{Bezug}} = 20\,°\text{C}$

Die Längenänderung beträgt:

$$\Delta l = 1/2 \cdot l_0 \cdot (\alpha_{\text{GFK}} - \alpha_{\text{Stahl}}) \cdot \Delta T = 0{,}5 \cdot 7500\,\text{mm} \cdot 8 \cdot 10^{-6}\,\text{K}^{-1} \cdot 40\,\text{K}$$
$$= 1{,}2\,\text{mm pro Seite}\,.$$

(Es wird angenommen, dass sich die Konstruktion an *beiden* Seiten zwängungsfrei bewegen kann, daher Multiplikation mit 1/2).

Mit der angegebenen Schubverträglichkeit des Klebstoffs von 45 % ergibt sich für die Dicke der Klebschicht

$$d = \Delta l/0{,}45 = 1{,}2\,\text{mm}/0{,}45 = 2{,}7\,\text{mm}\,.$$

Die Breite der Fuge b errechnet sich bei einem angegebenen Bewegungsvermögen des elastischen Klebstoffs von 25 % zu:

$$b = \Delta l/0{,}25 = 1{,}2\,\text{mm}/0{,}25 = 4{,}8\,\text{mm}\,.$$

In der Praxis wird man beide Werte großzügig nach oben aufrunden. In dieser Rechnung wurde nur eine Verformungsbetrachtung angestellt.

Bei der Verklebung von Kunststoffen, z. B. Polycarbonatscheiben (PC), aber auch Acrylglasscheiben (PMMA), in Metallkonstruktionen, muss auf den großen Thermischen Ausdehnungskoeffizienten des Kunststoffs Rücksicht genommen werden. Verwendet man eher steife elastische Klebstoffe, wird sich bei Temperaturerhöhung eher die Scheibe ausbeulen als dass der Klebstoff stark verformt würde. Wie aus Abb. 5.8 ersichtlich, können dafür die Spaltmaße des Rahmens klein gehalten werden. Bei einem weichen elastischen Klebstoff ist es praktisch umgekehrt: Die Scheibe beult nicht aus, sondern sie längt sich bei Temperaturbeaufschlagung, weil der

[7] Die Schubverträglichkeit von 45 % des Klebstoffs bedeutet, dass eine Klebschicht bis zu 45 % ihrer Dicke (statisch) geschert werden darf.

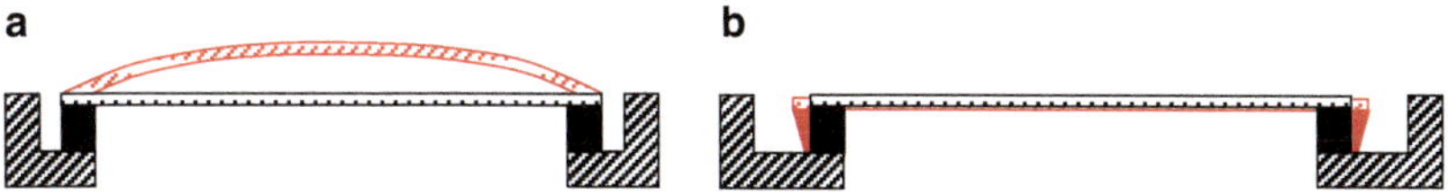

Abb. 5.8 Verklebung einer Polycarbonatscheibe; **a** Ausbeulung bei steifem Klebstoff, **b** Längsausdehnung bei weichem Klebstoff

weichere Klebstoff eine geringere Verformungsbehinderung aufweist. Allerdings müssen die Spaltmaße entsprechend angepasst werden. Sollen die Spalte abgedichtet werden, müssen hier Dichtstoffe mit einem hohen Bewegungsvermögen oder zusätzliche Gummiprofile eingesetzt werden.

Rechenbeispiel 3

Berechnung des $\tan\gamma$ *(Schubverträglichkeit) bei einer vorgegebenen Verklebung*: Zur nachträglichen Ermittlung der Schubverträglichkeit ($\tan\gamma$) einer verklebten Scheibe aus Polycarbonat in einen Stahlrahmen (Abb. 5.9) soll geklärt werden, ob der verwendete Klebstoff prinzipiell geeignet ist.

Folgende Angaben liegen vor:

l_0 $= 1200\,\text{mm}$
α_{PC} $= 65 \cdot 10^{-6}\,\text{K}^{-1}$
α_{Stahl} $= 12 \cdot 10^{-6}\,\text{K}^{-1}$
Temperaturbereich: -10–$60\,°\text{C}$ ($\Delta T = 70\,\text{K}$), anzusetzen: $\Delta T = 30\,\text{K}$
Klebschichtdicke: 5 mm

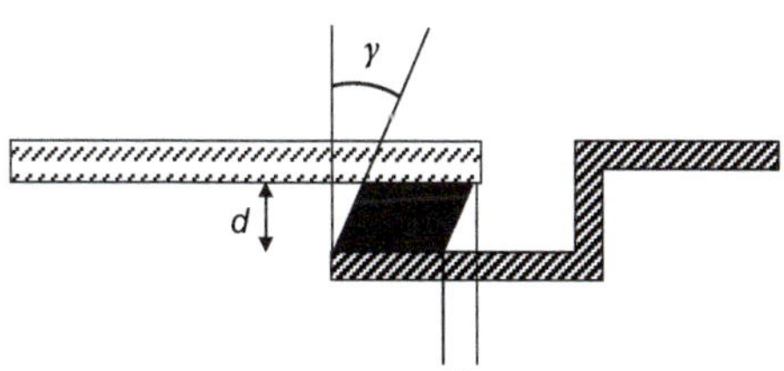

Abb. 5.9 Polycarbonatscheibe in Stahlrahmen

Die Längenänderung der frei beweglichen Scheibe beträgt

$$\Delta l = 1/2 \cdot l_0 \cdot (\alpha_{PC} - \alpha_{Stahl}) \cdot \Delta T = 0{,}5 \cdot 1200\,\text{mm} \cdot 53 \cdot 10^{-6}\text{K}^{-1} \cdot 30\,\text{K}$$
$$= 0{,}95\,\text{mm pro Seite} .$$

Die Gleitung bei $d = 5$ mm ist

$$\tan\gamma = v/d = 0{,}95\,\text{mm}/5\,\text{mm} = 0{,}19 = 19\,\% .$$

Damit liegt die Schubverformung des Klebstoffs in einem unkritischen Bereich.

▸ **Info** Die *Schubverformung* von elastischen Klebstoffen begrenzen:
- max. 50 % (der Klebschichtdicke) bei statischer oder quasistatischer Beanspruchung
- max. 10–25 % bei dynamischer Beanspruchung

▸ **Info** *Faustregel*: In der Regel muss die Klebschichtdicke *mindestens* so groß sein, wie die gesamte thermisch oder mechanisch verursachte Verformung der beiden verklebten Bauteile. Dadurch wird der Klebstoff an den Bauteilenden auf max. 50 % Scherung beansprucht.

Literatur

Autorenkollektiv: DVS-Merkblatt 1618 Elastisches Dickschichtkleben im Schienenfahrzeugbau, S. 9 (2002)

Burchardt, B., Diggelmann, K., Koch, S., Lanzendörfer, B.: Elastisches Kleben. mi-Verlag, Landsberg (1998)

Burchardt, B.R., Merz, P.W.: Elastic Bonding and Sealing in Industry. In: Cognard, P. (Hrsg.) Adhesives and Sealants, Bd. 2. Elsevier, Amsterdam (2006)

Habenicht, G.: Kleben – Grundlagen, Technologien, Anwendungen, S. 753. Springer, Berlin (2009)

Heinzmann, R., Koch, S., Thielemann, H.-C., Wolf, J.: Elastisches Kleben im Bauwesen. mi-Verlag, Landsberg (2001)

Schlimmer, M., Großkurt, L.: Auslegung zähelastischer Metall/Faserverbundsandwich-Verbindungen. Inst. f. Werkstofftechnik, Univ. Kassel, Kassel (2006). Forschungsbericht 4-2006

Praxis des elastischen Klebens 6

Wo immer (elastisch) geklebt wird, müssen klebgerecht aufbereitete Fügeteile mit dem ggf. anzumischenden Klebstoff in Kontakt gebracht werden. Danach beginnt die Härtung, verbunden mit einer Zunahme der Festigkeit der Klebung über die Zeit (Abb. 6.1). Nach einer gewissen Zeit (t_1) hat der Klebstoff seine Handhabungsfestigkeit erreicht, sodass die frisch gefügten Werkstücke gehandhabt werden können. Natürlich muss auch schon ausreichende Haftung zum Werkstück bestehen. Die oft genannte Zahl von 1 MPa kann hierbei nur als Richtwert dienen: Es hängt von den ganz speziellen Umständen ab, wann ein frisch geklebtes Bauteil bewegt werden darf oder wann daran weitere Manipulationen vorgenommen werden dürfen. Nach Erreichen des Korridors der spezifizierten Gebrauchsfestigkeit (t_2) ist das geklebte Bauteil einsatzfähig. Falls die Klebung noch gewisse Reserven (Sicherheitsfaktor)

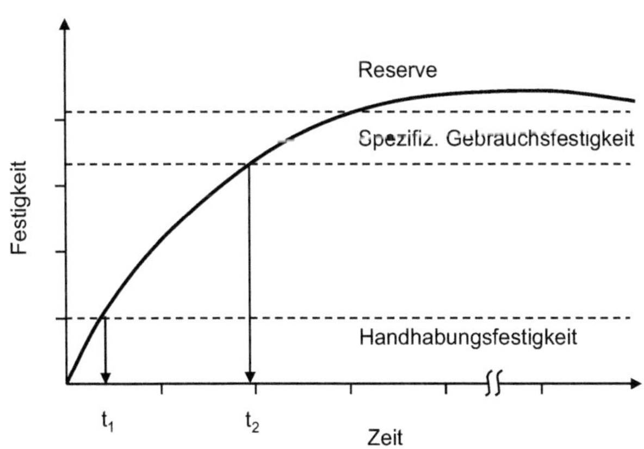

Abb. 6.1 Festigkeit einer Klebung im Laufe der Zeit

M. Pröbster, *Elastisch Kleben*, DOI 10.1007/978-3-8348-2181-2_6,

aufweist, wird dies der Langzeitbeständigkeit zugute kommen. In Abb. 6.1 ist unter bewusstem Verzicht auf Maßeinheiten schematisch dargestellt, wie sich der Festigkeitsverlauf eines Klebstoffs entwickeln könnte. Dass bei elastischen Klebstoffen die Elastizität einer Klebung eine weitere entscheidende Rolle spielt, wurde an anderer Stelle bereits ausführlich gewürdigt. Wichtig für den Praktiker ist die Tatsache, dass ein frisch geklebtes Bauteil eine gewisse Zeit ruhen muss, bevor es mechanisch belastet werden darf, falls nicht durch Fixierhilfen jegliche Relativbewegungen der Fügeteile zuverlässig ausgeschlossen werden konnten.

Wie man in der Praxis vorgehen muss, um einer Klebung die spezifizierte Gebrauchfestigkeit – und alle anderen nötigen Eigenschaften – zu verleihen, wird im Folgenden dargestellt.

6.1 Der Klebprozess

Ein Klebprozess kann in sehr unterschiedlichem Detailgrad betrachtet werden. Am einfachsten ist die alleinige Fokussierung auf den Klebprozess selbst. Dies kann möglicherweise schon genügen, wenn beispielsweise eine einfache, nichttragende Fixierklebung im handwerklichen Bereich durchgeführt wird. Hier wird Erfahrung und „gesunder Menschenverstand" die Richtschnur des Handelns sein. Für industrielle Zwecke ist diese, aus Gründen der Vollständigkeit angeführte Sichtweise allerdings nicht brauchbar.

Den Klebprozess einschließlich vor- und nachgelagerter Schritte, beschreibt ein erweitertes Modell schon erheblich genauer, bestehend aus:

- Substratauswahl
- Oberflächenbehandlung
- Klebstoffauswahl
- Klebprozess

Der eigentliche Verklebungsprozess kann, beispielsweise wie in Abb. 6.2 dargestellt, ablaufen. Er ist allerdings wiederum nur ein Teil des übergreifenden Gesamtkonzepts „Fertigungssystem Kleben".

Im Zusammenhang mit diesem ganzheitlichen (Qualitäts-)Konzept, das weit mehr ist, als nur den Klebprozess selbst „gut über die Runden" zu bringen, sind hier die wichtigsten praxisrelevanten Punkte zusammengefasst. Sie werden in den nachfolgenden Abschnitten oder an anderer Stelle detailliert dargestellt.

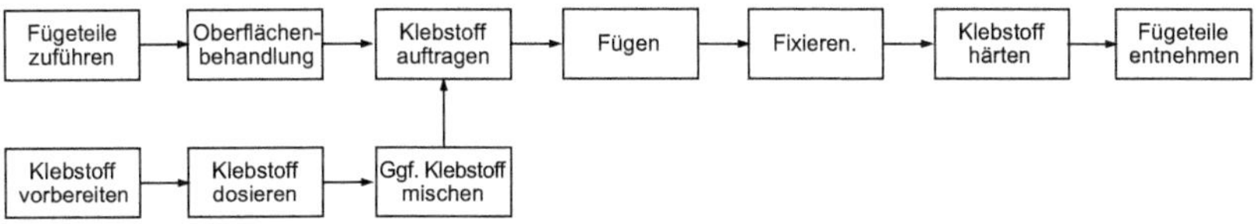

Abb. 6.2 Detaillierter Ablauf des Klebvorgangs

- Planung (Abschn. 7.2)
- Klebarbeitsplatz und Klebbedingungen (Abschn. 6.5)
- Materialien zurechtlegen und akklimatisieren (Abschn. 6.5)
- Arbeits- und Umweltschutz beachten (Abschn. 9.1)
- Passgenauigkeit der Fügeteile prüfen (Abschn. 7.2)
- Fügeteile, Primer und Klebstoff prüfen (Abschn. 7.2)
- Oberflächen vorbereiten/vorbehandeln (Abschn. 6.3)
- Primer auftragen und ablüften (Abschn. 6.4)
- Klebstoff mischen, dosieren und auftragen (Abschn. 6.5)
- Fügen und Fixieren der Bauteile (Abschn. 6.5)
- Klebstoff härten (Abschn. 6.6)
- Dokumentation (Abschn. 7.2).

6.2 Welcher elastische Klebstoff wofür?

Nach dem bisher Dargestellten sollte es dem aufmerksamen Leser an dieser Stelle bereits möglich sein, die Eigenschaftsbilder der Silikon-, Polyurethan-, Hybrid- und Polysulfidklebstoffe einzuordnen. Dieses Kapitel dient dazu, über vergleichende Betrachtungen und weitere Hinweise die Auswahl eines geeigneten Klebstoffs für eine bestimmte Aufgabe zu erleichtern.

Die generellen Anforderungen an elastische Klebstoffe sind so vielfältig wie deren Einsatzgebiete. Die wichtigsten *technischen Anforderungen* an den ausgehärteten Klebstoff sind in Abb. 6.3 dargestellt. Je nach Aufgabe sind sie unterschiedlich zu gewichten. Es gibt keinen Klebstoff, der alle Ansprüche in gleichem Maße erfüllt, und ein solcher wird auch nie existieren. Neben den genannten Anforderungen existieren fallweise noch verschiedene andere, wie z. B. Brandhemmung oder eine besondere Hitze- oder Chemikalienbeständigkeit, Lebensmittelverträglichkeit im weitesten Sinne, elektrische Anforderungen, Umweltvorgaben etc. Auch die Wirtschaftlichkeit und die Verarbeitbarkeit des Klebstoffs sind nicht zu unterschätzende Parameter, die bei der Auswahl zu berücksichtigen sind. Obwohl in den vorange-

Tab. 6.1 Vergleich des Haftverhaltens verschiedener Klebstoffe

Klebstoff	Metalle	Kunststoffe/ Lacke	Holzwerk- stoffe	Glas	Keramik	Composites
Silikon	+	+	±	++	++	±
Polyu- rethan	+	+	++	–	+	+
Silan- Hybrid	+	++	+	±	+	+
Polysulfid	+	±	+	++	+	n. best.

Manche der angegebenen Klebstoffe benötigen zum Erreichen der Einstufungen einen Primer

gangenen Kapiteln viele Beispiele für Klebstoffanwendungen genannt wurden, sind in Tab. 6.1 zusammenfassend einige bewährte Kombinationen Substrat-Klebstoff aufgezeigt. Sie können jedoch nur als erster Anhaltspunkt für beabsichtigte Materialpaarungen dienen.

Ein Stärken-/Schwächen-Vergleich der vier hauptsächlich in Frage kommenden Klebstofffamilien kann eine allgemeine Richtschnur für die Auswahl liefern, mehr aber auch nicht. Denn jede der beschriebenen Klebstofffamilien setzt sich aus einer großen Zahl unterschiedlicher Produkte verschiedener Hersteller zusammen und umfasst eine enorm breite Eigenschaftspalette von langsam bis schnell, weich bis steif aushärtendenden Systemen etc. In Tab. 6.2 wird dieser Vergleich versucht. Besonders herausragende Eigenschaften einer Technologie sind durch Fettdruck gekennzeichnet.

Der äußerst komplexe Prozess der Klebstoffauswahl für eine Anwendung, bei der vorher noch nie geklebt wurde, kann hier nicht im Detail dargestellt werden. Normalerweise geschieht dies in Abstimmung zwischen Klebstoffverwender, Klebstoffhersteller, (Verarbeitungs-)Maschinenhersteller und oft in Zusammenarbeit mit einem Institut (Abb. 6.4). Letzteres wird insbesondere bei kleinen und mittleren Unternehmen (KmU) für den theoretischen Hintergrund sorgen und beispielsweise Berechnungen durchführen. Bei innovativen Anwendungen ist es sogar möglich, einen Teil der Kosten für die Prozessentwicklung über staatliche Fördermittel abzudecken. Die langjährige Erfahrung der Projektpartner auf ihren jeweiligen Gebieten wird relativ rasch zur Auswahl geeigneter Klebsysteme und Auftragsprozeduren führen.

Prinzipiell spielen die in Abb. 6.5 dargestellten Faktoren eine wichtige Rolle, wenn es darum geht, den geeigneten Klebstoff bzw. Klebprozess in einem Betrieb einzurichten. Die zu erwartende *Beanspruchung* (mechanisch, thermisch, physi-

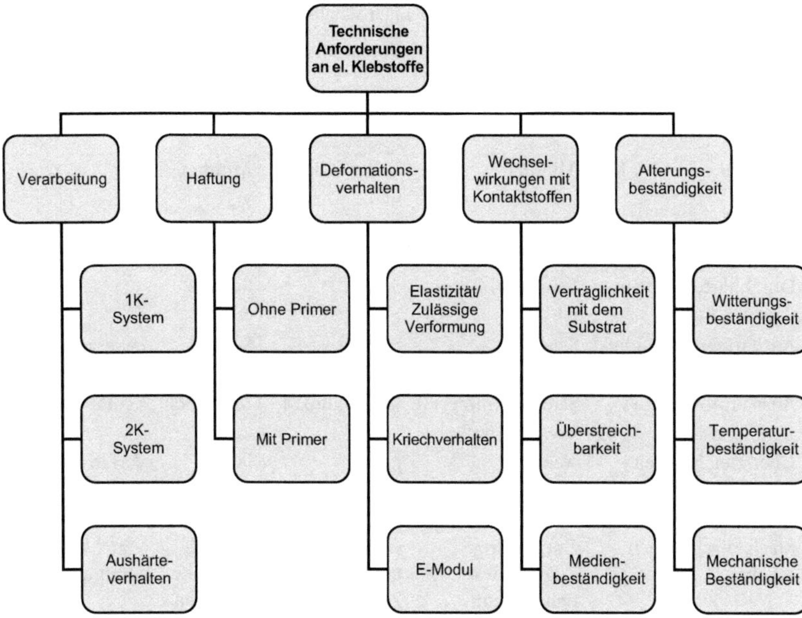

Abb. 6.3 Die wichtigsten technischen AnforderungenTechnische Anforderungen an elastische Klebstoffe

kalisch, chemisch, klimatisch) des Klebstoffs dürfte sicherlich ein Hauptkriterium bei der Auswahl sein. Die zu verklebenden *Werkstoffe* (Art, chemische Zusammensetzung, Oberflächeneigenschaften, Empfindlichkeiten, klebgerechte Konstruktion der Fügeteile) stellen den nächsten wichtigen Punkt im Auswahlverfahren dar. Die *Fertigung* bzw. deren Limitierungen (Abläufe, Oberflächenbehandlung, Arbeitsplätze, Arbeits- und Umweltschutzauflagen) stellen einen weiteren wichtigen Faktor in der Betrachtung dar. Eng verbunden mit der Fertigung ist das *Personal*, das die Klebung plant, durchführt und überwacht. Gut geschultes Personal ist in den meisten Fällen der Schlüssel für erfolgreiche Klebprozesse (s. Kap. 8). Nicht zuletzt stellen die zu erwartenden *Kosten* bzw. die für die Klebung nötige Zeit kritische Elemente dar. Kaum ein Anwender wird einen neuen Prozess einführen, wenn sich nicht daraus handfeste wirtschaftliche Vorteile ergeben, die in den Kosten, aber auch in neuartigen Konstruktionen liegen können. Beide dienen dazu, den Fortbestand eines Unternehmens zu sichern.

Tab. 6.2 Vergleichende Darstellung einiger Eigenschaften von elastischen Klebstoffen

Eigenschaft	Silikon	Polyurethan	Silan-Hybrid	Polysulfid
Zahl der Komponenten	1 oder 2	1 oder 2	1 oder 2	2
Hautbildungszeit 1 K	Minuten	Min. bis Stunden	Minuten	–
Topfzeit 2 K	Minuten	Minuten	Minuten	Min. bis Stunden
Durchhärtegeschwindigkeit 1 K	Langsam bis mittel	Schnell	Schnell	–
Aushärtegeschwindigkeit 2 K	Schnell	Schnell	Schnell	Langsam
Abspaltprodukte	Säuren, Amine, Oxime, Alkohol	Kohlendioxid	Methanol	Keine
Überstreichbarkeit mit lösemittelhaltigen Lacken	Nein	Ja	Ja	Verfärbungen
Mechanische Eigenschaften	Gut, niedrige Zugscherfestigkeit, kaum Kriechen	**Gut bis sehr gut, hohe ZSF möglich, kaum Kriechen**	Mittel bis gut, teilw. Kriechen möglich	Mittel, kriechempfindlich
Primerlose Haftung	Mittel bis gut	Schwach bis mittel	**Gut bis sehr gut**	Mittel
UV-Beständigkeit	**Ausgezeichnet**	Schwach bis mittel	Mittel bis gut	Mittel
Temperaturbereich, °C	**−40 bis +150 und höher**	−40 bis +90	−50 bis +100	−40 bis +70
Medienbeständigkeit	Gut	Gut	Mittel bis gut	**Gut bis sehr gut**

Liegen in einem Betrieb schon gewisse Erfahrungen vor, dann gilt in den meisten Fällen der Satz: Was schon immer in bestimmten Anwendungen funktioniert hat, wird ziemlich wahrscheinlich auch bei einem neuen, aber gleichwertigen Einsatz funktionieren. Wenn man unter Beachtung aller relevanter Regeln vorgeht, wird man in den wenigsten Fällen Schiffbruch erleiden. Man ist allerdings auf ein bestehendes System fixiert. Sind Unzulänglichkeiten bei einem solchen System zu erkennen, kann es notwendig sein, Neuland zu betreten und ein anderes Klebstoffsystem zu testen. Hierdurch eröffnet man sich die Chance, Verbesserungen im Prozess und

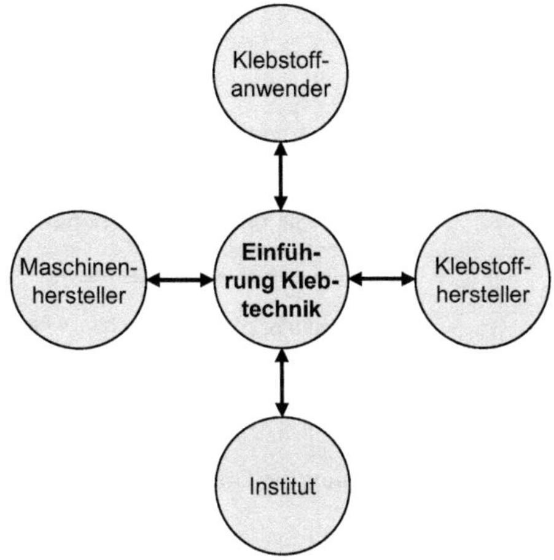

Abb. 6.4 Kooperation bei der Neueinführung der Klebtechnik in einem Betrieb

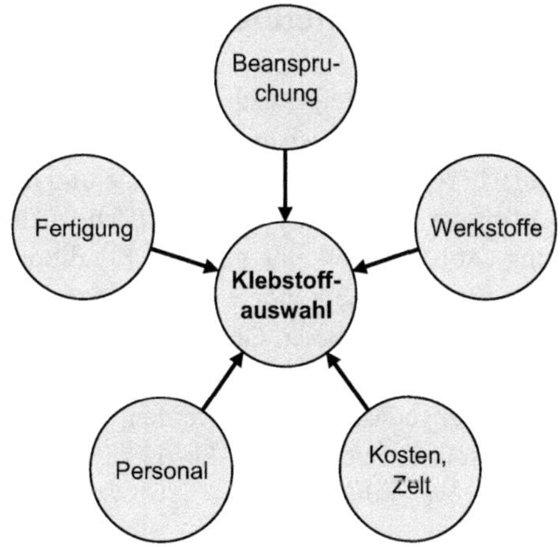

Abb. 6.5 Faktoren, die die Klebstoffauswahl beeinflussen

möglicherweise Einsparungen verwirklichen zu können. Dies sollte immer in engem Kontakt mit dem Klebstoffhersteller geschehen, der das Leistungsprofil eines von ihm vertriebenen Klebstoffs am besten kennt.

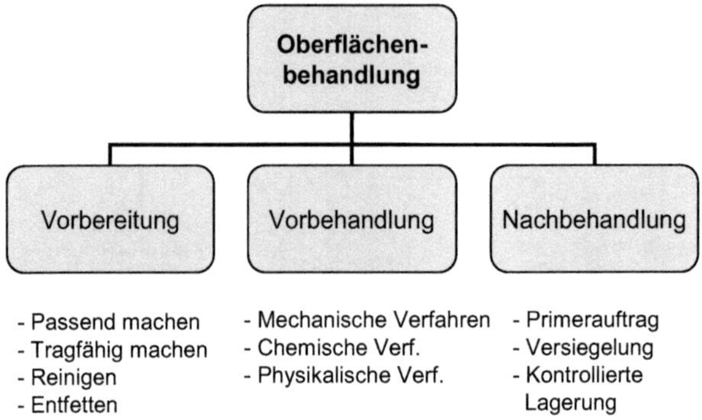

Abb. 6.6 Unterteilung der Oberflächenbehandlung

6.3 Oberflächenbehandlung: Schlüssel zum Erfolg

Warum soll man eigentlich glatte und sauber erscheinende Oberflächen von Fügeteilen vor dem Kleben noch aufwendig (vor-)behandeln? Der Grund ist ganz einfach: Man kennt die Vorgeschichte und die wahre („mikroskopische") Beschaffenheit der zu verklebenden Oberfläche nicht wirklich. Eine Oberflächenbehandlung (Abb. 6.6) soll eine günstige Kondition des Werkstücks für die Verklebung erzeugen und insbesondere für *reproduzierbare* Oberflächen sorgen. Auch auf einer scheinbar sauberen Oberfläche können sich unsichtbare Öl- oder Fettspuren befinden oder gar Reste von Trennmitteln (bei Kunststoffteilen) anhaften. Sie alle müssen zuverlässig entfernt werden, bevor geklebt wird. Hierzu gibt es eine Reihe von bewährten Verfahren (Abb. 6.7). Damit sind die Ziele der Oberflächenbehandlung im Wesentlichen:

- Erzeugen von Tragfähigkeit, Entfernung von haftbehindernden Schichten
- Vergrößern der Oberfläche (wo zutreffend)
- Erzeugen einer definierten, haftfreudigen Schicht (Aktivierung der Oberfläche)
- Erzeugen oder Verbessern der Benetzbarkeit
- Erzeugen reproduzierbarer Oberflächenverhältnisse
- Erzeugen langzeitbeständiger Oberflächenverhältnisse.

▸ **Info** *Oberfläche*: Grenzfläche eines Fügeteils zur Luft oder zum Klebstoff.

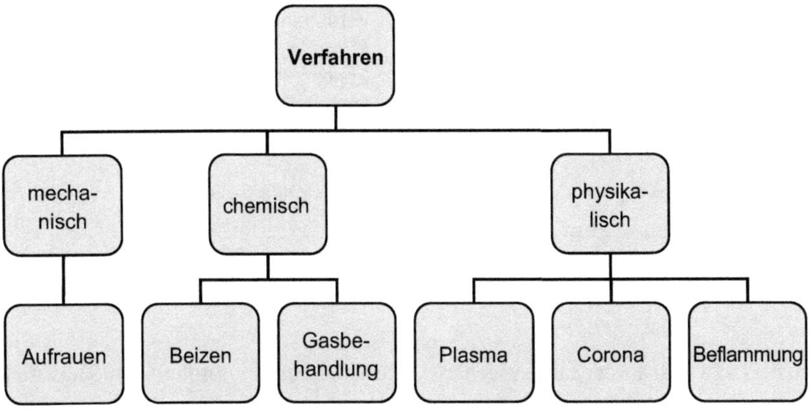

Abb. 6.7 Die wichtigsten Verfahren der Oberflächenvorbehandlung

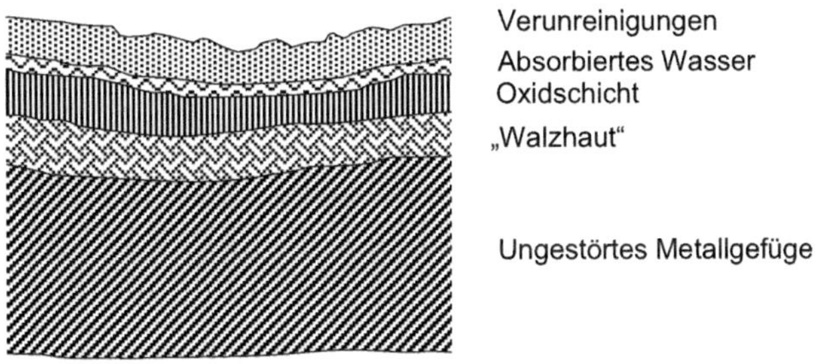

Abb. 6.8 Oberfläche eines Metalls (z. B. Aluminium)

Die Oberfläche eines Metalls ist ein komplexes Gebilde. Das ungestörte Metallgefüge steht praktisch nie als Oberfläche zum Kleben zur Verfügung (Abb. 6.8). Es sind immer „irgendwelche“ anderen Schichten, auf denen letztlich geklebt wird. Sofern diese klebgeeignet sind und reproduzierbar erzeugt werden können, spielt die eigentliche chemische Zusammensetzung des Grundwerkstoffs keine dominierende Rolle.

Die Oberfläche eines Kunststoffs unterscheidet sich ebenfalls deutlich von seinem Inneren. Sie ist mit niedermolekularen Bestandteilen (z. B. internen oder externen Trennmitteln, Weichmachern, Gleitmitteln, Antistatika) angereichert und wird bei Thermoplasten auch als „Spritzhaut“ bezeichnet (Abb. 6.9). Sie zeigt eine schlechtere Benetzbarkeit als es dem eigentlichen Kunststoff entspricht. Bei Duro-

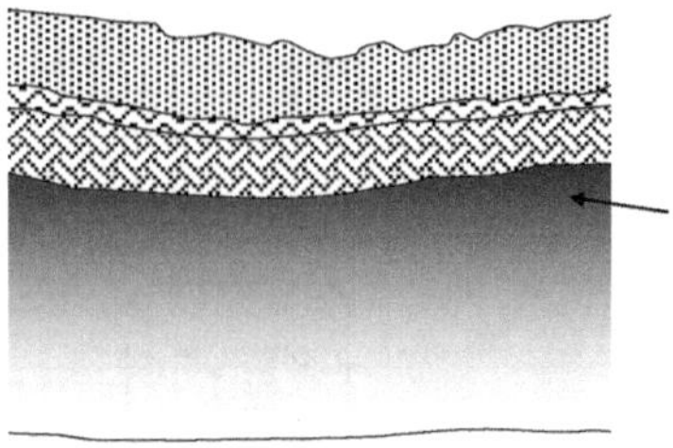

Abb. 6.9 Oberfläche eines Kunststoffs

meren, die z. B. an der Luft ausgehärtet wurden, kann der Einfluss von Sauerstoff ebenfalls zu Oberflächenveränderungen führen, wie es von ungesättigten Polyestern wohlbekannt ist. Sie zeigen an der Oberfläche eine unvollständige Polymerisation und können klebrig bleiben. Die Oberflächenbehandlung eines Kunststoffs zielt daher darauf ab, die haftunfreundlichen Schichten zu entfernen und reproduzierbare Verhältnisse zu schaffen – ohne den darunter liegenden Kunststoff zu schädigen.

Der Klebstoff verändert die physikalisch-chemische Struktur der Oberfläche der Fügeteile und die Fügeteile beeinflussen die Eigenschaften des Klebstoffs in der Nähe der Kontaktfläche! Diese gegenseitige Beeinflussung führt gelegentlich zu einer sehr dünnen, weniger stabilen Schicht im Klebstoff (Abb. 6.10). Bei mechanischer Beanspruchung, besonders bei Schälung, kann der Klebstoff in dieser substratnahen Schicht (engl.: weak boundary layer) versagen und einen dünnen Film auf dem Fügeteil hinterlassen. Dieses Bruchbild wird dann als Filmbruch oder oberflächennaher Bruch bezeichnet. Obwohl dieser zu 100 % kohäsiv sein kann, ist dies ein nicht wünschenswerter Zustand, weil er eine (mechanische) Schwachstelle darstellt. Die Entstehung dieser schwachen Grenzschicht dürfte ihre Ursachen in Migrationseffekten und verändertem Härtungsverhalten des grenzschichtnahen Klebstoffs haben.

▸ **Info** Je höher die Beanspruchung einer Klebung ist, desto gründlicher muss die Oberflächen(vor-)behandlung sein (nach VDI-Richtlinie 2229).

Mechanische Oberflächenbehandlung Tragfähige Untergründe sind eine Voraussetzung für eine dauerhaft erfolgreiche Klebung. Nicht tragfähige Untergründe, also lose Schichten an ihren Oberflächen, lassen sich nicht zuverlässig verkleben, ohne dass man diese Schichten entfernt. Staub, Rost, Farbreste, zu dick aufgetrage-

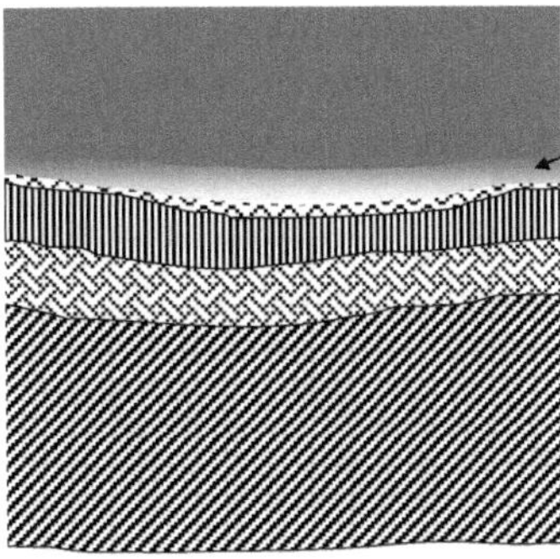

Abb. 6.10 An der Grenzfläche zum Werkstück veränderte Klebstoffstruktur

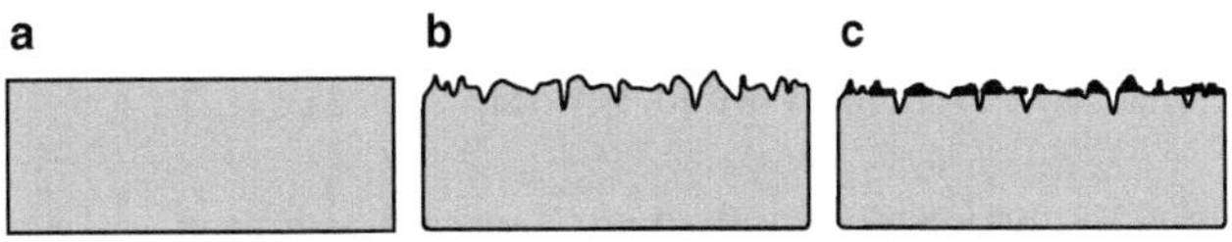

Abb. 6.11 Geometrische (**a**), wahre (**b**) und klebtechnisch wirksame (**c**) Oberfläche

ner und hydrolysierter Primer vermindern die Tragfähigkeit und müssen entfernt werden.[1]

Das Aufrauen von Werkstücken vor der Verklebung dient, neben der Abtragung von groben Verunreinigungen, auch dazu, die Oberfläche des Fügeteils zu vergrößern. Die oft angeführte mechanische Verklammerung zwischen Klebstoff und Werkstück dürfte jedoch in den Hintergrund treten, wenn man bedenkt, dass sich die Oberfläche durch Aufrauen (Strahlen, Schleifen) allenfalls bis knapp um den Faktor 2 erhöht. Der Reinigungs- und Aktivierungseffekt der Oberfläche dürfte in der Wirksamkeit an erster Stelle stehen. Man kann drei Oberflächen eines Werkstücks unterscheiden (Abb. 6.11):

- *Geometrische* Oberfläche: Überlappungslänge mal Breite ($l_Ü \cdot b$) des Klebespalts; Basis für Berechnungen
- *Wahre* Oberfläche: Sie beschreibt die durch Aufrauen (auch Ätzen etc.) entstandene, größere Oberfläche, die, je nach Bedingungen, 1,2–1,6 mal größer sein kann als die geometrische

[1] Auch Taubildung auf Werkstücken, die kurz vor dem Verkleben aus einem kalten Lager in eine warme Werkshalle gebracht wurden, erzeugt einen nicht tragfähigen Untergrund.

- *Wirksame* Oberfläche: Die tatsächlich benetzte Oberfläche. Speziell bei pastösen Klebstoffen können Teile unbenetzt bleiben oder es werden winzige Luftbläschen eingeschlossen; eventuelle Abminderungsfaktoren sind zu berücksichtigen.

Strahlen mit Korund (0,2–2 mm Körnung), Glasperlen, Keramik, Schlacke, Kunststoffperlen, Metallkügelchen, Eis, Kohlendioxidschnee oder -pellets sind gängige Methoden der Oberflächenbehandlung. Je nach verwendetem Strahlmedium kommt es zum Materialabtrag, zur Oberflächenaktivierung oder nur zu einer Oberflächenverdichtung. In allen Fällen wird die Klebfreudigkeit gesteigert. Vor dem Strahlen sollte das Werkstück erst entfettet werden und danach mit *ölfreier* Druckluft abgeblasen werden. Beim Strahlen bilden sich frische Oxidschichten, die in ihrer Zusammensetzung und ihrer Dicke vom Strahlmittel abhängen. Sowohl Trockenstrahlen (Staub!) als auch Nassstrahlen (Korrosion!) sind möglich. Nach dem Strahlen muss immer die Oberfläche des Werkstücks gereinigt werden.

Druckluftstrahlen, z. B. mit Korund, bewirkt:

- Änderung der Topographie, Aufrauung, Hinterschneidungen
- Abtrag von Schichten wie Rost, Zunder, Farbe
- Erhöhung von Druckeigenspannungen (insbes. bei kugeligem Strahlgut)
- Änderung des chem. Zustands der Oberfläche (Aktivierung).

Trockenschleifen erhöht ebenfalls die Rautiefe und aktiviert die Oberfläche. Bei Bandschleifgeräten oder manuellem Schleifen verwendet man am besten Schleifpapier oder -leinen mit K 120–K 180. Es besteht allerdings die Gefahr des Verschmierens bei weichen Werkstoffen (Kunststoffe, Buntmetalle). Hier sollte dann besser K 80–K 100 verwendet werden.

Beim *Nassschleifen* mit Schleifpapier, Schleifpads etc. wird mit verschiedenen Körnungen gearbeitet. Auf evtl. Korrosionsverhinderung des frisch bearbeiteten Werkstücks ist nach dem Reinigen zu achten.

Schleifen ist häufig bereits eine ausreichende Oberflächenbehandlung (neben dem Entfetten), und zudem preiswert durchzuführen. Bei zu tiefen Riefen in der Oberfläche ist ein Lufteinschluss unter dem Klebstoff möglich.

Bürsten (automatisiert oder manuell) ist in der metallverarbeitenden Industrie ebenfalls eine vielfach angewandte Methode zur Oberflächenbehandlung. Es gilt ähnliches wie unter Schleifen beschrieben.

Peel Ply wird bei faserverstärkten Kunststoffen zur Aktivierung der Oberfläche angewandt. Eine dafür vorgesehene oberste Faserlage (Opferschicht) wird abgerissen und gibt eine frische Oberfläche zum Kleben frei.

Silikatisierung: Ein mit einer hauchdünnen silikatischen Schicht versehenes Korund-Strahlmittel bewirkt eine chemische Modifikation der Oberfläche des zu reinigenden Fügeteils. Bereits vorgesäuberte Oberflächen können hiermit noch tribochemisch aktiviert werden. Nicht bei allen Klebstoffen wird jedoch eine Steigerung der Klebfestigkeit und Langzeitbeständigkeit festgestellt.

▶ **Praxistipp** Reinigung von stark verschmutzten Metallen: Entfetten → Strahlen/Schleifen → Entfetten

Lösemittelreinigung Bei weitem am Häufigsten werden zu verklebende Werkstücke mit Lösemitteln zwecks Entfettung gereinigt. Die früher oft verwendeten und hochwirksamen (unbrennbaren) Fettlöser auf Basis chlorierter Kohlenwasserstoffe sind aus Umweltgründen fast vollständig vom Markt verschwunden (Ausnahme: geschlossene Systeme). Daher muss in den meisten Fällen auf brennbare Lösemittel ausgewichen werden. Die Anforderungen an einen Lösemittelreiniger sind:

- Hohe Reinigungs- und Fettlöseleistung
- Kein Angriff auf zu reinigende Werkstücke (besonders Kunststoffe)
- Schnelle und rückstandsfreie Verdunstung
- Möglichst unkritisch bzgl. Arbeits- und Umweltschutz
- Günstiger Preis.

Besonders gut lassen sich Metalle mit Lösemitteln reinigen. Mit einem der in Tab. 6.3 genannten Lösemittel oder industriell zur Verfügung gestellten Gemischen lassen sich die meisten Metalle, vorausgesetzt dass grobe Verunreinigungen bereits mechanisch entfernt wurden, in einen klebgeeigneten Zustand bringen. Idealerweise wird ein Lösemittel unter Druck auf die zu reinigende Fläche gesprüht. So kommt eine Kombination von mechanischer Schmutzentfernung mit dem Löseverhalten des Reinigers zum Tragen. Auch bei der Dampfentfettung, bei der kalte Fügeteile (vorwiegend Metalle) in ein gesättigtes Lösemitteldampfbad eingebracht werden und das Lösemittel am Werkstück kondensiert und abtropft, wird eine Wiederanschmutzung zuverlässig verhindert. Beim manuellen Reinigen muss sehr darauf geachtet werden, die Verschmutzungen nicht bloß auf dem Werkstück zu verteilen sondern wirklich zu entfernen. Hier wäre Sparsamkeit fehl am Platze. Es sollte aber darauf geachtet werden, verschmutzte Lösemittelreste zwecks Wiederaufarbeitung zu sammeln und sie nicht in die Umwelt gelangen zu lassen.

▶ **Praxistipp** Bei bereits oberflächlich sauber erscheinenden Werkstücken kann gleich mit der Zwei-Tuch-Methode gereinigt und entfettet

Tab. 6.3 Hinweise zur Reinigungsleistung verschiedener Lösemittel

Verunreinigung	Kohlenwasserstoffe (z. B. Benzin)	Alkohole (z. B. Isopropanol)	Ketone, Ester (z. B. Aceton, Essigester)
Schneidöl	±	±	+
Konservervierungsöl	+	±	+
Silikonöl	–	–	–
Wachse	+	±	±
Schmierfett	+	±	+
Harze	+	+	+
Schneidemulsion	–	±	+
Fingerabdrücke	–	+	+
Anorganische Salze	–	±	–
Klebstoff, ungehärtet	–	±	±
Klebstoff, gehärtet	–	–	–

+: gut entfernbar; ±: bedingt entfernbar; –: schlecht entfernbar

werden: Mit dem ersten lösemittelfeuchten Reinigungstuch wird solange gereinigt, bis das Tuch nicht mehr angeschmutzt wird. Mit dem zweiten, trockenen Tuch wird sofort nachgerieben, um eventuell verbliebene Lösemittelreste gänzlich zu entfernen.

▸ **Praxistipp** Kommerzielle *Mischreiniger* (Lösemittelgemische) sind oft eine gute Alternative, wenn Zweifel über das bestgeeignete Lösemittel herrschen. Bei Kunststoffen oder lackierten Oberflächen darauf achten, dass die Werkstücke nicht angegriffen werden.

Brennspiritus (vergällter Alkohol) ist als Reinigungsmittel wegen seiner sehr begrenzten Fettlösekraft nicht geeignet.

▸ **Info** Lackbenzine sind ungeeignete Reinigungsmittel, wenn sie noch hochsiedende, schwerflüchtige Bestandteile (Öle) enthalten. Letztere können als Trennmittel wirken.

Bei der Reinigung von Kunststoffen mit Lösemitteln[2] muss dem Thema *Spannungsrissbildung* ein besonderes Augenmerk gewidmet werden. Unter mechanischer Spannung stehende Kunststoffe können bei Kontakt mit gewissen Lösemitteln Spannungsrisse bilden und so in ihrer mechanischen Festigkeit deutliche Einbußen erleiden. Als besonders spannunsgsrissempfindlich gelten Polycarbonat (PC), Polymethylmethacrylat (PMMA), Polystyrol (PS), Styrol-Acrylnitril (SAN) ziemlich unabhängig vom kontaktierenden Lösemittel. Auch andere Konstruktionskunststoffe können (z. B. Acrylnitril-Butadien-Styrol, ABS), können, müssen aber nicht, in Kontakt mit Lösemitteln (auch Primern oder Klebstoffen, die flüssige Bestandteile enthalten) Spannungsrisse bilden (s. Abb. 3.12). Einige der auslösenden Faktoren sind:

- Höhe der mechanischen Materialspannungen (extern oder Eigenspannungen)
- Einwirkdauer des Lösemittels
- Temperatur
- Oberflächenzustand (Schleifriefen, Oberflächenspannungen durch Strahlen)
- Hoher Kristallinitätsgrad des Kunststoffs
- Niedermolekulare Bestandteile im Kunststoff.

▸ **Achtung!** Saugende Untergründe dürfen nicht mit Lösemitteln gereinigt werden, da verbleibende Reste den Aushärtemechanismus der applizierten Klebstoffe empfindlich stören können. Nicht abgelüftete Alkohole sind bei PU-Klebstoffen besonders kritisch; sie können die Härtung der Klebstoffgrenzschicht vollständig verhindern.

Plasmareinigung Ein Plasma ist der vierte und energiereichste Aggregatzustand von Materie. Wird einem Feststoff Energie zugeführt, dann verflüssigt er sich. Bei weiterer Energiezufuhr tritt er zunächst in den gasförmigen Zustand über, der schließlich zum Plasma(gas) führt, das ein Gemisch von (angeregten) Gasmolekülen, Ionen, Elektronen und Radikalen darstellt. Plasmagase sind höchst reaktionsfähige Gemische, die mit festen Oberflächen in Wechselwirkung treten und diese Formulierung für Klebprozesse aktivieren.

▸ **Info** Ein *Plasma* entsteht aus einem Gas durch Energiezufuhr, z. B. durch ein Hochspannungsfeld. Es enthält neben den Gasmolekülen angeregte Gasmoleküle, Molekülfragmente (Radikale), Ionen, freie Elektronen und Photonen.

[2] Auch manche tensidhaltigen, wässrigen Reinigungslösungen können Spannungsrisse verursachen.

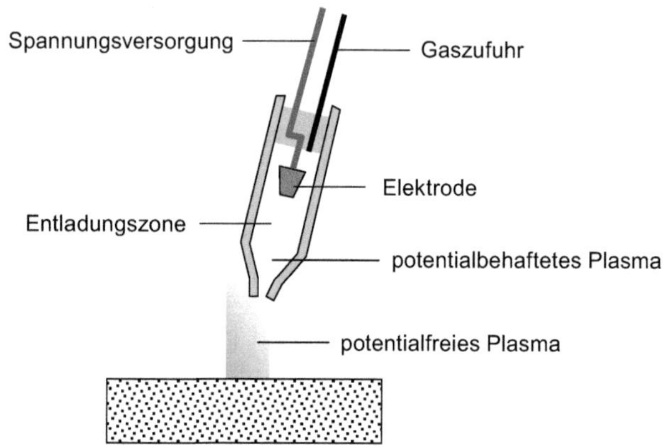

Abb. 6.12 Vereinfachte Darstellung einer AD-Plasmadüse

In der Klebtechnik werden zur Oberflächenbehandlung zwei Typen von Plasma eingesetzt:

- Niederdruckplasma (ND)
- Atmosphärendruckplasma (AD).

Für die Erzeugung eines *ND-Plasmas* benötigt man eine Vakuumkammer, die auf 0,1–5 mbar evakuiert wird. Ein Mikrowellenfeld mit 2,45 GHz regt das Gasgemisch an und führt zur „Zündung" des Plasmas. Als Prozessgase werden Sauerstoff, Stickstoff, Edelgase oder fluorhaltige Gase verwendet. Oft wird Kunststoffschüttgut derart oberflächenbehandelt; wegen der guten Spaltgängigkeit des Plasmas gibt es keine „toten Ecken". Die entstehenden Prozesstemperaturen betragen zwischen 30 und max. 100 °C und sind damit auch für empfindliche Kunststoffe kein Problem.

AD-Plasma wird erzeugt durch ein elektrisches Feld (20 kV, 15–20 kHz), durch das im einfachsten Fall Druckluft geleitet wird. Der entstehende Strahl (10–20 mm breit) wird auf das Werkstück gelenkt, das sich im Falle von Bandware mit einer Geschwindigkeit bis 400 m/min relativ zur Düse bewegen kann. Bei einer (üblicherweise) geerdeten Plasmadüse tritt potentialfreies Plasma aus, allerdings mit einer begrenzten Reichweite von einigen wenigen cm (Abb. 6.12).

Was passiert bei einer Plasmabehandlung? Im ND-Plasma werden durch das Vakuum leichtflüchtige Oberflächenverunreinigungen entfernt. Dazu werden durch die eingestrahlte Energie chemische Bindungen gelöst, Moleküle zu kleinen Fragmenten abgebaut, die dann abgepumpt werden. Beim AD-Plasma werden Verunreinigungen (bis 5 µm Schichtdicke) an den Fügeteiloberflächen plasmachemisch „verbrannt“ und dadurch entfernt; in die Oberfläche von Kunststoffen wird Sauerstoff und Stickstoff chemisch eingebunden und so Polarität erzeugt. Die Druckluft entfernt dann mechanisch eventuelle Abbauprodukte. Ungesättigte Öle in dicken Schichten können dabei verharzen, hier muss länger behandelt werden. – Anorganische Verunreinigungen werden durch Plasmabehandlung nicht entfernt.

Die Vorteile der AD-Plasmabehandlung sind:

- Inline- oder Offline-Prozesse möglich
- Nur Druckluft und elektrische Energie nötig
- Geringe Betriebskosten.

Beflammung Die Beflammung von Kunststoffen, vorwiegend Thermoplasten, mit oxidierender, blau brennender Butan- oder Propangasflamme führt zu einer Teiloxidation der beflammten Oberfläche. Sauerstoff wird chemisch an die oberflächennahen Polymermoleküle angedockt, hierdurch steigt die Polarität. So entstehen haftungsfreudige Gruppen auch auf sonst schwer oder überhaupt nicht verklebbaren niederenergetischen Kunststoffen, z. B. PP, PE. Hierfür stehen ausgereifte Anlagen zur industriellen Oberflächenbehandlung zur Verfügung, die insbesondere auch dafür sorgen, dass die Flammeinwirkung nicht zu einem Anschmelzen des Kunststoffs führt. Im Falle von Notreparaturen kann auch von Hand mit einem entsprechenden Gasbrenner beflammt werden. Mit der blauen Flamme ist schnell (5 m/s) am Fügeteil vorbeizustreichen, um ein Anschmelzen unter allen Umständen zu vermeiden.

Weiterhin gibt es Systeme auf dem Markt, bei denen dem Brenngas organische Silane beigemischt werden, die sich chemisch mit dem behandelten Untergrund und dem später aufgebrachten Klebstoff verbinden. Dies führt zu einer zusätzlichen Stabilisierung der Verklebung.

Nasschemische, wässrige Oberflächenbehandlung Die hier aufgeführten wässrigen Systeme lassen sich in zwei große Gruppen einteilen und werden vorwiegend im Metallbereich, aber gelegentlich auch bei Kunststoffen und Kautschuk verwendet:

- Wässrige Reiniger
- Wässrige Oberflächenbehandlungsverfahren.

Wässrige Reiniger werden als neutrale, saure oder alkalische Produkte vertrieben, meist als Konzentrate, die mit demineralisiertem Wasser zu verdünnen sind. Sie entfernen nicht nur Staub und lose Partikel, Salze, Schneideemulsionen (polare

Tab. 6.4 Eigenschaften wässriger Reiniger

Typ	pH-Wert	Anwendungstemperatur	Reinigungswirkung
Alkalisch	9–12	60–95 °C	Fette, Ziehöle, Bearbeitungsöle
Neutral	4–10	30–70 °C	Bearbeitungsöle, Emulsionen
Sauer	1–4	50–80 °C	Härteöle, Ziehseifen

Verunreinigungen) sondern auch Fette und Öle (unpolare Verschmutzungen). Sie werden oft bei erhöhten Temperaturen unterhalb des Siedepunkts angewandt. Die Reinigungswirkung kann weiter gesteigert werden durch Bewegung der Teile im Reinigungsbad, Druckumspülen oder Abspritzen. Ultraschall wird oft als zusätzliche physikalische Unterstützung verwendet. In Tab. 6.4 sind einige Eigenschaften wässriger Reiniger aufgeführt. Nach der Verwendung dieser muss gut gespült werden, um alle Reste zuverlässig zu entfernen.

Die *wässrigen Oberflächenbehandlungsverfahren* umfassen beispielsweise Phosphatieren, das Chemoxalverfahren, Chromatieren, Picklingbeizen oder die verschiedenen elektrochemischen Vorbehandlungen, die zu einer hohen Langzeitbeständigkeit der behandelten Metalle führen. Diese Prozesse werden vielfach von spezialisierten Firmen durchgeführt und nicht vom Klebstoffanwender. Eine bekannte Ausnahme ist allerdings die Luftfahrtindustrie, bei der in höchst kontrollierten Prozessen gebeizt und geklebt wird.

Corona-Entladung Bei der Corona-Entladung handelt es sich um eine elektrische Entladung in Luft, die bei einer Spannung von 10–20 kV und einer Frequenz von 10–30 kHz zustande kommt. Ggf. können die dadurch hervorgerufenen Oxidationsprozesse auch durch leicht erhöhte Temperatur unterstützt werden. Corona-Entladungen nehmen den kürzesten Weg zum Bauteil und sind daher nicht sehr spaltgängig. Sie eignen sich für Kunststoffe und andere Nichtleiter. Corona-Behandlung wird vorwiegend zur Oberflächenaktivierung von Bahnware eingesetzt.

Gasbehandlung Die Vorbehandlung von Werkstücken mit chemisch reaktiven Gasen erfolgt im Batchprozess in geschlossenen Kammern. Kleinteilige Schüttgüter können durch Ozonisieren, Fluorieren oder Chlorieren oberflächenaktiviert werden. Vorteilhaft bei diesen Methoden ist, dass auch Hinterschneidungen gut erreicht werden können, nachteilig ist der Umgang mit den aggressiven Gasen und die nötige Abgasbehandlung.

Tab. 6.5 Die wichtigsten Oberflächenbehandlungsmethoden im Vergleich

Verfahren	Beschreibung	Anwendungen	Vorteile	Nachteile
Lösemittelreinigung	Abspritzen mit Lösemittel	Kunststoffe Metalle	Fettlösend, manuell und automatisiert, preiswert	Brennbare Flüssigkeiten, Umwelt
Beflammen	Bestreichen des Bauteils mit Gasflamme	Kunststoffe (Thermoplaste)	Niedrige Investkosten Großflächen möglich Auch manuell	Offene Flamme
Atmosphärenplasma	Plasmagas	Kunststoffe Metalle	Gut steuerbar Geringe Betriebskosten Wenig Emissionen	Investitionskosten
Niederdruckplasma	Plasmagas	Kunststoffe	Auch Hinterschneidungen	Batchprozess
Corona	Elektrische Entladung	Kunststoffe	Geringe Betriebskosten	Investitionskosten Nur einfache Bauteilgeometrien
Silikatisieren	Brenngas enthält Silane	Kunststoffe Metall Keramik	Auch für schwierige Oberflächen Großflächen möglich Auch manuell	Offene Flamme Preis
Fluorieren, Chlorieren, Ozonisieren	Chemische Veränderung der Oberfläche	Kunststoffe Kautschuk	Auch Hinterschneidungen	Arbeitsschutz Batchprozess
Beizen	Chemische Veränderung der Oberfläche	Metalle, auch Kunststoffe	Hochwirksame Behandlung	Nasschemie Entsorgung

In Tab. 6.5 sind die wichtigsten Oberflächenbehandlungsmethoden im Vergleich aufgeführt, in Tab. 6.6 werden die Unterschiede der Oberflächenbehandlung von Kunststoffen und Elastomeren aufgezählt.

Die durch die Vorbehandlung erfolgte Aktivierung der Fügeteiloberflächen ist nicht von Dauer. Das heißt, die Zeit zwischen der Vorbehandlung und dem Auf-

Tab. 6.6 Unterschiede der Vorbehandlung von Thermoplasten und Elastomeren

Thermoplaste	Elastomere
Lösemittelreinigung	Lösemittelreinigung
Abrasion	Abrasion
Plasma	–
Beflammen	–
Corona	–
Reaktive Gase	Halogene
Spezielle Beizchemikalien	Spezielle Chemikalien, z. B. konz. Schwefelsäure, Trichlorisocyanursäure

Tab. 6.7 Ungefähre Haltbarkeit der Aktivierung nach Oberflächenbehandlung

Oberflächenbehandlung	Haltbarkeit der Aktivierung
Beflammung	10 min
Corona	10 min
Atmosphärenplasma	> 1 h
Niederdruckplasma	Tage bis Wochen
Silikatisieren (Flamme)	1 Tag
Beizen	Stunden bis Tage*

* Stark abhängig von Beizprozess und Lagerung der Werkstücke

bringen des Klebstoffs ist begrenzt. Sie wird als „Verarbeitungsfenster" bezeichnet; innerhalb dieser Zeit muss die Klebung erfolgen (Tab. 6.7).

▸ **Praxistipp** Glas kann mit schwach alkalischen Reinigern (gut mit Wasser nachspülen) und Isopropanol gereinigt werden. Niemals mechanisch aufrauen!

▸ **Info** Die Wirksamkeit einer Oberflächenbehandlung steigt in der Reihenfolge: Säubern → entfetten → aufrauen (schmirgeln oder schleifen) → strahlen → beizen.

Bei *Silikonkontamination* wird meist von „Silikonpest" oder „Silikonverseuchung" gesprochen. Gemeint ist in allen Fällen aber dasselbe: Silikonbestandteile sind dort, wo sie nicht sein sollen und verhindern aufgrund ihrer niedrigen Oberflächenenergie die Haftung von Kleb- oder Dichtstoffen, Lacken oder anderen Beschichtungen. Die Quellen für Silikone an der falschen Stelle sind vielfältig und manchmal nur schwer zu finden – was im Schadensfall oft detektivischen Spürsinn erfordert. Silikone sind, wie die nachstehenden Beispiele zeigen, nahezu allgegenwärtig und häufig oder immer enthalten in:

- Silikonkleb- oder -dichtstoffen
- Formtrennmitteln
- Trennsprays beim MIG/MAG Schweißen
- Schmiermitteln (Schmierfette)
- Latexhandschuhen mit Silikonöl als Gleitmittel
- Sprays wie Möbel-, Imprägnier, Gleit- oder Cockpitspray
- Kosmetika aller Art
- manchen (behandelten) Textilien.

Silikonverschmutzungen auf zu verklebenden Werkstücken sollten unter allen Umständen verhindert werden, bevor sie auftreten können, denn sie lassen sich nur äußerst schwer entfernen. Mittels mechanischer Abrasion, intensivem Reinigen mit Lösemitteln[3] oder AD-Plasma lässt sich das Problem jedoch meist lösen. Sicherheitshalber sollte mit Testtinten oder -stiften die Oberflächenspannung des Werkstücks vor dem Verkleben nochmals überprüft werden. Sie muss unbedingt in einem klebgeeigneten Bereich liegen (s. Abschn. 2.4).

▸ **Achtung!** Gereinigte Flächen, die zum Kleben vorbereitet wurden, dürfen nicht mehr angefasst werden (Merkblatt DVS 2520).

▸ **Info** *Oberflächen behandeln*:
- gereinigte Oberflächen nie mit bloßen Fingern oder verschmutzten Handschuhen berühren
- beim Reinigen auf fusselfreie Tücher und geeignetes Reinigungspapier achten
- Reinigungsmittel nicht kontaminieren
- Auf Mindestabdunstzeiten achten
- Nach wässriger Reinigung sehr gut spülen und trocknen. Auf kapillar gebundenes Wasser achten
- Wirksamkeit des Reinigungsprozesses kontrollieren (optisch, Oberflächenspannung)
- Handlungsanweisung, wenn Oberfläche nicht sauber wird
- beim Beizen Bäder kontrollieren, Beizergebnis überprüfen und sehr gut spülen, damit keine Reste der Beize verbleiben

[3] Vorzugsweise mit kommerziellen Spezialreinigern.

- Gebeizte Fügeteile möglichst rasch (im spezifizierten Zeitfenster) weiter verarbeiten
- Lagerung behandelter Teile möglichst kurz und kontrolliert
- Reproduzierbare Ergebnisse anstreben.

6.4 Primer – wenig geliebt, noch immer verwendet

Primer (Grundierungen, Haftvermittler) sind dünnflüssige Lösungen meist chemisch reaktiver Substanzen in organischen Lösemitteln. Sie dienen dazu, die Verbindung Fügeteiloberfläche-Klebstoff zu stabilisieren, zu verbessern oder in manchen Fällen überhaupt erst zu ermöglichen. Im Wesentlichen existieren die folgenden Arten von Primern:

- Filmbildende Primer, pigmentiert oder klar
- Nicht filmbildende Primer
- Haftreiniger (Waschprimer, Aktivatoren).

Die Aufgaben eines Primers sind vielfältig:

- Chemische Veränderung der zu verklebenden Oberfläche als „Brückenschlag“ zwischen Substrat und Dichtstoff
- Mechanische Stabilisierung der Oberfläche durch Ausfüllen von Poren, Binden loser Teilchen und Verstärkung schwächerer Stellen
- Schutz der Oberfläche vor Feuchtigkeit, Beschädigung und Verschmutzung
- UV-Schutz bei Schwarzprimern
- Benetzung der Oberfläche (besser als durch Klebstoff)
- Reduktion des Kapillardrucks von Wasser durch Porenverschluss
- Unterdrückung von Korrosion
- Ermöglichen chemischer Bindungen zwischen Klebstoff und Fügeteil.

Filmbildende Primer erzeugen eine Art Lackschicht auf dem Werkstück. Sie reagieren schnell mit Luftfeuchte unter Filmbildung und sind nach dem Verdunsten der Lösemittel und Ablauf der chemischen Reaktion für eine gewisse Zeit aktiv. In Abb. 6.13 ist schematisch das Geschehen beim Auftrag eines filmbildenden Primers aufgezeigt. Innerhalb der Zeit, in der der entstandene Film aktiv ist, und die je nach Primertyp ganz unterschiedlich lang sein kann (Minuten bis Tage und Monate), muss der Klebstoff aufgebracht werden. Ansonsten ergibt sich keine optimale chemische Verbindung zwischen Primer und Klebstoff. Wird der Klebstoff zu früh

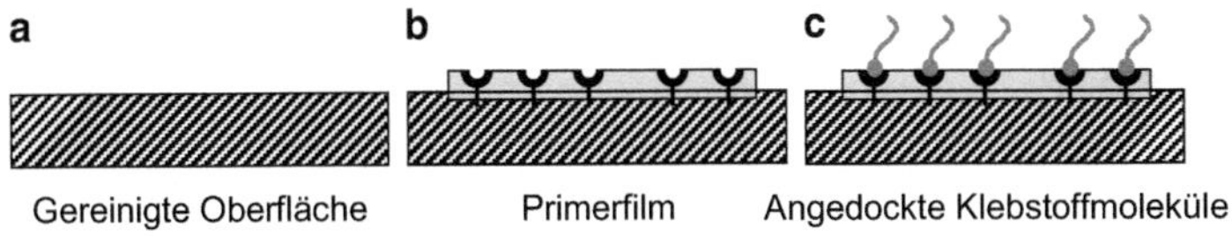

Abb. 6.13 Filmbildender Primer; **a** Gereinigte Oberfläche, **b** Primerfilm mit reaktiven Gruppen, c: chemisch angedockter Klebstoff

appliziert, kann er auf dem noch nicht vollständig verdunsteten Lösemittel „wegschwimmen" oder der Primer ist noch nicht genügend aktiviert (vorvernetzt). Wird er dagegen zu spät aufgetragen, ist die chemische Aktivität des Primers nicht mehr optimal, d. h. dann ist die Vernetzungsreaktion im Primer schon zu weit fortgeschritten. Die verwertbare aktive Zeit eines Primers ist stark von den klimatischen Verhältnissen abhängig: Hohe Temperatur und hohe Luftfeuchte verkürzen sie, tiefe Temperatur und geringe Luftfeuchte verlängern sie.

Schwarzprimer sind filmbildende Primer, die Rußpigmente enthalten. Erstere werden oft zur Primerung von Autoglas eingesetzt, um den Zutritt schädlicher UV-Strahlung auf die Grenzfläche von Glas bzw. Keramiksiebdruck zum Klebstoff zu verhindern. Zudem können sie, wenn sie geometrisch einwandfrei aufgebracht wurden, den Klebstoff abdecken und zu optisch ansprechenden Grenzlinien führen. Vor Gebrauch eines Schwarzprimers ist das meist abgesetzte Pigment sorgfältig aufzurühren bzw. aufzuschütteln. Die im Primerfläschchen befindliche Kugel muss beim Schütteln vernehmlich klappern.

Die Chemie der Primer wird von drei Gruppen dominiert: *Silanprimer*: Meist chemisch und mit der Luftfeuchte reaktive Gemische von Silanen in Lösemittel. Silane reagieren chemisch sowohl mit dem Untergrund als auch mit dem auf die Primerschicht aufgebrachten Klebstoff; sie bilden sehr stabile Verbindungen zwischen den Schichten. Gelegentlich sind diese gegenüber heißer Feuchtigkeit etwas empfindlich (Gefahr durch Hydrolyse, d. h. Bindungslösung durch Wasser). Silanprimer werden, wenn nötig, bei Verklebungen mit Silikonen oder Silan-Hybridklebstoffen verwendet.

Isocyanatprimer: Lösungen, oft komplex aufgebauter, hochreaktiver Isocyanate, die zur Filmbildung fähig sind. Diese reagieren mit den Hydroxylgruppen, die sich auf den meisten Substraten befinden und bilden sehr stabile chemische Verbindungen aus. Isocyanatprimer werden vorwiegend in Kombination mit Polyurethanklebstoffen eingesetzt.

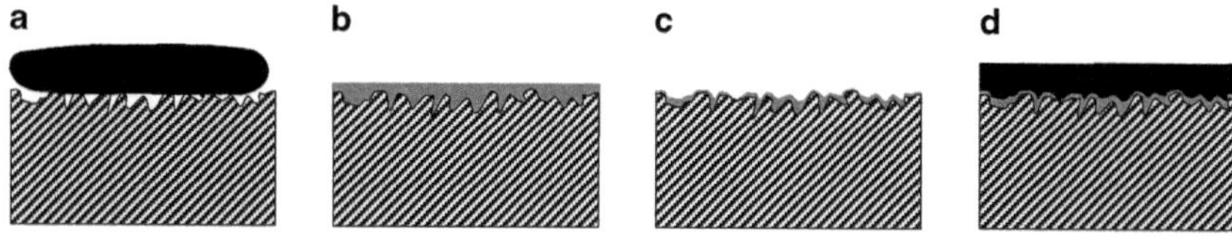

Abb. 6.14 Auftrag eines filmbildenden Primers

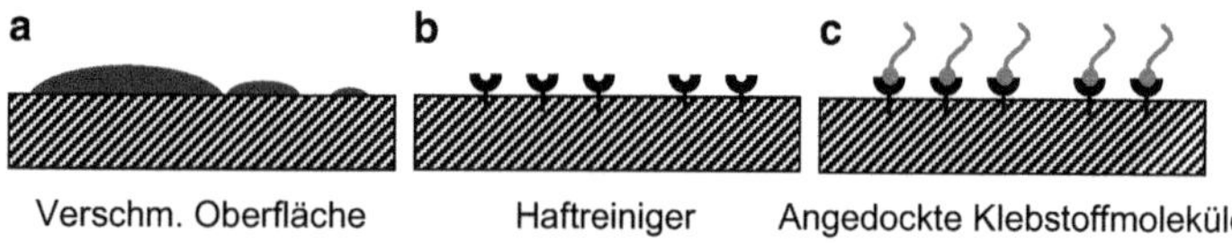

Abb. 6.15 Reinigung und Aktivierung einer verschmutzten Oberfläche (**a**) mit Haftreiniger (**b**); Angedockte Klebstoffmoleküle (**c**)

Kombiprimer: Sie basieren auf filmbildenden Isocyanaten, denen aber zur Verbesserung der Haftung noch Silane zugesetzt werden. Derartige Primer werden auf Glas, Metallen und glasfasergefüllten Kunststoffen mit Erfolg eingesetzt.

Die Oberflächenwirkung eines filmbildenden Primers ist vielfach: Beim Auftrag des dünnflüssigen Primers erfolgt eine teilweise Ausfüllung von Poren, Lunkern oder ein Tragfähigmachen von verbliebenen losen Teilchen. Wie in Abb. 6.14 dargestellt ist, können unter einem hochviskosen Klebstoff ohne Primerung durchaus noch Mikrokanäle oder luftgefüllte Poren verbleiben (a), die möglicher Korrosion bei Wasserzutritt Vorschub leisten können oder schlichtweg die tatsächliche Kontaktfläche vermindern. Nach dem Primerauftrag (b), der zu praktisch vollständiger Benetzung der Fläche führt und Ablüften (c) kann ein elastischer Klebstoff nahezu porenfrei auf die nunmehr egalisierte Fläche aufgetragen werden (d).

Haftreiniger (auch Aktivatoren, active cleaner oder active wipe genannt): Hier handelt es sich meist um hoch verdünnte Lösungen chemisch aktiver Komplexverbindungen, die bereits in dünnsten Schichten – idealerweise nur eine Molekülllage dick – eine oft erstaunliche Haftwirkung entfalten. Aktivatoren werden beim Reinigen des Werkstücks dünn mit einem Tuch aufgetragen, es soll nicht mehr nachgewischt werden. Die Reinigung und Aktivierung der Oberfläche erfolgt *in einem Schritt* (Abb. 6.15). Nur die Haftflächen behandeln. Haftreiniger werden auf Kunststoffen, Lacken und Metallen eingesetzt.

Der Auftrag eines Primers, sofern er nicht maschinell per Roboter geschieht, erfordert eine gehörige Portion manuelles Geschick was Dosierung und Linienführung anbelangt. Primer müssen *sparsam* appliziert werden nach dem Motto: „So viel wie nötig – so wenig wie möglich." Zu dick aufgetragene filmbildende Primer trocknen äußerst langsam und erbringen nicht die Soll-Tragfähigkeit. Wenn irrtümlich eine zu dicke Primerschicht aufgetragen wurde, muss sie nach Trocknung mechanisch entfernt werden und man muss – mit geringerem Materialauftrag – nachprimern.

Vor dem Beginn des Primerauftrags sind generell diese Punkte zu beachten:

- Rechtzeitiges Akklimatisieren im originalverschlossenen Behältnis
- Identität und Ablaufdatum prüfen
- Sichtprüfung auf Unversehrtheit des Behälters, insbes. des Verschlusses
- Datum der Erstöffnung notieren (nur, wenn der Primer nicht für einmalige Verwendung vorgesehen ist)
- Chargennummer notieren
- Wenn gefordert, Primer aufschütteln
- Behälter nur möglichst kurz öffnen (wenn sich bereits eine Haut gebildet hat oder ein transparenter Primer trüb geworden ist: Produkt *verwerfen*).

▶ **Praxistipp** *Primerauftrag*:

- Fügeteile reinigen
- Schwarzprimer müssen aufgeschüttelt werden
- Richtiger Primer auf richtiges Fügeteil
- Primerflaschen nach Gebrauch sofort verschließen
- Nur mit sauberem Auftragswerkzeug arbeiten (*ungebrauchte* Applikatoren)
- Primer in kleines Arbeitsgefäß gießen[4], Primervorratsflasche wieder verschließen
- Beim evtl. Umfüllen in Arbeitsgefäße nur in geeignete und zugelassene Behälter füllen
- Dafür sorgen, dass die verwendeten Arbeitsgefäße vollkommen sauber (neu!) und trocken sind
- Primer dünn mit Filzapplikator, Pinsel, Schwamm auftragen (geschlossener Film)
- Applikatoren nicht in Primervorratsflaschen eintauchen
- Geprimerte Flächen müssen mit zukünftigen Klebflächen übereinstimmen
- Keine zu primernden Stellen vergessen

- Überschüssigen Primer sofort entfernen (mit zugelassenem Reinigungsbenzin)
- Ablüftzeit des Primers vor dem Verkleben beachten (verlängert sich bei niedrigen Temperaturen)
- Klebstoff auftragen
- Fügen
- Übrig gebliebenen Primer im Arbeitsgefäß nie in die Vorratsflasche zurückgießen
- Primerreste sachgerecht entsorgen.

Manche der beschriebenen Primer werden auch schon durch kleine Mengen an Isopropanol (auch Wasser), das oft als Reiniger verwendet wird, zerstört. Daher dürfen benutzte Arbeitsgefäße niemals gereinigt und aus falschem Kostenbewusstsein wieder verwendet werden. Sie müssen nach Gebrauch entsorgt werden. Alle Primer sind chemisch hochreaktiv und reagieren auf störende Fremdsubstanzen durch Verlust ihrer Wirkung. Primer und Haftreiniger sind keine Korrosionsschutzanstriche, auch wenn sie nebenbei eine gewisse temporäre Korrosionsschutzwirkung zeigen.

▸ **Praxistipp** Unbedingt darauf achten, dass Primer und Klebstoff vom selben Hersteller stammen. Niemals die Produkte verschiedener Hersteller in einer Klebanwendung einsetzen, wenn nicht sichergestellt ist (Freigabe), dass diese miteinander verträglich sind und ein funktionierendes System ergeben.

Ein Lehrbeispiel für die Verwendung von Primern ist die Einglasung von Automobilscheiben. Hierfür steht eine ganze Reihe unterschiedlicher, hoch spezialisierter Primer zur Verfügung:

- Transparente Glasprimer für UV-undurchlässiges Glas
- Schwarzprimer (als UV-Schutz für Glas, als optische Kontrolle beim Lack)
- Langzeitaktive Primer (Primerung beim Glashersteller oder Teilezulieferer)
- RIM[5]/PVC-Ummantelungsprimer
- Primer für Polycarbonatscheiben.

---

[4] Ausnahme: In gebrauchsfertigen Sets, bei denen der Primer bei der Applikation vollständig verbraucht wird, muss der Primer nicht umgefüllt werden.
[5] RIM: Reaction Injection Moulding, Reaktionsspritzgießen.

Der Auftrag eines Primers ist in vielen Fällen nötig, aber mit seinen Kosten und all seinen Fehlermöglichkeiten sicherlich nicht generell erstrebenswert. Einerseits gibt die Verwendung von Glas- und Lackprimern, z. B. bei der Direkteinglasung von Automobilscheiben, eine erhebliche Sicherheit, dass die Scheibe hält und dicht ist. Andererseits bieten primerlos arbeitende Scheibenverglasungssysteme deutliche Prozess- und Kostenvorteile. Von den Klebstoffherstellern werden für diese spezielle Anwendung auch primerlos auf Lack und/oder Glas arbeitende Produkte angeboten. Die Verwender in der Automobilindustrie sind zweigeteilt: Die meisten Hersteller gehen auf Nummer sicher und benutzen weiterhin Glasprimer. Einige verzichten auf den Lackprimer und noch weniger auch auf den Glasprimer – ohne dass beiden Fällen bisher systematische Versagensfälle bekannt geworden wären.

▸ **Achtung!** Alle beschriebenen Primer enthalten organische Lösemittel. Bei ihrer Verwendung ist immer auf ausreichende Be- und Entlüftung zu achten. In vollkommen abgeschlossenen, kleinen Räumen dürfen sie nicht in größeren Mengen verwendet werden, um Explosionsgefahr bei Funkenbildung oder mit offenen Flammen zu vermeiden. – Hautkontakt mit flüssigem Primer ist wegen der reaktiven Inhaltsstoffe stets zu vermeiden.

6.5 Verarbeitung von elastischen Klebstoffen

Die konkrete Verarbeitung von Klebstoffen ist sicherlich einer der Höhepunkte im Fertigungssystem Kleben und ein entscheidender Schritt des Fügens.

▸ **Achtung!** Vor Beginn der Verarbeitung ist es erforderlich, sich anhand der Sicherheitsdatenblätter über Vorsichtsmaßnahmen und Sicherheitsratschläge zu informieren. Auch bei *nicht* kennzeichnungspflichtigen Produkten sind die bei chemischen Erzeugnissen üblichen Vorsichtsmaßnahmen zu beachten.

Damit die Verarbeitung des Klebstoffs unter einem guten Vorzeichen steht, ist es notwendig, einen speziellen Arbeitsplatz zum Verkleben einzurichten. Der hier zu betreibende Aufwand wird sicherlich je nach Aufgabenstellung und Sicherheitsanforderungen der Verklebung variieren: Die Verklebung einer Scheibe in einer Automobilwerkstatt wird definitiv unter anderen Voraussetzungen ablaufen als eine tragende Verklebung im Flugzeugbau. Trotzdem zeigen beide Klebarbeitsplätze gewisse Gemeinsamkeiten.

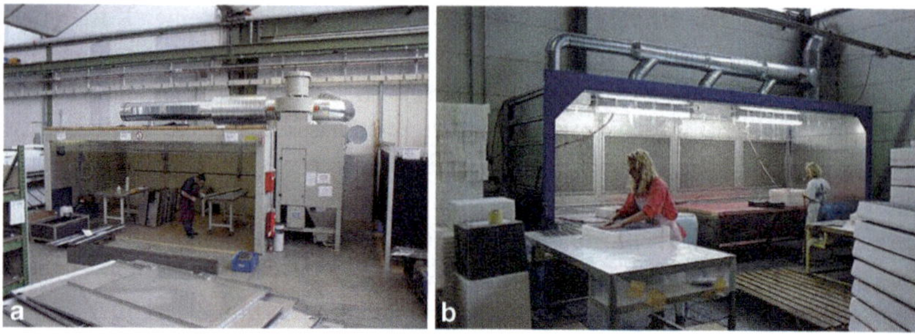

Abb. 6.16 Beispiele für Klebarbeitsplätze in Werkshallen (Fotos: Gimpel Lta.)

6.5.1 Klebarbeitsplatz

Wird bei einer Fertigung mehr als nur gelegentlich eine unbedeutende Hilfsklebung durchgeführt, muss dafür ein eigener Arbeitsplatz eingerichtet werden (Abb. 6.16). Er sollte folgende Voraussetzungen erfüllen:

- Klare Kennzeichnung als Klebarbeitsplatz
- Unterlagen und Vorschriften liegen bereit
- Funktionierende Sicherheitseinrichtungen sind vorhanden
- Persönliche Schutzausrüstung der Werker ist vorhanden und wird benutzt
- Räumliche Trennung von anderen Arbeitsschritten wie Reinigen, Schleifen, Schweißen (Staub und Rauch!) oder Lackieren
- Sauber und aufgeräumt (fest zugeteilte Plätze für Klebstoffe und Hilfsmittel)
- Gute Lichtverhältnisse
- Belüftung/Absaugung (keine Zugluft)
- Raumtemperatur mindestens +15 °C, idealerweise +23 °C / 50 % r. Lf., Klimatisierung wenn erforderlich
- bei 1 K-Klebstoffen auf ausreichend Luftfeuchtigkeit achten, besonders im Winter (Hygrometer)
- Geeignete und funktionierende Verarbeitungsgeräte
- Hilfswerkzeuge stehen bereit
- Silikon-, Wachs- oder Trennsprays sind verboten
- Essen, Trinken, Rauchen sind verboten
- Lösemittel zum Reinigen von Geräten
- Saubere Geräte/Gefäße etc.
- Geeignete Fixierung der Substrate

- Keine Erschütterung während der Aushärtung
- Vorsorge für Notfälle (Verletzungen, Verschütten, Feuer).

> **Achtung!** Beim Kleben muss ein absolutes Silikonöl-Verbot herrschen! Auch die gleichzeitige Verarbeitung von Silikon-Klebstoffen [wenn mit Nichtsilikonklebstoffen gearbeitet wird, Anm. des Autors] muss verboten sein, da diese Klebstoffe Silikonöle enthalten, die sich auf dem Bauteil niederschlagen können (Merkblatt DVS 2520).

Ein idealer Arbeitsplatz für Klebarbeiten in größerem Stil, beispielsweise bei der Herstellung von Eisenbahnwaggons, könnte eine eigene Halle sein, die voll klimatisiert ist und mit gefilterter Zuluft belüftet wird und in der nur geklebt wird. Der Zugang ist ausschließlich durch Schleusen möglich, um das Hallenklima möglichst konstant zu lassen. Endmontage und Ausbau finden dann in einer weiteren klimatisierten Halle statt.

> **Praxistipp** Bei kalten Umgebungsbedingungen (auch in Werkshallen) sollten die einzusetzenden Kleb- und Dichtstoffe mindestens 24 h bei Raumtemperatur oder leicht erhöhter Temperatur vorkonditioniert werden, um sowohl leichtere Verarbeitbarkeit als auch gutes Benetzungsverhalten zu gewährleisten. Die Produkte dürfen nicht unterhalb der vom Hersteller angegebenen Mindestverarbeitungstemperatur verwendet werden.

Vorbereitung des Klebarbeitsplatzes und der Arbeitsmittel:

- *Entölte* Pressluft zum Entstauben
- Reinigungspapier, Reinigungsvlies – keine Putzlappen
- Neue Pinsel
- Funktionsfähige Klebstoffverarbeitungsgeräte
- Messer für Düsenzuschnitt, Dorn zum Öffnen von Kartuschen
- Fixierklemmen, Spannvorrichtungen, Lehren
- Glättwerkzeuge
- Spachtel zum Entfernen von überschüssigem Klebstoff
- Reiniger.

Folgende *Unterlagen* sollten am Klebarbeitsplatz vorhanden sein:

- Arbeitsplatzbeschreibung
- Aktuelle (!) Arbeitsanweisungen (betriebliche Voraussetzungen, nötige Kleb- und Hilfsstoffe, spezielle Vorrichtungen)
- Prozessanweisungen
- Verfahrensanweisungen
- Betriebsanweisungen
- Technische Datenblätter
- Sicherheitsdatenblätter
- Klebprotokoll.

Das während des Klebens zu erstellende *Klebprotokoll* ist ein wichtiges, qualitätsrelevantes Dokument. In ihm sind nachvollziehbar und beweiskräftig die einzelnen Schritte des Klebvorgangs zu protokollieren:

- Oberflächen(vor-)behandlung
- Chargennummer und Mindesthaltbarkeit bzw. Verfallsdatum des Klebstoffs
- Identifikation der Fügeteile
- Verarbeitungs- und Härtungsparameter (Luftfeuchtigkeit, Temperatur, Ablüftzeiten, Reihenfolgen, Besonderheiten, Abweichungen, Probleme)
- Fertigungsbegleitende Prüfergebnisse (Schnellprüfungen)
- Identifikation der klebenden Person
- Klebdatum, Prüfdatum
- Fertigungsort.

▸ **Info** *Klebarbeitsplatz und Klebbedingungen*:

- Klebarbeitsplatz kennzeichnen, abtrennen und vor Unbefugten schützen
- Vorgaben von Solltemperaturen und -luftfeuchtigkeiten (Messgeräte vorhalten und regelmäßig auf Funktion prüfen. Messprotokoll!)
- Zugluft ausschließen
- Keine Silikone, Stäube und Aerosole am oder beim Klebarbeitsplatz dulden
- Gute Beleuchtung des Arbeitsplatzes sicherstellen
- Notfallplan machen, wenn gewisse Verarbeitungsbedingungen nicht eingehalten werden können (Temperatur, Luftfeuchtigkeit)

6.5.2 Verarbeitung/Geräte

Die Verarbeitung von elastischen Klebstoffen erfolgt in der Praxis im Wesentlichen auf drei Arten:

- *Manuell*, aus Kartuschenpistolen, betrieben durch Muskelkraft, Druckluft oder (selten) durch Akkus. Beispiel: Applikation von Klebstoffen im Wohnwagen- oder Busbau
- *Maschinell*, mit 1 K- oder 2 K-Dosierautomaten, gespeist durch Hobbock- oder Fassanlagen. Beispiel: Herstellung von Isolierglaseinheiten
- *Roboterisiert*, mit 1 K- oder 2 K-Dosierautomaten, gespeist durch Hobbock- oder Fassanlagen. Beispiel: Einglasung von PKW-Scheiben im Automobilherstellerwerk.

Die Verarbeitung von elastischen Klebstoffen geschieht am einfachsten mit Kartuschenpistolen. In Abb. 6.17 sind einige gängige Modelle von Auftragspistolen gezeigt. Während sich eine offene Halbschalenpistole nur für gelegentliche Arbeiten mit niedrigviskosen Klebstoffen empfiehlt, kann mit einer mechanisch übersetzten, geschlossenen Pistole auch länger ermüdungsfrei gearbeitet werden. Mit einer druckluftbetätigten Auftragspistole für Kartuschen oder einer für Schlauchbeutel (Folienbeutel) können auch höher- bzw. hochviskose Materialien bequem verarbeitet werden. Bei der Verwendung von Schlauchbeuteln fallen nur wenige zu entsorgende Abfälle an. Die Auswahl der Pistole richtet sich auch nach der Länge der Klebnaht und der Häufigkeit des Gebrauchs. Akkubetriebene Pistolen ermöglichen kraftsparende, ortsunabhängige Verarbeitung. Je mehr Laufmeter geklebt werden sollen, umso größer sollten auch die verwendeten Vorratsgebinde sein, um die Zahl der Gebindewechsel zu minimieren. Jeder Gebindewechsel ist mit Aufwand und Stillstandszeiten verbunden. Werden solche Wechsel (bei Hobbocks und Fässern) unsachgemäß durchgeführt, können Luftblasen im Klebstoff eingeschlossen werden; bei zu langsamem Arbeiten können sich zudem Hautfetzen bilden.

Die Vorratsgebinde für elastische Klebstoffe müssen luft(feuchte)dicht verschlossen sein und lassen sich folgendermaßen einteilen:

- *Düsenkartusche* (meist aus Aluminium, gelegentlich aus aluminisierter Pappe (z. B. USA, Japan)). Die in Deutschland vertriebenen Düsenkartuschen enthalten meist zwischen 280 und 310 ml Produkt. Bei zweikomponentigen 1:1 Systemen kommen auch Düsenkartuschen mit je 150 ml Inhalt zum Einsatz.
- *Schlauchbeutel* (aus aluminisierte Mehrlagenfolie). Der Inhalt liegt üblicherweise zwischen 310 und 600 ml.

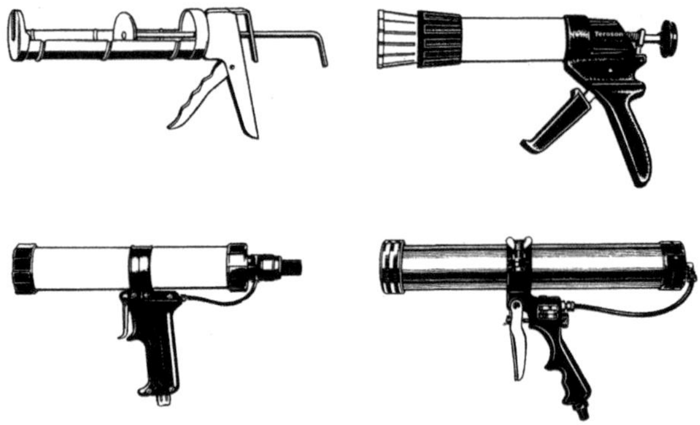

Abb. 6.17 Einige gängige Auftragspistolen. *oben*: offene Halbschalenpistole und manuelle Hülsenpistole, *unten*: druckluftbetätigte Pistolen für Kartuschen (*links*) und Schlauchbeutel (*rechts*)

- *Hobbock* (kleines Stahl- oder Kunststofffass) mit Inhalten zwischen 20 und 30 l. Für elastische Klebstoffe verwendet man meist einen Hobbock mit Innensack aus aluminisierter Mehrlagenfolie.
- *Fass* mit Standardinhalt von 200 l. Verwendung üblicherweise mit Innensack in halb- oder vollautomatischen Anlagen.

▸ **Praxistipp** Die Aluminiumkartuschen mancher Hersteller enthalten an ihrem hinteren Ende oft ein Trockenmittel, um Anhärtungen und Kolbenkippern bei der Druckluftverarbeitung vorzubeugen. Die Trockenmittelkügelchen nach dem Anstechen oder Entfernen des Deckels sofort in einen *trockenen* Abfallbehälter (sonst: alkalische Reaktion mit Wasser) geben. Sie sollen möglichst nicht auf den Boden fallen: Rutschgefahr!

Will man zur Beschleunigung eines 1 K-Systems eine wasserhaltige Beschleunigerpaste zumischen (oder bei einem 2 K-System die Härterkomponente), werden hauptsächlich Statikmischer verwendet. Sie bestehen aus einem Mischrohr und darin abwechselnd rechts- und linksdrehende Mischelemente, die die beiden zugeführten Stoffströme in immer feinere, nebeneinander liegende Schichten aufteilen, d. h. mischen (Abb. 6.18). Es sind Mischungsverhältnisse von 1:1 über 100:10 bis 100:3 möglich. Die Viskositäten der beiden zu mischenden Komponenten sollten

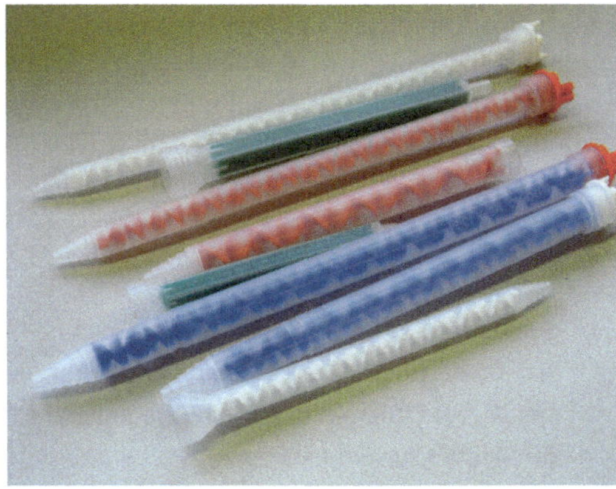

Abb. 6.18 Verschiedene Statikmischer aus Kunststoff (Foto: M. Pröbster)

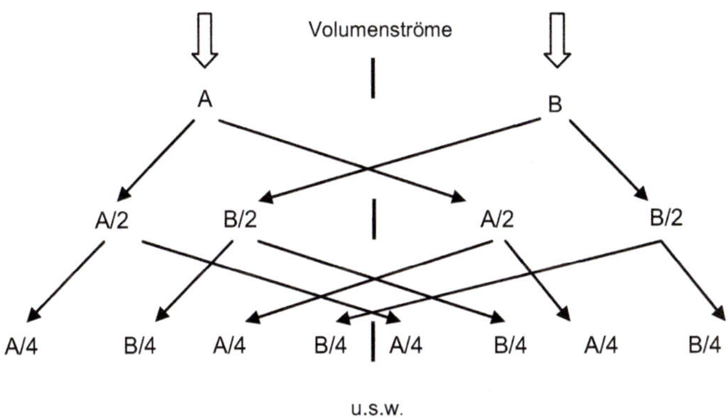

Abb. 6.19 Schematische Darstellung der Vermischung der Volumenströme in einem Statikmischer

möglichst niedrig und ähnlich sein. Die Zahl der Schichten (= Mischvorgänge) berechnet sich nach 2^n, wobei n die Zahl der Mischelemente ist (Abb. 6.19):

$$2^5 = 2 \cdot 2 \cdot 2 \cdot 2 \cdot 2 = 32$$

$$2^{10} = 2 \cdot 2 \cdot 2 \cdot 2 \cdot 2 \cdot 2 \cdot 2 \cdot 2 \cdot 2 \cdot 2 = 1024$$

$$2^{18} = 262.144\ .$$

Die Zahl der Mischelemente bestimmt also die Güte der Mischung. Abhängig vom jeweiligen Produkt benötigt man eine unterschiedliche Zahl von Mischelementen, um eine vollständige Durchmischung zu erhalten. Allerdings setzt die Viskosität der zugeführten Komponenten eine Obergrenze der möglichen Mischelemente, von denen jedes einzelne für einen Druckverlust sorgt und so zu einer Verringerung der Ausstoßmenge pro Zeit führt. Die 2 K-Sets der Hersteller enthalten üblicherweise die passenden und für die Produkte optimalen Mischelemente. Die Verwendung eines anderen als des vorgesehenen Statikmischers ist nicht zu empfehlen.

▸ **Praxistipp** Bei Statikmischern sollte innerhalb der Topfzeit mindestens das dreifache Mischervolumen verarbeitet werden, um Probleme bei der Austragsmenge durch eine beginnende Anhärtung (Vernetzung) im Mischer zu vermeiden.

Neben der Verwendung von Statikmischern, wozu man spezielle 2 K-Pistolen benötigt, existieren auch Aufsätze für die normalen Kartuschen, mit denen eine Beschleunigerkomponente zu einem 1 K-Klebstoff hinzudosiert werden kann (Abb. 6.20). Der Vorteil hierbei ist, dass mit den gewohnten 1 K-Auftragsgeräten gearbeitet und kurzfristig entschieden werden kann, ob eine beschleunigte Aushärtung vonnöten ist oder nicht. Wie stark sich der Festigkeitsaufbau als Funktion der Zeit einer beschleunigten von einer nicht beschleunigten Variante unterscheidet, ist in Abb. 6.21 dargestellt.

Sind die zu verarbeitenden Klebstoffmengen größer, was man am ehesten an häufig erfolgenden Kartuschenwechseln bei ein- und derselben Klebapplikation feststellen kann, sollte man die Investition in eine manuell zu bedienende Hobbockanlage in Erwägung ziehen. Eine einfache 1 K-Hobbockanlage besteht aus einer hydraulisch betätigten Fördereinrichtung für den Klebstoff, einer Pumpe, einer Dosierung mit Steuerung, sowie einem Schlauch, der zum (verschließbaren) Auftragskopf samt Düse führt. Leider gibt es im Markt unterschiedliche Hobbocks, sodass auf den Durchmesser der Folgeplatte geachtet werden muss. Mit relativ wenig zusätzlichem technischem Aufwand lässt sich auch eine Beschleunigerpaste im Verhältnis von ca. 50:1 zudosieren. Dies eröffnet den Zugang zur Pseudo-2 K-Technologie (Abb. 6.22). Die Dosiergenauigkeit bei derartigen Anlagen liegt, was man auch an den moderaten Investitionskosten erkennen kann, nicht im Bereich von klassischen 2 K-Anlagen. Sie reicht aber völlig aus, um zu einer befriedigend reproduzierbaren Aushärtebeschleunigung zu kommen.

„Echte" 2 K-Anlagen (Abb. 6.23) mit ihren ausgeklügelten Dosiersystemen lassen sich gut in bestehende Prozesse integrieren, denn sie können über speicherprogrammierbare Steuerungen (SPS) angesteuert werden und damit in (teil)automatische Produktionslinien integriert werden. Derartige 2 K-Anlagen sind erhältlich

Abb. 6.20 Beschleunigungsaufsatz für Düsenkartuschen (Foto: Henkel AG & Co. KGaA)

als Hobbock-Hobbock-, Fass-Hobbock- und Fass-Fass Kombinationen. Die Ausstoßmengen betragen, abhängig von Viskosität und Temperatur des geförderten Klebstoffs, ca. 1–3 l/min.

Die für einen (voll-) automatisierten Klebprozess erforderliche Anlagentechnik setzt sich im Allgemeinen aus mehreren Modulen zusammen: einer Handhabungseinrichtung für die Fügeteile, einer Bereitstellungs-, Förder- und Dosieranlage für den Klebstoff, einer Klebstoffapplikationsvorrichtung, sowie den Systemen zur Prozess- und Parameterüberwachung und Datenaufzeichnung. Die Vorteile des automatisierten Auftrags lassen sich wie folgt zusammenfassen:

- Exakte Vorgabe und Überwachung von Prozessparametern
- Formgenauigkeit der Klebstoffraupe
- Lagegenauigkeit der Klebstoffraupe
- Reproduzierbarkeit der Prozesse
- Kontinuierliche Überwachung, Steuerung und Aufzeichnung von Messgrößen
- Höhere Verarbeitungsgeschwindigkeiten und Produktivität.

Um die genannten Vorteile nützen zu können, müssen die Handhabungsgeräte („Roboter“) vielfältige Voraussetzungen erfüllen:

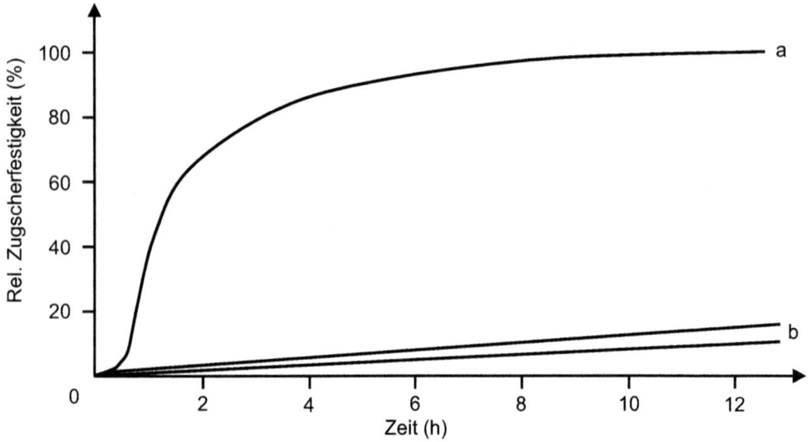

Abb. 6.21 Aufbau der Zugscherfestigkeit eines beschleunigten PU-Klebstoffs für Direktverglasungen (*a*) im Vergleich zu zwei unbeschleunigten 1 K-Produkten (*b*)

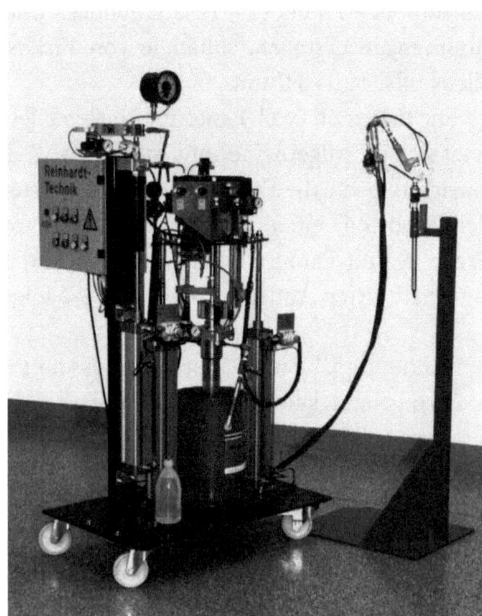

Abb. 6.22 1 K-Anlage, die auch für Pseudo-2 K-Verarbeitung (~ 50:1) geeignet ist (Foto: Henkel KGaA & Co. KG)

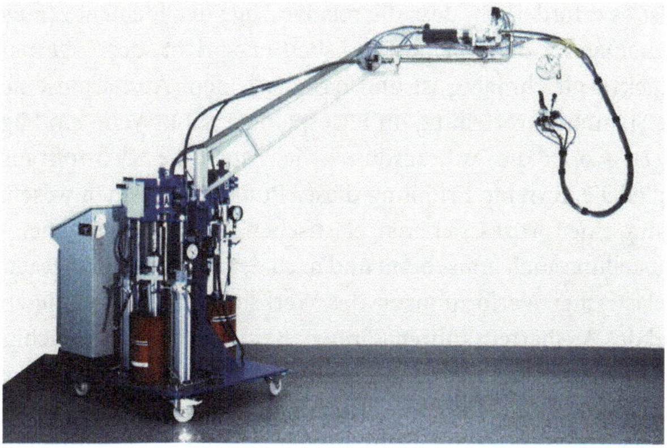

Abb. 6.23 2 K-Hobbockanlage (10:1) mit speicherprogrammierbarer Steuerung (Foto: Henkel KGaA & Co. KG)

Abb. 6.24 Auftragsqualität bei der Roboteranwendung

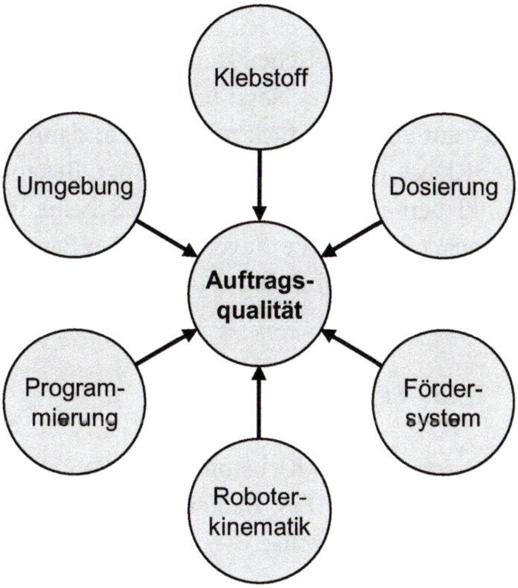

- Hohe Positions- und Bahngenauigkeit
- Aufnahme der anfallenden Prozesskräfte
- Schwingungsarme Ausführung von Bewegungen
- Ausreichende Tragfähigkeit und hohe Eigensteifigkeit
- Gleichmäßiges und dynamisches Beschleunigungsverhalten.

Zudem ist es erforderlich, dass die relative Lage der Elemente (Fügeteile, Auftragsdüse) zueinander den Toleranzvorgaben entspricht, der Fügespalt zwischen den Werkstücken gleichmäßig ist und dass nach dem Aushärten eine möglichst ebenmäßige Spannungsverteilung im Fügespalt herrscht. Wenn ein Fügeteil falsch positioniert ist – oder die Auftragsdüse – liegt auch die Klebstoffraupe an einer falschen Stelle. Die korrekte Erfüllung dieser Punkte trägt einen wesentlichen Teil zur Ausbildung einer prozesssicheren, elastischen Klebverbindung bei. Wie bei der Bauteilbereitstellung auch, muss beim und nach dem Fügen darauf geachtet werden, dass keine elastischen Verformungen des Werkstücks auftreten, die zu Spannungen während des Aushärtens führen können. Beim Greifen eines flächigen Bauteils durch einen Roboter kann auch die Erdschwerkraft zu Verformungen führen, die ggf. in der Klebung „eingefroren“ werden. Die Auftragsqualität einer Klebraupe hängt von vielen Parametern ab, deren wichtigste in Abb. 6.24 aufgeführt sind.

6.5.3 Nass- und Trockenfügen

Beim elastischen Kleben kann man zwei grundlegend verschiedene Fügemethoden unterscheiden: Das Nass- und das Trockenfügen. Beim *Nassfügen* wird der Klebstoff auf ein Werkstück aufgetragen; dann wird das zweite Werkstück – solange der Klebstoff noch „nass“ ist – gefügt. Bekanntestes Beispiel fürs Nassfügen ist das Einkleben einer PKW-Windschutzscheibe in eine Karosserie. Beim *Trockenfügen* hingegen werden die zu verklebenden Bauteile erst gefügt (positioniert) und dann wird der Klebstoff in den entstandenen Fügespalt eingespritzt. Beispiel: Herstellung von Isolierglas.

▸ **Info** *Nass- und Trockenfügen*

- Nassfügen: Erst Klebstoff auf ein Bauteil, dann fügen
- Trockenfügen: Erst Bauteile positionieren, dann Klebstoff in den entstandenen Fügespalt spritzen.

Der Auftrag des elastischen Klebstoffs bei der *Nassfügemethode* soll möglichst als Dreiecksraupe erfolgen (Abb. 6.25). Dies hat mehrere Vorteile:

- Gutes Anfließen der Raupe beim Auftragen auf den Untergrund durch den Spritzdruck der Dreiecksdüse
- Je höher das spitze Dreieck der Raupe ist, desto größere Toleranzen können überbrückt werden, sofern die Standfestigkeit des verwendeten Klebstoffs ausreicht

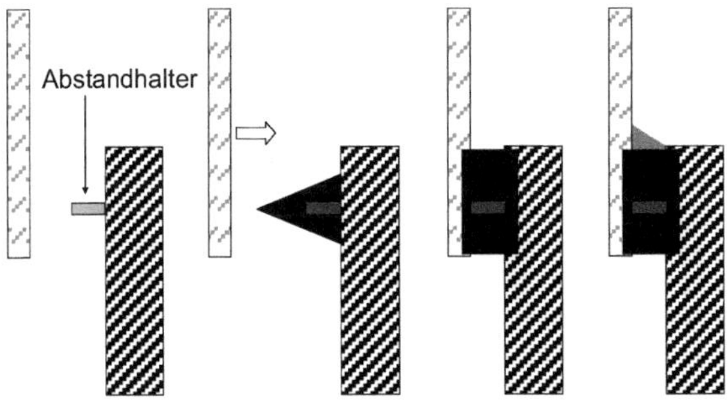

Abb. 6.25 Vereinfachte Darstellung des Nassfügens bei einer Scheibenverklebung mit Abstandhalter

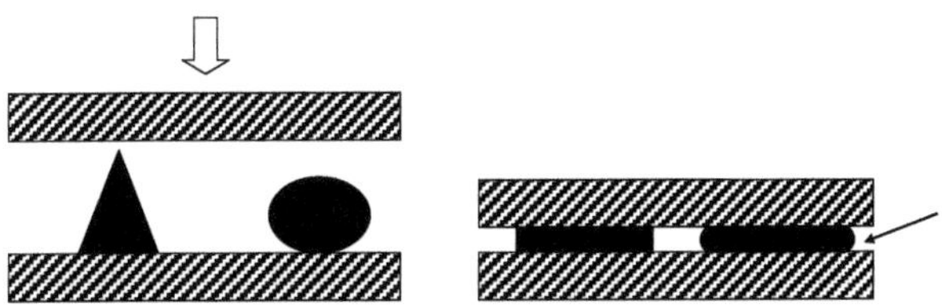

Abb. 6.26 Verpressung von Dreiecks- und Rundraupen ergibt unterschiedlich geformte Klebstoffschichten. *Pfeil*: Ungünstige Geometrie

- Beim Fügen des zweiten Bauteils verpresst sich idealerweise die Raupe vom Dreieck zum Rechteck mit gut ausgeprägten seitlichen Flanken
- Optimierung des Klebstoffverbrauchs, wenig Nacharbeit
- Durch das Verquetschen der Dreiecksraupe ergibt sich ein ausreichender Fügedruck auch am zweiten Substrat.

Vielfach sieht man, wie beim elastischen Kleben mit einer normalen Runddüse gearbeitet wird. Obwohl nach der Verpressung ein scheinbar ähnliches Bild der Fuge entsteht, ergeben sich doch kleine, aber wichtige Unterschiede. Der geringere Fügedruck am zweiten Substrat ergibt eine weniger belastbare Verbindung als bei korrekter Verfahrensweise und die runden Raupenbegrenzungen ermöglichen die Ansammlung von kapillarem Wasser, das möglicherweise an der kritischen Übergangsstelle von Werk- zu Klebstoff schädigende Wirkungen entfalten kann (Abb. 6.26).

Bei korrosionsanfälligen Anwendungen, z. B. im Busbau, geht man dem bekannten Wasserunterwanderungsproblem insofern elegant aus dem Weg, indem die ver-

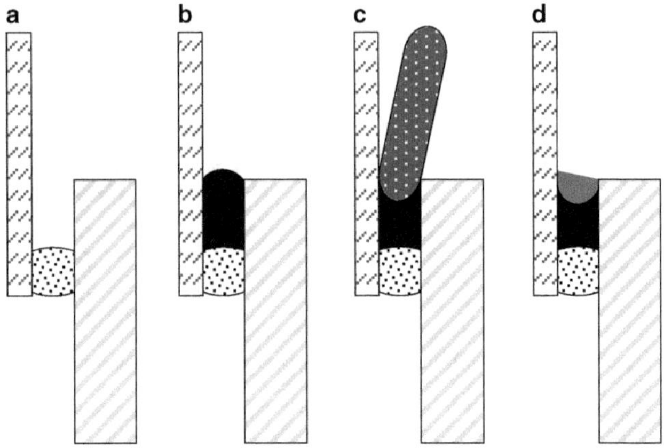

Abb. 6.27 Vereinfachte Darstellung des Trockenfügens; **a** Fügeteile angeordnet und fixiert, **b** elastischer Klebstoff eingespritzt, **c** Abglätten, **d** zusätzlich mit Dichtstoff versiegelt

klebte Konstruktion noch zusätzlich abgedichtet wird. Dadurch werden alle möglichen Kanäle, in denen sich Wasser sammeln kann, „verstopft". Kondenswasser, das in solchen Fahrzeugen immer auftritt, wird durch den entsprechend geformten Dichtstoff von der kritischen Klebefläche ferngehalten (s. Abb. 6.25 ganz rechts).

▸ **Praxistipp** Dreiecksraupen sind beim Nassfügen immer einfachen Rundraupen vorzuziehen, da erstere beim Fügen gleichmäßiger verpresst werden. Bei verpressten Rundraupen können zudem Kanäle entstehen, die sich mit Wasser füllen können.

Beim *Trockenfügen* wird eine durch das Fügen der Bauteile entstandene Klebfuge mit Klebstoff gefüllt (Abb. 6.27). Dies geschieht meistens durch Einspritzen des Klebstoffs mit einer Runddüse. Hierbei muss besonders darauf geachtet werden, dass keine länglichen Hohlräume am Grund der Fuge entstehen. In diesen kann sich über osmotische Effekte Wasser sammeln, was bei entsprechenden Bauteilen (Metall) langfristig zur Korrosion führen kann. Ähnlich wie beim Abdichten mit einem Dichtstoff muss die Oberfläche des Klebstoffs meist noch abgeglättet werden. Hierfür gibt es zwei Gründe: neben dem optischen Aussehen (wenn nicht nachträglich noch abgedichtet wird) muss insbesondere der Klebstoff an die Fugenflanken angedrückt werden, damit sich gute Haftung ergibt. Der Einspritzvorgang des Klebstoffs allein reicht hierfür meist nicht aus, insbesondere bei höherviskosen Klebstoffen.

Die Vorteile des Trockenfügens sind:

- Justierung des Klebespalts kann in Ruhe vorgenommen werden
- Klebespalt ist genau definiert (Geometrie des ausgehärteten Klebstoffs ist festgelegt)
- Überpressen des Klebespalts ist nicht möglich
- Hautbildungszeit und offene Zeit spielen nur untergeordnete Rollen.

▶ **Achtung!** *Zu stark verpresste Klebungen* dürfen keinesfalls wieder aufgeweitet werden, da hierdurch Undichtigkeiten und Schwachstellen entstehen. Notfalls muss die Fehlklebung wieder komplett gelöst werden.

6.5.4 Aus der Praxis – für die Praxis

In diesem Abschnitt finden sich in konzentrierter Weise Tipps und Tricks aus der Praxis, die oftmals weniger bekannt sind und die dem Verarbeiter helfen können, eine Klebaufgabe schneller, sicherer und besser zu erledigen.

Arbeitsanweisungen Arbeitsanweisungen müssen die nachstehenden Merkmale aufweisen, damit sie in der Praxis brauchbar sind:

- sachlich richtig
- vollständig
- aktuell
- verständlich
- so lang wie nötig, so kurz wie möglich.

Es ist erwiesenermaßen keine leichte Aufgabe, die obenstehenden Bedingungen dauerhaft zu erfüllen. Oft erscheinen Änderungsvorschläge, die aus der Praxis kommen, nicht oder nur verspätet in den Arbeitsanweisungen. Auch die (mangelnde) Aktualität der Unterlagen am Arbeitsplatz ist ein immer wiederkehrendes Thema: Es muss sichergestellt sein, dass Neuausgaben der Arbeitsanweisungen tatsächlich am Ort des Geschehens landen und dass überholte Papiere ausgetauscht und vernichtet werden. In manchen Betrieben kann man beobachten, dass Arbeitsanweisungen von Ausgabe zu Ausgabe immer umfangreicher werden. Teilweise werden einfache Arbeitsschritte auf mehreren Seiten beschrieben. Je umfangreicher und unverständlicher eine Arbeitsanweisung ist, umso eher kann davon ausgegangen

Tab. 6.8 Dimensionierung von Klebstoffraupen beim Nassfügen

Auftrag der Raupe: ▲		Nach dem Fügen: ■	
Basis	Höhe	Basis	Klebschichtdicke
4	5	10	1
8	10	20	2
8	10	10	4
10	12	20	3
10	15	15	5

werden, dass sie nicht genau befolgt wird. Die durch das viele Papier abgeschreckten Mitarbeiter tendieren in diesen Fällen dazu, hilfsweise auf alte, auswendig gelernte Arbeitsweisen zurückzugreifen, die bei der Einführung des Klebprozesses intensiv geschult worden waren.

Klebraupendimensionierung und Klebstoffverbrauch Die Dimensionierung der Klebstoffraupen beim Nassfügen richtet sich nach den gewünschten Endmaßen der Klebfuge. Sie lässt sich anhand der Tab. 6.8 grob abschätzen oder über die Querschnittsflächen auch berechnen. Die Genauigkeit, die hierbei erreicht werden soll, beträgt ±1 mm.

Rechenbeispiel

Die Querschnittsgeometrie einer Klebfuge soll $20\,\text{mm} \cdot 5\,\text{mm} = 100\,\text{mm}^2$ betragen. Welche Raupenhöhe ist nötig, wenn die Dreiecksraupe eine Basisbreite von 10 mm hat? Mit $\text{A} = 1/2 \cdot c \cdot h_c$ ergibt sich für eine angenommene Basisbreite der Dreiecksraupe von 10 mm: $100\,\text{mm}^2 = 1/2 \cdot 10\,\text{mm} \cdot h_c$. Auflösen ergibt $h_c = 20\,\text{mm}$. Die gesuchte Raupenhöhe beträgt 20 mm.

Bei der Berechnung ist selbstverständlich auf die Vereinbarkeit der Ergebnisse mit der Praxis zu achten: Die gewünschten Düsen müssen zur Verfügung stehen und (zu) hohe Raupen neigen zum Umkippen oder Abkippen durch die Schwerkraft, wenn sie horizontal aufgebracht werden. Um Kunststoffdüsenspitzen, wie sie auf Kartuschen aufgeschraubt werden, mit einer dreieckigen Austrittsöffnung zu versehen, gibt es Spezialzangen im Markt (Abb. 6.28). Es sind auch vorgefertigte Dreiecksdüsen erhältlich, die nur abgeschnitten werden müssen, um die gewünschte Raupenhöhe zu erhalten (Abb. 6.29). Wenn man sich experimentell an die idealen Raupendimensionen herantasten will, kann man zunächst versuchsweise mit den Standardabmessungen von Dreiecksraupen, 8 mm breit, 10 mm hoch, beginnen. In

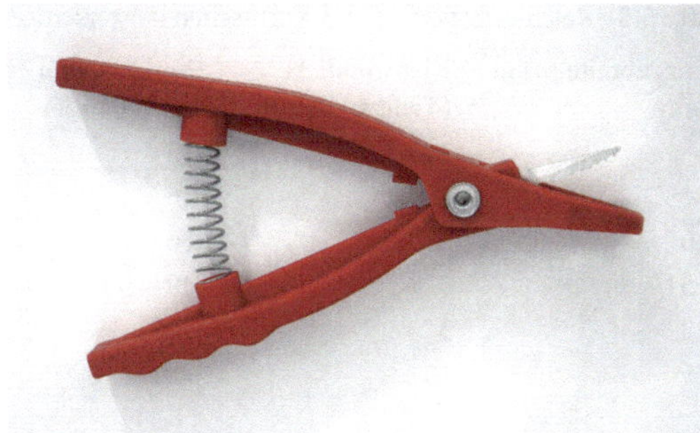

Abb. 6.28 Spezialzange zur Selbstherstellung von Dreiecksdüsen (Foto: Henkel AG & Co. KGaA)

Abb. 6.29 Handelsübliche Dreiecksdüsen (Foto: Henkel AG & Co. KGaA)

der Praxis stellt sich dann schnell heraus, in welche Richtung die Dimensionen optimiert werden müssen.

> **Praxistipp** Faustformel zur Bestimmung der Raupenhöhe bei Dreiecksraupen:
> Höhe der Dreiecksraupe = 2 · Endhöhe nach dem Verpressen.

Der zu erwartende Klebstoffverbrauch (in Volumeneinheiten) errechnet sich aus dem Querschnitt der Klebfuge multipliziert mit der Länge der Fuge: $V = a \cdot b \cdot l$. Diese Rechnung geht von Idealbedingungen aus und beinhaltet keinerlei Verluste, wie sie z. B. beim Abglätten von Sichtfugen entstehen können.

Rechenbeispiel

Wieviel Klebstoff braucht man zur Herstellung einer 25 m langen Klebfuge mit einem Querschnitt von 20 mm · 5 mm = 100 mm^2? Mit $V = a \cdot b \cdot l = 2$ cm · 0,5 cm

Tab. 6.9 Reichweite von 310 ml-Kartuschen bei verschiedenen Fugenabmessungen

Fugenbreite (a) in mm	Klebstoffdicke (Tiefe, b) in mm	Verbrauch in ml/lfd. m	Reichweite einer 310 ml-Kartusche in lfd. m
6	2	12	25,8
8	2	16	19,2
10	5	50	6,2
15	5	40	7,8
20	5	100	3,2
25	10	250	1,2

$\cdot\, 2500\,\text{cm} = 2500\,\text{cm}^3$ kommt man auf einen Verbrauch von ca. 2,5 l. Teilt man 2500 durch den Inhalt einer 310 ml Kartusche, erhält man einen Bedarf von rund 8 Kartuschen.

In Tab. 6.9 ist die „Reichweite" einer Kartusche aufgeführt, um einen Eindruck zu geben, wie oft die Kartuschen gewechselt werden müssen, bzw. ab wann sich die Anschaffung eines Verarbeitungsgeräts mit größeren Vorratsgebinden (Hobbock, Fass) zu rentieren beginnt. In der Tabelle erkennt man, dass bei größeren Fugenquerschnitten sehr häufige Kartuschenwechsel nötig sind, wenn längere Bauteile verklebt werden sollen. Dies dürfte in vielen Fällen nicht mehr wirtschaftlich sein. Die vielfache Unterbrechung des Auftragens des Klebstoffs und die dadurch resultierenden Ansatzstellen der Klebstoffraupe müssen auch unter Qualitätsgesichtspunkten kritisch gesehen werden.

Abstandhalter: Um beim Nassfügen eine zu starke Verpressung der Dreiecksraupe auszuschließen, kann man Abstandhalter verwenden. Sie sollen eine ähnliche Härte wie der Klebstoff aufweisen und möglichst möglichst aus demselben Material bestehen. Abstandhalter sollten entweder vollständig in den Klebstoff eingebettet werden oder komplett außerhalb der Klebraupe positioniert werden. Halb in den Klebstoff eintauchende Abstandhalter können Wasseransammlungen begünstigen. Auf die chemische Verträglichkeit von Abstandhaltermaterial mit dem Klebstoff ist zu achten. Sekundenkleber (Cyanacrylate) dürfen nicht zur Fixierung der Abstandhalter verwendet werden, da sich hierdurch Haftstörungen im Grenzbereich ergeben können.

▸ **Praxistipp** Frisch verklebte Teile sollten nicht bewegt werden, solange nicht zumindest Handfestigkeit des Klebstoffs erreicht ist. Sie können allenfalls vorsichtig weitergegeben werden (Linienanwendung), wenn

z. B. durch Fixierung sichergestellt ist, dass keine Relativbewegungen der Fügeteile zueinander auftreten können.

Rückstellkräfte von Bauteilen beachten: In größeren, häufig flächigen, Bauteilen können erhebliche (ggf. verborgene) Rückstellkräfte wirken die eine frische Klebung wieder lösen, wenn die Zwängung aufgehoben wird. Daher sollten Verspannungen der Bauteile tunlichst vermieden werden, wenn sich diese in der endgültigen Klebposition befinden. Richtvorgänge, bei denen mit „sanfter Gewalt“ die Form der Bauteile so hingebogen wird, dass es „passt“ sind mögliche Quellen für Rückstellkräfte. Auch wenn in diesen Fällen ausreichend lange fixiert wurde, um den Klebstoff vollständig auszuhärten: Die Dauerbelastung des Klebstoffs bleibt. Auch die Schwerkraft kann Rückstellkräfte in Bauteilen erzeugen.

Praxistipps 1 K – Separation bei ungeöffneten Kartuschen Ungeöffnete Kartuschen von Kleb- und Dichtstoffen, insbesondere wenn sie lange senkrecht stehend gelagert wurden, zeigen gelegentlich eine (leichte) Separation, d. h. Trennung von flüssigen und festen Bestandteilen im Gewindenippel der Kartusche. Sie wird ermöglicht, wenn beim Abfüllen der Kartusche eine Luftblase im Gewindenippel eingeschlossen wurde. Beim ersten Ausspritzen des Materials kann es daher vorkommen, dass erst eine transparente Flüssigkeit („Serum“, Gemisch aus Polymer und Weichmacher) austritt, bevor dann der eigentliche Klebstoff extrudiert wird. Obwohl auch diese Flüssigkeit prinzipiell härten kann, sollte sie nicht verwendet werden. Es handelt sich hier allenfalls um weniger als einen Milliliter.

▸ **Praxistipp** Zur Wiederverwendung angebrochener Kartuschen aller chemisch reaktiven Dichtstoffe kann man die Düsenspitzen feuchtigkeitsdicht für einige Tage mit einem kleinen Stück Butyldichtstoff verschließen.

Die Diffusionswege für die Luftfeuchtigkeit sollten bei einschnittig überlappten Metallverklebungen möglichst kurz sein. Ist die Klebstofftiefe mehr als 20 mm, dauert es meist mehrere Wochen, bis die Klebung voll belastet werden kann! Anders ist es, wenn eines der Fügeteile feuchtigkeitsdurchlässig ist oder Eigenfeuchte besitzt wie z. B. Holz oder Holzwerkstoffe. Hier spielen auch längere Diffusionswege keine so große Rolle, denn der Klebstoff „bedient“ sich am Feuchte-Reservoir des Substrats. Dementsprechend schnell geschieht die Aushärtung. Die Gleichgewichtsfeuchte (Haushaltsfeuchte) von Hölzern liegt im Bereich von 10 bis 15 %, was für die Durchhärtung eines elastischen PU-Klebstoffs mehr als ausreichend ist. Flächige Klebungen sind damit kein Problem.

Tab. 6.10 Toleranz einiger 2 K-Klebstoffe gegenüber Dosierfehlern

Klebstoff	System	Dosierfehlertoleranz	Unterdosierung Härter	Überdosierung Härter
Silikon	Echtes 2 K; Pseudo-2 K	Gering	Unvollst. Härtung	Schnelle Härtung
Polyurethan	Echtes 2 K; Pseudo-2 K	Gering Mittel	Weich. Endzust. Langs. Härtung	Harter Endzust. Schnelle Härtung
Silan-Hybrid	Pseudo-2 K	Mittel–hoch	Langs. Härtung	Schnelle Härtung, ggf. weicher Endzustand
Polysulfid	Echtes 2 K	Hoch	Langsame Härtung	Schnelle Anfangshärtung, weicher Endzustand

Praxistipps 2 K – Überprüfung von Mischungsverhältnis und Mischgüte Eine Überprüfung des Mischungsverhältnisses (MV) bei 2 K-Systemen sollte insbesondere bei *maschineller* Verarbeitung an einer Linie in regelmäßigen bzw. vorab definierten Abständen vorgenommen werden. Es empfiehlt sich, vor Start einer Produktionsserie sicherzustellen, dass das MV innerhalb der Spezifikation liegt. Unterschiedliche Dosiersysteme haben unterschiedlich gut reproduzierbare Mischungsverhältnisse. Schöpfkolbenpumpen haben einen Umkehrpunkt, an dem sich das MV kurzzeitig ändern kann. Zahnradpumpen zeigen diesen Effekt nicht. Die Existenz verschiedener Förder- und Dosiersysteme liegt darin begründet, dass nicht jeder Klebstoff mit jeder Pumpe gefördert werden kann, weil die Rheologie und die Scherempfindlichkeit der vielen vorhandenen Klebstofftypen ganz unterschiedlich sein kann.

Ob eine 2 K-Anlage überhaupt richtig dosiert (unabhängig von der Mischgüte) kann am besten durch Auswiegen von Komponente A und B ermittelt werden. Praktisch alle 2 K-Anlagen ermöglichen es, vor dem Mischelement die einzelnen Komponenten abzuzapfen. Lässt man die Anlage eine kurze, definierte Zeit laufen und fängt man die beiden Komponenten separat auf, ergeben zwei Wägungen das Mischungsverhältnis nach Gewicht. Ist es nicht korrekt, muss die Anlage solange nachgeregelt werden, bis es stimmt. Chemisch unterschiedliche 2 K-Klebstoffe sind unterschiedlich tolerant gegenüber Dosierfehlern (Tab. 6.10). Die bei manchen Systemen höhere Toleranz sollte aber nicht dazu führen, etwa die Anlagen weniger genau zu überwachen oder zu warten.

Die Bestimmung der Mischgüte geschieht am einfachsten durch den sog. Butterfly- oder Buchtest. Eine gemischte Probe frischen Materials wird auf die Innenseite (falznah) eines einfach gefalzten Stücks Papier oder Pappe gegeben.

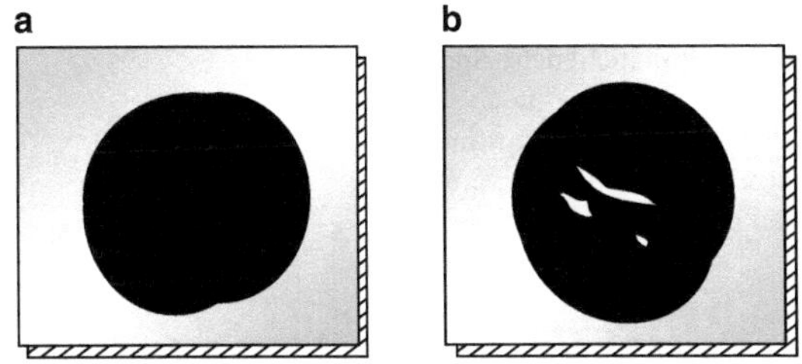

Abb. 6.30 Prüfung der Mischgüte eines 2 K Systems durch Verpressen einer kleinen Menge zwischen zwei Glasplatten. **a** hohe, **b** geringe Mischgüte

Danach klappt man die Vorrichtung wie ein Buch zusammen und verquetscht die Probe. Beim Aufklappen kann man Inhomogenitäten oder Mischfehler leicht erkennen.

In der Isolierglasindustrie hat sich auch der sog. Glasplattentest (Abb. 6.30) etabliert. Hier wird das zu prüfende Gemisch zwischen zwei Glasplatten verpresst und die Mischgüte per Augenschein beurteilt. Sollten sich Inhomogenitäten zeigen, muss vor dem Linienanlauf Ursachenforschung betrieben werden. Einige Möglichkeiten sind: schlechte Mischung durch zu wenige Elemente im Statikmischer, sehr starke Viskositätsunterschiede zwischen A- und B-Komponente, eventuell hervorgerufen durch Überlagerung oder große Temperaturunterschiede, Fehler in der Dosiereinheit. Nach Abstellung der Missstände muss der Test wiederholt werden und sollte dann ein vollkommen gleichmäßiges Mischbild ergeben.

Der sog. Snap-time Test wird ebenfalls in der Isolierglasindustrie verwendet, um das Ende der Topfzeit eines 2 K-Systems zu bestimmen. Ist die „snap-time" erreicht, ist der Klebstoff bereits soweit anvernetzt, dass es beispielsweise höchste Zeit ist, den Statikmischer[6] durch einen weiteren „Schuss" vom reagierenden Klebstoffgemisch zu befreien, um seine Verstopfung („Zugehen") zu verhindern. Die „snap-time" ist daneben auch ein leicht nachvollziehbarer Test, um eventuelle grobe Abweichungen vom Soll-Mischungsverhältnis feststellen zu können. Bei (zu) kühlen Temperaturen verlängert sich die „snap-time", bei hohen wird sie kürzer. Die „snap-time" wird folgendermaßen bestimmt (Abb. 6.31):

In einen (Wegwerf-)Becher wird eine gewisse Menge des gemischten Klebstoffs eingebracht. In regelmäßigen Zeitabständen (abhängig von der zu erwartenden Topfzeit) wird ein Stab oder ein Spatel in die reagierende Masse getaucht und sofort wieder herausgezogen. Solange sich noch ein längerer Faden (Strang) beim Herausziehen bildet, ist der Klebstoff noch verarbeitbar. Reißt der Klebstoff bei

[6] Hier werden meist ganz aus Metall bestehende Statikmischer verwendet, die nach einem „Zuwachsen" über Hitzeeinwirkung durch „Ausbrennen" in einem Heizschrank gereinigt werden können.

Abb. 6.31 „Snap-time“ Test; **a** Eintauchen des Spatels, **b** „snap-time“ noch nicht erreicht, **c** „snap-time“ erreicht – nicht mehr verarbeiten

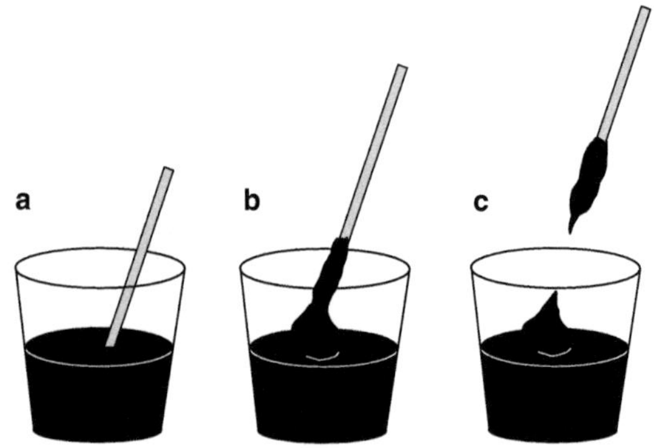

Tab. 6.11 Notwendige Freezertemperaturen

2 K-Klebstoff	Freezertemperatur in °C
Silikon	−50
Polyurethan	−25
Silan-Hybrid	Keine Erfahrung vorliegend
Polysulfid	−25

einem der Folgeversuche dann deutlich kurz ab, ist die „snap-time“ erreicht und damit der Gelierprozess soweit fortgeschritten, dass sowohl die Verarbeitung als auch das korrekte Anfließen an die Bauteile nicht mehr gewährleistet sind. Der Klebstoff muss also vor dem Erreichen der „snap-time“ verarbeitet werden. Die Kenntnis der „snap-time“ gibt dem Verarbeiter also die Gewissheit, dass er vor deren Erreichen keine Probleme zu erwarten hat. Dies ist ein einfacher Test, der z. B. nach einem Fasswechsel sicherstellt, keine Überraschungen bei der Verarbeitung zu erleben.

Will man bei der maschinellen Linienverarbeitung nach Arbeitspausen nicht zu viele (teure) Reinigungsschüsse durchführen, um den Statikmischer von anhärtendem Klebstoff zu befreien, kann man die sog. Freezertechnologie einsetzen. Ein Freezer ist im Wesentlichen ein Kühlgerät mit einem offenen Kühlmitteltank. In diesen wird vor der Arbeitspause das Mischrohr (mit darin befindlichem Statikmischer) gesteckt, um es abzukühlen. Dadurch verlangsamt sich die chemische Reaktion im Mischrohr so stark, dass kürzere und längere Pausen (bis 72 h) ohne Reinigungsschuss überstanden werden. Je nach verwendeter Klebstofftype müssen unterschiedliche Freezertemperaturen eingestellt und die dafür geeigneten Freezerflüssigkeiten verwendet werden (Tab. 6.11).

Bei der Verwendung von *manuell* zu verarbeitenden 2 K-Klebstoffen, die über Statikmischer gemischt werden, sind meistens die ersten Zentimeter der Klebraupe, die aus dem Statikmischer kommen, noch nicht optimal gemischt. Sie sind nicht zu verwenden.

▸ **Praxistipp** Kalte Fässer aus ungeheizten Lagerräumen oder direkt vom winterlich kalten Transport benötigen mehrere Tage im Warmen, um auf Raumtemperatur zu kommen. Auch nach einer Woche der Akklimatisierung muss noch mit einem kühlen Kern gerechnet werden, der zu Verarbeitungs- und Benetzungsproblemen führen kann.

Flächiges und linienförmiges Kleben Beim Verkleben von *flächigen* Bauteilen von können entweder Klebepunkte gesetzt werden (auf Verzug und Abzeichnung achten!) oder es kann mit Klebstoffraupen gearbeitet werden.[7] Wenn mit 1 K-Produkten gearbeitet wird, sollten die Klebstoffraupen sollten diese parallel zueinander appliziert werden, z. B. im Abstand von mehreren Zentimetern und keinesfalls als Schlangenlinie mit gefangenen Räumen. Dies führt zu einer Verlangsamung des Festigkeitsaufbaus der Klebung, weil die zur Reaktion nötige Luftfeuchtigkeit nur ungleichmäßig an alle Stellen der Raupe gelangen kann. Werden flächige Elemente senkrecht verklebt, sollten die Klebstoffraupen auch senkrecht verlaufen, um ggf. Taschenbildung zu vermeiden. In unten geschlossenen Taschen könnte sich Kondenswasser sammeln, was der Dauerhaftigkeit der Klebung schaden kann (Abb. 6.32). In Abb. 6.33 ist ein Beispiel für korrekte Raupenführung in der Praxis gezeigt. Die Abstände der Raupen sind vergleichsweise groß, denn die Klebung muss nur das Eigengewicht der Metallplatte halten.

Beim *linienförmigen* Verkleben von Scheiben, z. B. im Nutzfahrzeugbau (Bus, LKW), aber auch beim Schienenfahrzeug- oder Schiffsbau, wird praktisch immer nach einem ähnlichen, weil bewährtem, Muster vorgegangen. Die Scheiben aus Einscheibensicherheitsglas (ESG) oder Verbundsicherheitsglas (VSG), in der Schienenfahrzeugindustrie meist als Isolierglaseinheit ausgeführt, sollen gemäß Abb. 6.34 rechts, verklebt werden. Längliche Hohlräume, wie sie im linken Schnittbild als weiße Stellen zu sehen sind, müssen vermieden werden. Sie füllen sich früher oder später mit Wasser, was zu Korrosionserscheinungen führen kann. Während der Siebdruck b, ggf. in Kombination mit einem Schwarzprimer, den Klebstoff vor UV-Strahlen schützt, sorgt der Dichtstoff für Schutz vor (Kondens-) Wasser.

[7] Der *voll*flächige Auftrag elastischer Klebstoffe wird aus Kostengründen nur in seltenen Fällen durchgeführt.

Abb. 6.32 Elastisches Verkleben flächiger Bauteile; **a** fehlerhaft, **b** richtig

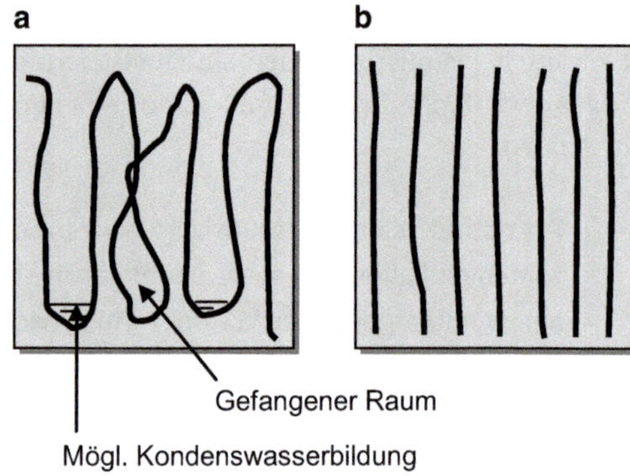

Abb. 6.33 Handwerkliche Ausführung der Verklebung eines Bleches (Foto: Henkel AG & Co. KGaA)

Speziell bei großen Scheiben werden Distanzstücke (Abstandhalter) fallweise eingesetzt, um ein zu starkes Verpressen der Fügeteile zu vermeiden. Wie an anderer Stelle bereits ausgeführt, ergeben zu dünne Klebstoffschichten „ausgehungerte" Fugen, die praktisch keine Elastizität mehr aufweisen. Die Distanzstücke sollten aus einem elastischen Material bestehen, z. B. entsprechend zugeschnittenen Gummistückchen, die ggf. selbstklebend ausgerüstet sein können, damit sich beim Einbringen des Klebstoffs nichts verschiebt. Idealerweise sind die Shore A Härten der Distanzstücke und des ausgehärteten Klebstoffs identisch. Die Abstandhalter müssen mit dem Klebstoff, in den sie eingebettet werden, chemisch verträglich sein. So kann man aus dem zu verwendendem Klebstoff vor dem Kleben einige Platten herstellen und aushärten lassen. Aus diesen kann man dann die nötigen Distanzstücke schneiden oder stanzen. Bei vielen hochviskosen elastischen Klebstoffen kann fallweise auch ohne Distanzstücke gearbeitet werden, wenn anderweitig die Dimension der Klebfuge sichergestellt werden kann.

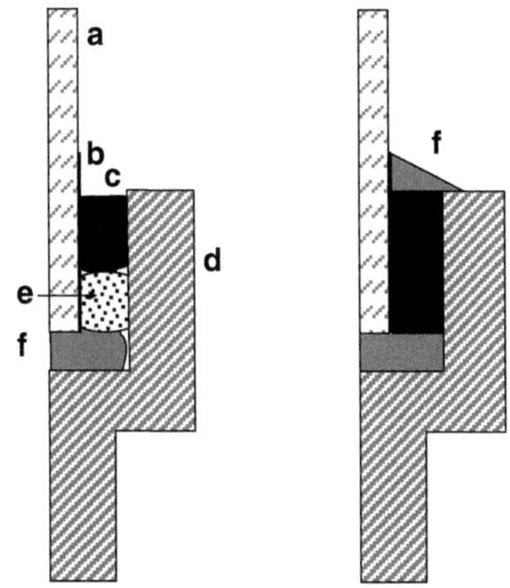

Abb. 6.34 Verklebung von ESG- oder VSG-Scheiben in eine Tragstruktur. *a* Scheibe, *b* Siebdruck, *c* elastischer Klebstoff, *d* Tragstruktur, *e* Hinterfüllprofil, *f* Dichtstoff. *Links*: inkorrekter, *rechts* korrekter Aufbau (Skizze ist nicht maßstäblich)

Der „ideale" elastische Klebstoff... Wie sieht ein „idealer" elastischer Klebstoff aus? Wenn man von einem pastösen Produkt ausgeht, dann könnte er vom Standpunkt des Verarbeiters die folgenden Eigenschaften haben:

Nahezu universell haftend	→ Wenige Arbeitsschritte zur Oberflächenbehandlung nötig
Einkomponentig	→ Keine Mischfehler
Gute Extrudierbarkeit	→ Schnelle Verarbeitung
Standfest	→ Gut positionierbar, toleranzausgleichend
Kurzer Fadenabriss	→ Keine Bauteilverschmutzung, genauer Klebstoffauftrag
Lange Hautbildungszeit	→ Handhabungssicherheit, Korrigierbarkeit
Anfangshaltekraft (position tack)	→ Kaum Bauteilfixierung nötig
Gute Abglättung	→ Ansprechende Sichtflächen
Schnelle Durchhärtung	→ Hoher Durchsatz
Geruchsneutralität	→ Arbeits- und Umweltschutz
Kalthärtend	→ Keine Öfen nötig.

Moderne elastische Klebstoffe kommen – mit unterschiedlichen Schwerpunkten – dem idealen Klebstoff schon ziemlich nahe. Das Vorhandensein von vielen Hundert unterschiedlichen Spezialprodukten zeigt aber auch, dass die äußerst differenzierten Anforderungen wohl auch in Zukunft nicht mit einem einzelnen Produkt bewältigt werden können.

Zur Rekapitulation In den nachstehenden Absätzen sind noch einmal die wichtigsten Punkte, die beim elastischen Kleben zu beachten sind, in Form von Checklisten zusammengefasst.

▸ **Info** *Vorbereitende Tätigkeiten*:

- Identität von Klebstoff, Primer etc. überprüfen
- Mindesthaltbarkeitsdatum überprüfen
- Sichtprüfung des Behältnisses auf Unversehrtheit
- Konsistenz und Farbe des Klebstoffs wie erwartet?
- Datum der Erstöffnung auf dem Behältnis gut sichtbar notieren
- Chargennummer notieren
- Behältnis möglichst immer geschlossen halten
- Klebstoff, Primer oder Lösemittel nur in geeignete Behältnisse umfüllen

▸ **Info** *Materialien zurechtlegen und akklimatisieren*:

- Lagerort und Zwischenlager für Fügeteile, Kleb- und Hilfsstoffe vorschreiben
- Akklimatisierung vorschreiben (Ort, Dauer, Temperaturen) und ggf. überwachen
- Arbeitsanweisung, Dokumentationsunterlagen
- klebbereite Fügeteile
- Reinigungsmittel, -Tücher, Klebstoff, Primer, Hilfsstoffe
- Dosier- und Applikationsgeräte (Maschinen, Kartuschenpistole, Spachtel, Glättwerkzeuge)
- Werkzeuge
- Messmittel
- Fixierhilfen, Schablonen, Distanzstücke
- Arbeitshandschuhe, ggf. Masken, Hautpflegemittel

▸ **Info** *Passgenauigkeit der Fügeteile*:

- Mess- und Prüfgeräte und zugehörige Verfahren vorschreiben (inkl. Dokumentation)
- Passgenauigkeit erst nach Akklimatisierung prüfen
- erlaubte Toleranzen angeben
- Handlungsanweisung, wenn Toleranzen nicht eingehalten werden können
- Fügeteile auf Beschädigungen und sonstige Abweichungen überprüfen

▸ **Info** *Vorbehandlung der Fügeteile*:

- Sauberkeit der Fügeteile überprüfen
- Fügeteile ggf. reinigen
- Fügeteile nach Vorschrift vorbehandeln (z. B. Schleifen, Strahlen, Beizen, Beflammen, coronabehandeln, waschen)
- vorbehandelte Fügeteile nicht mehr berühren und staubfrei halten

▸ **Info** *Klebstoffe und Primer prüfen*:

- Identität, Mindesthaltbarkeit, Verfallsdatum
- Bei Teilentnahmen Öffnungsdatum und erlaubte Verwendungsdauer notieren
- Vor Applikation auf augenfällige Abweichungen prüfen (Farbe, Geruch, Konsistenz)
- Handlungsanweisung, wenn Abweichungen auftreten

▸ **Info** *Klebstoffe und Primer dosieren und auftragen*:

- nur temperierte Produkte verarbeiten
- Vorratsgebinde sofort nach Entnahme wieder verschließen
- Auftrags-, Dosier- und Mischverfahren genau vorschreiben und kontrollieren
- Auftragsmengen und ggf. Form der Kleberaupe vorschreiben und kontrollieren
- Topf- und Hautbildungszeiten beachten
- spezifizierte Wartezeiten einhalten
- Arbeitsproben anfertigen und kennzeichnen
- Handlungsanweisung, wenn Abweichungen auftreten (zu dicker Primerauftrag, falsche Klebstoffmenge, abgekippte Klebraupe, Klebstoff/Primer an falscher Stelle)

▸ **Info** *Fügen und Fixieren der Bauteile*:

- Fügeprozess beschreiben und spezifizieren (Nass- oder Trockenfügen, Abstandhalter)
- Toleranzen angeben
- Klebstoffmenge und -form vorgeben
- Sollgeometrie der Klebnaht vorgeben
- Fixierprozess vorschreiben (Hilfsmittel)
- Mindestfixierzeiten definieren (Klimaeinfluss beachten)
- Prüfung am gefügten Teil vorsehen
- Handlungsanweisung, wenn Abweichungen auftreten

6.6 Härtung von elastischen Klebstoffen

Bei der Verarbeitung und Aushärtung von elastischen 1 K-Klebstoffen wirken zwei Umgebungsparameter auf die chemische Reaktion des Klebstoffs ein:

- *Temperatureffekte*: Sie können unterteilt werden in die Umgebungstemperatur (Lufttemperatur, Temperatur am Arbeitsplatz), die Materialtemperatur des Klebstoffs und die Temperatur der Fügeteile.
- *Feuchtigkeitseffekte*: An vorderster Stelle ist hier die Luftfeuchtigkeit zu nennen, die am Arbeitsplatz und bei der Aushärtung herrscht. Manche Fügeteile (Holz, Holzwerkstoffe, Polyamid, Verbundmaterialien) haben eine nicht zu unterschätzende Materialfeuchte (Haushaltsfeuchte).

Die Geschwindigkeit jeder chemischen Reaktion ist *temperaturabhängig*: Je heißer es ist, umso schneller verläuft sie. Einer Faustregel zufolge verdoppelt sich die Reaktionsgeschwindigkeit bei einer Temperaturerhöhung von 10 °C und sie halbiert sich bei einer Temperatursenkung um den gleichen Betrag. Die Hautbildung und Durchhärtung eines elastischen Klebstoffs laufen also je nach Temperatur unterschiedlich schnell ab. Das heißt jedoch nichts anderes, als dass sich der Klebstoff je nach Jahreszeit unterschiedlich verhält: Im feuchten mitteleuropäischen Sommer mit seinen hohen Temperaturen erfolgt die Hautbildung schnell und an trockenen, kalten Wintertagen langsam oder im Zweifelsfalle überhaupt nicht. Die Durchhärtung wird zudem im Sommer deutlich schneller sein als im Winter, vorausgesetzt, dass im Freien gearbeitet wird oder die Temperatur in einer Werkshalle in gemäßigtem Maße von der Außentemperatur abhängig ist.

> **Praxistipp** Faustregel: Erhöhung der Temperatur um 10 °C: Verdoppelung der Durchhärtegeschwindigkeit; Absenkung der Temperatur um 10 °C: Halbierung der Durchhärtegeschwindigkeit (bei sonst gleichen Bedingungen).

Bei angemischten 2 K-Klebstoffen (z. B. in einem Becher oder einem Eimer) ist zu beachten, dass die Topfzeit des Klebstoffs von der vorgelegten Menge abhängt. Bei jeder freiwillig ablaufenden chemischen Reaktion entsteht Wärme. In kleinen Mischgefäßen wird diese schnell nach außen abgeführt, in großen geschieht das wegen der isolierenden Wirkung der Klebstoffmischung nur langsam: Die Temperatur der Masse steigt schneller an als bei kleinen Mengen und damit verkürzt sich die Topfzeit. Klebstoff in größeren Mengen etwa auf Vorrat zu mischen sollte daher wohlbedacht werden.

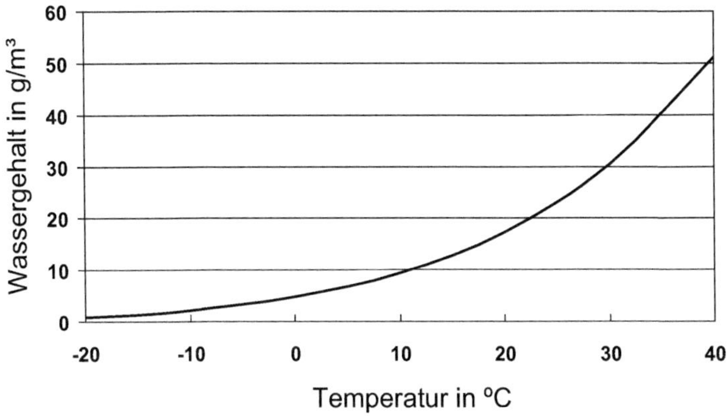

Abb. 6.35 Sättigungskurve von Wasser in Luft bei 100 % r. Lf

> **Praxistipp** Elastische Klebstoffe möglichst nur im Temperaturbereich zwischen 10 °C (besser 15 °C) und 35 °C verarbeiten. Dies gilt für die Temperatur des Klebstoffs, der Werkstücke und der Umgebungsluft.

Die zur Reaktion notwendige *Feuchtigkeit* – als Reaktionspartner der einkomponentigen Klebstoffe – wird von der Umgebungsluft geliefert. Es kommt hier auf die absolute Feuchtigkeitsmenge (g/m^3) an, nicht auf die relative. Die relative Luftfeuchte (r. Lf.) wird in Prozent angegeben und ist ein Maß dafür, wieviel Prozent der maximalen Aufnahmemenge Wasser ein Kubikmeter Luft bei einer bestimmten Temperatur aufweist. Hat die Luft bei dieser Temperatur die maximal mögliche Menge an Wasserdampf, d. h. 100 %, aufgenommen, spricht man von Sättigung. Diese ist temperaturabhängig. Sinkt die Temperatur einer mit Wasserdampf gesättigten Luftmenge, würde die 100 % Marke überschritten. Da dies nicht möglich ist, kommt es zur Tau- bzw. Nebelbildung, das überschüssige Wasser kondensiert. Ähnliches gilt für kalte Werkstücke, die aus einem Lager in einen wärmeren und feuchteren Arbeitsraum gebracht werden: Auch hier kondensiert Tau – und zwar auf der Oberfläche des Bauteils. Ein darauf sofort applizierter Klebstoff hat denkbar ungünstige Voraussetzungen zur Ausbildung von Haftung.

Die maximal von der Luft aufnehmbare Feuchtigkeitsmenge (in g/m^3) ist stark temperaturabhängig. Aus Abb. 6.35 ist ersichtlich, dass bei niedrigen Temperaturen im Winter auch bei 100 % r. Lf. nur sehr wenig Wasser als Reaktionspartner zur Verfügung steht.

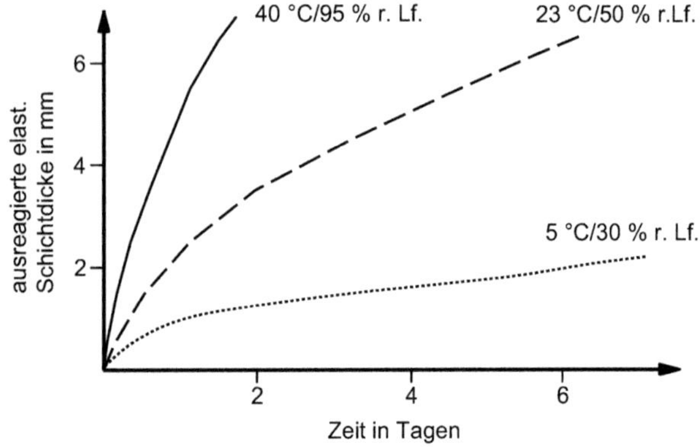

Abb. 6.36 Das Klima beeinflusst die Aushärtung von 1 K-Systemen erheblich

> **Praxistipp** Die minimale Menge von ≈ 6 g/m³ Wasserdampf (30–40 % r. Lf.) in der Luft sollte bei der Härtung von 1 K-Klebstoffen nicht unterschritten werden.

Wie stark das Durchhärteverhalten von 1 K-Klebstoffen von den gerade herrschenden Klimabedingungen abhängig ist – für die Hautbildungszeit gilt Ähnliches – zeigt Abb. 6.36. Das tatsächliche Verhalten des Klebstoffs kann also von den Angaben im technischen Datenblatt stark abweichen, die sich üblicherweise auf Normalklima bei 23 °C und 50 % relativer Luftfeuchte beziehen. Speziell im Winter stehen die Zeichen für die schnelle Durchhärtung eines elastischen Klebstoffs ungünstig, denn die Kombination von niedrigen Temperaturen *und* niedriger Luftfeuchte kann zu erheblichen Verzögerungen in der Hautbildung und Durchhärtung führen. Verzögerte Hautbildung lässt die Oberfläche länger klebrig bleiben, die dann ungeplant lange berührungsempfindlich sein kann und Staub aufnehmen kann. Beides kann die Optik einer Sichtklebung beeinträchtigen. Solange der Klebstoff nicht komplett durchgehärtet ist, ist er auch nicht vollständig belastbar.

Aus Abb. 6.36 geht auch hervor, dass die 1 K-Systeme in heißen Sommern schnelle Hautbildung und schnelle Durchhärtung zeigen. Im Winter ist es dann umgekehrt: langsame Hautbildung und langsame Durchhärtung bei verlängerter Oberflächenklebrigkeit. Die zu erwartenden Aushärtebedingungen sollten also in der zeitlichen Projektplanung berücksichtigt werden, denn sie können durchaus den kritischen Pfad eines Projekts beeinflussen. Dies gilt insbesondere für Außenanwendungen.

Die Klimaabhängigkeit der Aushärtung bzw. Hautbildungszeit von einkomponentigen Klebstoffen kann näherungsweise berechnet werden. Hierzu benötigt man die leicht messbare relative Luftfeuchte und die Lufttemperatur. Aus einem Nomogramm (Abb. 6.37) kann die zugehörige absolute Luftfeuchte (a. Lf., g/m^3) entnommen werden. Bei einer Abweichung vom Normalklima, auf das sich die technischen Datenblätter beziehen, gilt die Näherungsformel:

$$t_{\text{akt}} = t_{\text{NK}} \cdot 10{,}3/\text{a. Lf.}$$

t_{akt} ist die tatsächliche Durchhärtegeschwindigkeit bzw. Hautbildungszeit und t_{NK} steht für die entsprechenden Werte bei Normalklima mit 23 °C/50 % r. Lf.

Rechenbeispiel

Die Hautbildungszeit eines 1 K-Klebstoffs beträgt laut technischem Datenblatt bei 23 °C/50 % r. Lf. rund 35 min. Wie ist die ungefähre Hautbildungszeit bei 27 °C und 80 % r. Lf. höchstens?

Einsetzen in die Gleichung $t_{\text{akt}} = t_{\text{NK}} \cdot 10{,}3/\text{a. Lf.}$ ergibt $t_{\text{akt}} = 35' \cdot 10{,}3/24 = 15'$. Da jedoch als zweite Variable die höhere aktuelle Temperatur zu berücksichtigen ist, ergibt sich noch eine zusätzliche Verkürzung der Hautbildungszeit.

Das Design der Fuge/des Klebespalts muss die endliche Durchhärtegeschwindigkeit eines Einkomponentenklebstoffs berücksichtigen: Zu tiefe Fugen (> 20 mm) härten sehr lange nicht aus und sind damit erst spät voll mechanisch belastbar (Abb. 6.38).

▸ **Info** Der Feuchtegehalt der Luft in normalen Werkshallen, Labors oder Werkstätten wird meist überschätzt und ist häufig geringer als 50 % r. Lf., speziell im Winter. Entsprechend (langsamer) verläuft daher auch die Härtung.

In industriellen Prozessen werden zunehmend beschleunigte 1 K-Systeme eingesetzt. Diese wurden auch unter dem Namen *Pseudo-2 K-Systeme* bekannt. Hier wird einer an und für sich luftfeuchtigkeitshärtenden Komponente A eine wasserhaltige Paste zugemischt, z. B. in einem Statikmischer. So kommt der Reaktionspartner Wasser nicht nur durch Diffusionsvorgänge von außen zum reaktiven Prepolymer, sondern über die Einmischung auch in die Tiefe des Klebstoffs. Dies führt zu einer erheblichen Beschleunigung der Durchhärtung und damit des Festigkeitsaufbaus (Abb. 6.39). Trotz des nötigen Aufwands durch den Mischprozess überwiegen in vielen (Linien-)Anwendungen die Vorteile der beschleunigten Reaktion. Diese Vorgehensweise ist bei allen luftfeuchtigkeitshärtenden Klebstoffen möglich und wird

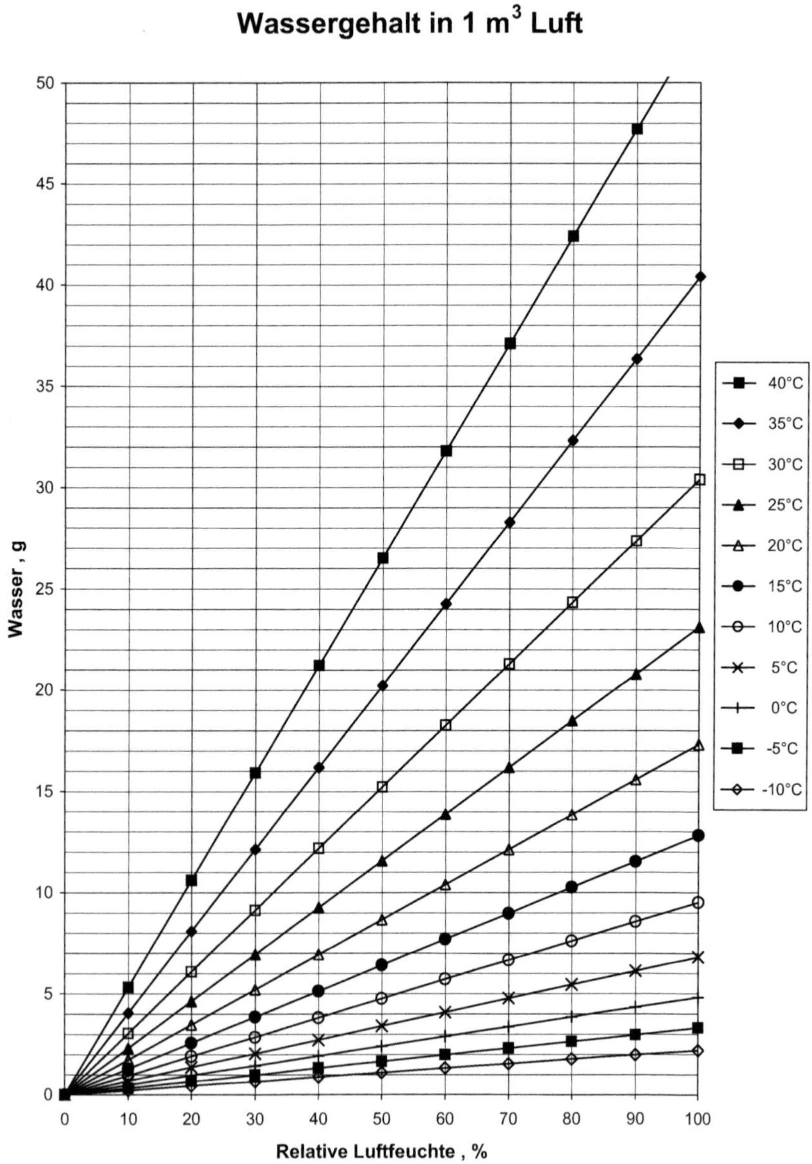

Abb. 6.37 Zusammenhang zwischen relativer und absoluter Luftfeuchte bei verschiedenen Temperaturen

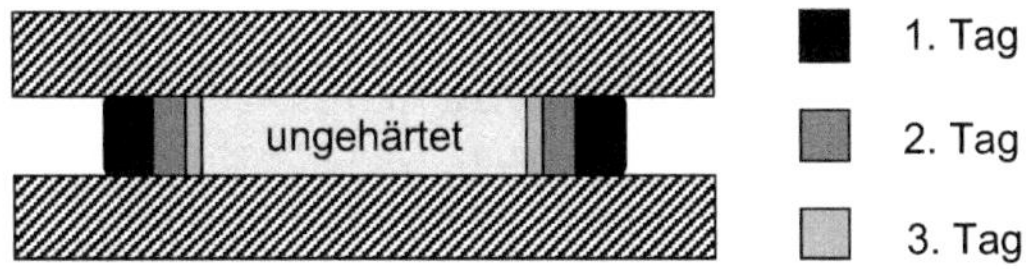

Abb. 6.38 Graduelle Durchhärtung eines 1 K-Systems von außen nach innen bei feuchtigkeitsundurchlässigen Bauteilen

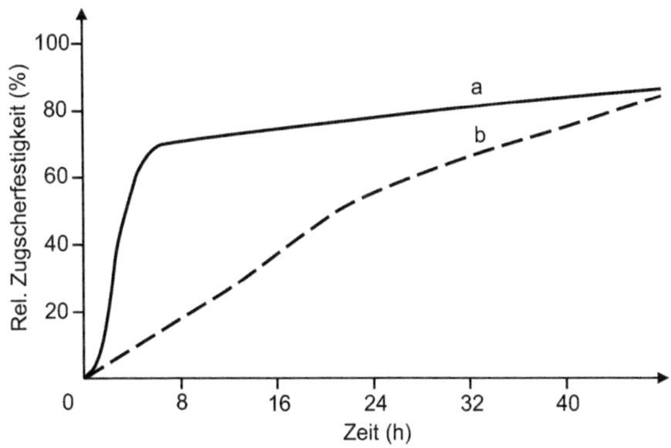

Abb. 6.39 Aufbau der relativen Zugscherfestigkeit (nach EN 1465) bei einem Pseudo 2 K- (**a**) und 1 K-Hybrid-Klebstoff (**b**) im Vergleich

besonders bei Polyurethan- und Hybridklebstoffen praktiziert. Da die Komponente A auch ohne Zufuhr des Beschleunigers ausreagiert (wenn auch langsamer), ist bei Dosierstörungen meist kein Totalverlust des geklebten Bauteils zu beklagen – es verlängert sich nur die Aushärtezeit. Die Pseudo-2 K-Systeme sind erhältlich in Mischungsverhältnissen Komp. A zu Komp. B von 50:50, 100:10 und 100:2. Auch bei größeren Abweichungen vom Soll-Mischungsverhältnis tritt noch zügige Härtung ein, vorausgesetzt, es wird überhaupt noch B-Komponente zudosiert.

„Echte" *2 K-Klebstoffe* härten durch eine chemische Reaktion zwischen mengenmäßig genau abgestimmten Anteilen von Komponente A und B (sog. stöchiometrische Reaktion). Hier ist die Mischgüte ganz entscheidend für die Qualität des ausgehärteten Klebstoffs. Fehlt beispielsweise Härter, wird der Klebstoff nicht seine nominelle Tragfähigkeit erreichen, und die Oberfläche kann klebrig bleiben. Bei einer Härterüberdosierung wird die Topfzeit stark verkürzt, die Bruchdehnung der ausgehärteten Mischung sinkt und die Endhärte kann höher als geplant sein. In manchen Fällen, z. B. bei gewissen Polyurethanklebstoffen, wird allerdings die Über- oder Unterdosierung bewusst zur Einstellung der mechanischen Endeigenschaften eingesetzt.

Tab. 6.12 Klimatische Auswirkungen auf die Aushärtung verschiedener Systeme

System	Abhängigkeit von der Temperatur	Abhängigkeit von der abs. Luftfeuchte	Auswirkungen
Einkomponentig	Hoch	Hoch	Hautbildungszeit, Durchhärtung
Pseudozweikomponentig	Hoch	Gering	Evtl. Hautbildungszeit
Zweikomponentig	Hoch	Sehr gering	Keine

In Tab. 6.12 sind die klimatischen Auswirkungen auf die Aushärtung der oben geschilderten Systeme vergleichend dargestellt.

Die oft gemachte Beobachtung, dass hochviskose elastische Klebstoffe – scheinbar – schneller aushärten als niedrigviskose, hat eine einfache Erklärung: Sie starten bereits von einem höheren Viskositätsniveau und müssen daher einen kleineren Viskositätsbereich bis zur vollständigen Aushärtung durchlaufen als eben ein niederviskoser Klebstoff. Der klare Vorsprung in der Wahrnehmung der Durchhärtung wird aber möglicherweise durch andere Nachteile wie schlechtere Auspressbarkeit oder Benetzung „erkauft".

Die Aushärtung des Klebstoffes muss generell ohne mechanischen Stress verlaufen können, d. h. es ist eine Fixierung der Fügeteile nötig, die mindestens bis zum Erreichen der Handfestigkeit beibehalten werden muss. Ausnahme: Klebstoff mit so hoher Anfangshaltekraft (engl.: position tack), dass eine Relativbewegung der Fügeteile verhindert wird. Durch eine mechanisch gestörte Aushärtungsphase kann es sein, dass die Endeigenschaften des Klebstoffs nicht erreicht werden.

▸ **Info** *Klebstoff härten*:

- Aushärteprozess genau spezifizieren
- Einhaltung der Aushärtebedingungen sicherstellen (Zeit, Temperatur, Erschütterungsfreiheit)
- Handlungsanweisung, wenn Abweichungen auftreten (z. B. zu kurze Härtezeit, kalte Temperatur)

6.7 Wiederverklebung und Sanierung

Bei der Wiederverklebung und Sanierung von Bauteilen müssen zwei grundlegende Fälle unterschieden werden:

- Wiederverklebung, weil ein Bauteil ausgetauscht werden muss
- Wiederverklebung, weil die Klebfuge versagt hat.

Der erstgenannte Fall, *Wiederverklebung bei Bauteilversagen*, ist in der Praxis wesentlich häufiger anzutreffen als der zweite. Bekannteste Fälle der ersteren sind beschädigte Fahrzeugscheiben (PKW, LKW, Bus, Sonderfahrzeuge, Schiffe, Schienenfahrzeuge). Hier ist der Austausch von Scheiben an der Tagesordnung und wird von Reparaturteams routinemäßig durchgeführt. Zum Austausch einer PKW-Frontscheibe ist teilweise kein Werkstattbesuch mehr nötig, dies kann auch durch einen mobilen Service vor Ort erledigt werden. Rund 2 h nach der Reparatur ist ein so verglastes Fahrzeug wieder einsatzbereit. Reparaturverklebungen kommen auch bei vielen Nicht-Glas-Anwendungen vor, z. B. bei Überseecontainern, an Fahrzeugkarossen, im Metall- oder im Fassadenbau. Bei der Reparaturverklebung muss unterschieden werden zwischen der Verklebung von neuen (Austausch-)Bauteilen mit bereits vorhandenen Bauteilen, die keine Klebstoffreste mehr aufweisen und solchen, die noch tragfähige Klebstoffreste besitzen.

Die Oberflächen von Neuteilen sind, wie weiter vorne beschrieben, auf geeignete Weise vor dem Kleben zu behandeln. Wird der alte Klebstoff vom Flansch des zu sanierenden Bauteils vollständig entfernt, muss ein tragfähiger und korrosionsresistenter Untergrund geschaffen werden, der der Qualität eines Neuteils entspricht, bevor darauf geklebt werden darf. Die Vorgehensweise kann je nach Materialbeschaffenheit sehr unterschiedlich sein. Stahl muss vorschriftsmäßig abgekratzt, gestrahlt bzw. abgeschliffen werden, danach sofort korrosionsschutzbehandelt und ggf. lackiert werden (Trockenzeiten der Schutzschichten beachten!). Aluminium wird meist nach gründlichem Abschleifen wieder klebbereit sein. Bei Kunststoffen dürfte ebenfalls vorsichtiges Abschleifen, solange, bis frisches Material erreicht ist, die erste Methode der Wahl sein. Nach der mechanischen Vorbereitung muss das Werkstück fallweise entsprechend wie ein Neuteil oberflächenbehandelt werden. Beim Kunststoffschleifen ist darauf zu achten, dass Thermoplaste durch die Reibungswärme nicht angeschmolzen werden, da dies die Oberfläche verschließt und klebunfreundlich macht.

Bei der Reparatur von Fahrzeugverglasungen wird in den meisten Fällen auf Resten der alten Klebstoffraupe, die sich noch auf dem Karosserieflansch befindet, geklebt. Eine defekte Windschutzscheibe wird im ersten Schritt mittels eines elektrischen oder pneumatischen Schwingmessers oder mit Schneidedraht von der Karosse gelöst. Thermotrennmesser oder Heizdrähte sind nicht zu empfehlen, denn sie verändern oder vercracken die Oberfläche des Klebstoffs, der als Grundlage der Neuverklebung dienen soll. Hierbei muss peinlichst darauf geachtet werden, keine Beschädigungen der Lackierung hervorzurufen. Nach der Entnahme der Schei-

Tab. 6.13 Wiederverklebbarkeit von elastischen Klebstoffen

Vorhandener Klebstoff Neuer Klebstoff	Silikon	Polyurethan	Silan-Hybrid
Silikon	?	–	–
Polyurethan	–	+	–
Silan-Hybrid	–	+	?

+: möglich; –: nicht möglich; ?: Vorversuche/Rücksprache mit dem Hersteller

be wird die Oberfläche des am Karosserieflansch verbleibenden Klebstoffs egalisiert. Sie bietet in frischem Zustand bei 1–2 mm Dicke einen idealen Untergrund (ggf. nach Aktivierung durch einen Kunststoffprimer) für den aufzubringenden Reparaturklebstoff. Nach dem Fügen und Ausrichten der Ersatzscheibe in der Karosserieöffnung darf das Fahrzeug für eine gewisse Zeit nicht bewegt werden, damit der Klebstoff seine Anfangsfestigkeit erreicht, die das Wegfahren ermöglicht. Je nachdem, welches Klebstoffsystem verwendet wurde (1 K-, 2 K-PUR oder 1 K-, 2 K-SMP) ergeben sich unterschiedliche Wegfahrzeiten zwischen 15 Minuten und mehreren Stunden. Die endgültige Aushärtung benötigt bei 1 K-Systemen mehrere Tage.

Durch das Aufkommen der SMP-Klebstoffe ist bei der Reparaturverglasung von Automobilen ein neues Problem aufgetaucht. Die bisherigen PU-Klebstoffe – auch die unterschiedlicher Hersteller – waren beliebig miteinander kombinierbar und ergeben stets belastbare Verbindungen. Manche SMP Klebstoffe scheinen zwar mit sich selbst, aber mit manchen PU-Klebstoffen nicht optimal verträglich zu sein, siehe Übersicht in Tab. 6.13. Welcher Altklebstoff welcher chemischen Gruppe zuzuordnen ist, kann man ohne analytischen Aufwand nicht zweifelsfrei feststellen. Auch wenn Fehlklebungen, die auf der Kombination zweier unterschiedlicher Klebstoffe beruhen, noch nicht bekannt geworden sind, sollte diese potentielle Risikoquelle nicht unerwähnt bleiben. Silikonklebstoffe und PU-/SMP-Klebstoffe sind nicht miteinander verträglich. Hier sollte der Anwender *vor* Beginn der Arbeiten den Rat des Produktherstellers einholen, sofern eine solche Kombination absehbar ist.

Die Sanierung von Silikonklebungen, z. B. im Fassadenbereich, ist nur Spezialisten vorbehalten. Defekt gewordene Fassadenelemente können zwar ausgetauscht werden, der Aufwand ist jedoch, nicht zuletzt wegen der Vorschriftslage, erheblich.

Die *Wiederverklebung bei Klebfugenversagen* ist ein wesentlich heikleres Thema als die Wiederverklebung beim Versagen eines verklebten Bauteils. Das Versagen einer Klebfuge – bei sonst einwandfrei erscheinenden Bauteilen – kann unterschiedliche Gründe haben, die erst zweifelsfrei ermittelt und dann ausgeräumt werden müssen, bevor eine Sanierung vorgenommen werden sollte. Die Gründe für das Versagen von Klebfugen können vielfältig sein, z. B.:

- Alterungserscheinungen aller Art (Klebstoff, Fügeteil)
- Überlastung im Betrieb über die Nominalwerte hinaus (kurzfristig oder systematisch)
- Medieneinflüsse
- Fehlende oder fehlerhafte Oberflächenbehandlung
- Mangelhafte oder mangelhaft gewordene Tragfähigkeit der Fügeteile
- Fehlerhafte Auslegung.

Die genannten Versagensursachen können einzeln oder in Kombination auftreten. Die Ermittlung der wahren Hintergründe erfordert oft detektivischen Spürsinn und kann unangenehme Tatsachen zutage fördern. Man sollte sich insbesondere davor hüten, vorschnell dem Klebstoff die Schuld zuzuschieben: Wie die Praxis zeigt, ist in den wenigsten Fällen von Klebungsversagen der Klebstoff selbst der Verursacher.

Erst wenn die genauen Gründe, die zum Versagen einer Verklebung geführt haben, bekannt sind, kann ein Sanierungskonzept erstellt werden. Falls es sich beispielsweise herausstellen sollte, dass eine Fuge klebungeeignet konstruiert sein sollte, muss ggf. eine andere Verbindungstechnik in Erwägung gezogen werden. Einen früheren Fehler einfach mit neuem Klebstoff zu wiederholen ist keine (dauerhafte) Lösung. Wie man Klebfehler von vorneherein vermeiden kann, beschreibt das nächste Kapitel.

6.8 Fehlklebungen vermeiden

Elastisches Kleben ist ein vergleichsweise fehler*in*tolerantes Fügeverfahren. Zwar gibt es im breiten Feld der Klebtechnologie auch Produkte, die auf verölten Blechen haften, doch sie benötigen immer Hitze zur Aushärtung. Spezielle PVC-Plastisole, Epoxid- und Kautschukformulierungen, die im Lackierofen bei der Automobilherstellung als Nahtabdichtungen oder Unterfütterungsklebstoffe verwendet werden, können eine gewisse Menge an Walz- oder Ziehöl aufnehmen und trotzdem gute Haftung zum Metall aufbauen. Diese Produkte sind allerdings auf Einbrenntemperaturen zwischen 150 und 200 °C angewiesen und können daher nicht allgemein verwendet werden. Auch ist deren Elastizität nach dem Aushärten deutlich geringer als bei den in diesem Buch beschriebenen Klebstoffen. Die hier vorgestellten elas-

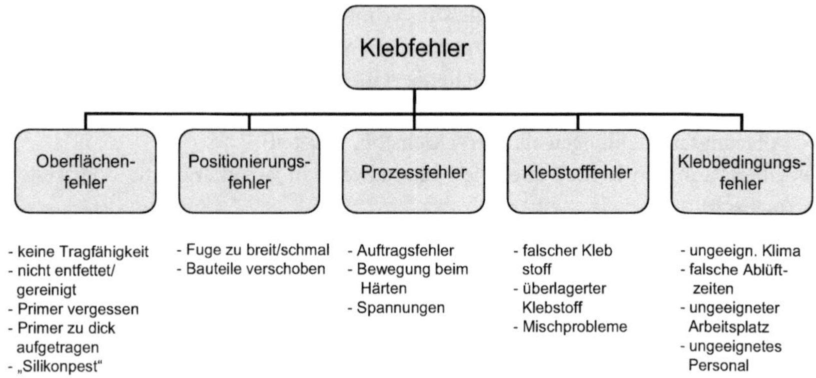

Abb. 6.40 Die wichtigsten Fehler beim Kleben

tischen Klebstoffe benötigen weiterhin die in Abschn. 6.3 beschriebenen Oberflächenbehandlungen. Man darf gespannt sein, ob die bereits laufenden Forschungsarbeiten zum kontaminationstoleranten Kleben in der Zukunft zu einer Verringerung der aufwendigen Oberflächenbehandlung führen werden.

Dass mit elastischen Klebstoffen bei Umgebungsbedingungen – unter Beachtung der entsprechenden Regeln – fehlerfrei geklebt werden kann, wird tagtäglich hinreichend oft in den unterschiedlichsten Branchen bewiesen. Ein (potentieller) Fehler, der als solcher erkannt wird, verliert in genau diesem Moment seinen Schrecken, denn es können Vorbeuge- und Abhilfemaßnahmen getroffen werden. In Abb. 6.40 ist eine Zusammenfassung der wichtigsten Klebfehler gegeben.

Manche *Oberflächenfehler* lassen sich bereits mit dem bloßen Auge erkennen und damit beseitigen, andere jedoch nicht. Zu den erstgenannten zählen die Tragfähigkeit und vergessener Primer. Wenn es sich um einen lackbildenden Primer handelt, ist es oft eine zu dicke Primerschicht, die beim Trocknen schollenförmig von der Oberfläche abbröckelt. Eindeutig identifizierte, vergessene Oberflächenbehandlungsschritte lassen sich leicht nachholen (dokumentieren!), zu dick aufgetragener Primer muss hingegen vollständig entfernt werden, bevor der Auftrag wiederholt wird. Äußerst schwierig erkennbar hingegen ist ein vergessener Entfettungsvorgang oder das Auftreten der berüchtigten „Silikonpest“. In beiden Fällen kann mit Testtinten geprüft werden oder nochmals entfettet/gereinigt werden, was bei einer Silikonkontamination nicht ganz einfach ist. Die Silikonpest kann durch Verarbeiten von Silikonklebstoffen und Silikondichtstoffen in der Nähe eines Nicht-Silikonklebarbeitsplatzes hervorgerufen werden. Probleme können auch

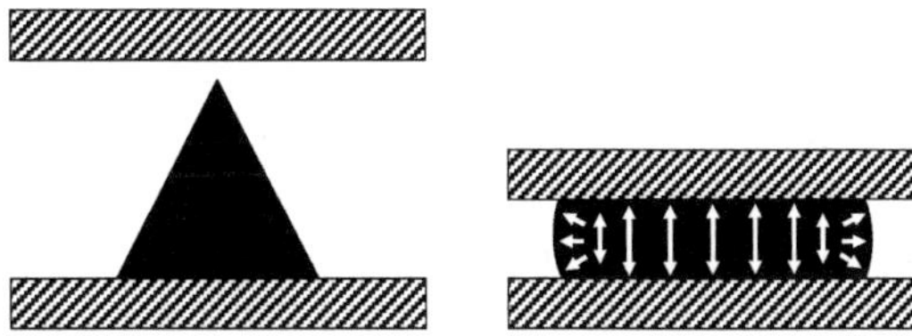

Abb. 6.41 Ungleichmäßige Verteilung des Fügedrucks

durch Silikonsprays, die an ganz entfernter Stelle verwendet wurden und die durch Luftbewegungen (Zuluft- oder Klimaanlagen) an den Klebarbeitsplatz gelangt sind, entstehen. Details hierzu in Abschn. 6.5.

Positionierungsfehler beschreiben Abweichungen der Fügepartner von der Sollposition. Sie können verursacht werden durch Toleranzen der Werkstücke selbst (Formfehler, Maßfehler), durch Ungenauigkeiten bei der Handhabung durch Roboter oder auch manuell (Lagefehler) oder auch durch die Einwirkung von Kräften (Schwerkraft, Zwängungen). Die häufigsten Positionierungsfehler sind:

- ein zu großer Abstand zwischen den Fügeteilen
- ein zu geringer Abstand zwischen den Fügeteilen
- eine seitliche Positionsverschiebung der Bauteile zueinander.

Bei einem zu großen Abstand zwischen den zu fügenden Werkstücken wird bei der Nassfügetechnik die Klebstoffraupe nur unzureichend verquetscht. Neben einer zu geringen Klebfläche wird der Klebstoff auch nicht genügend stark an das Fügeteil gepresst, um eine gute Bindung aufbauen zu können. Betriebskräfte können damit nicht mehr sicher übertragen werden. Bei extremem Übermaß der Klebfuge können auf diese Weise zusätzlich Undichtigkeiten entstehen. Anfällig hierfür sind toleranzbehaftete Blechkonstruktionen. Die Verpressung von Dreiecksraupen durch das zweite Substrat führt übrigens nicht generell zu einem gleichmäßigen Anpressdruck des Klebstoffs auf den Fügeteilen: Nach außen nimmt der Fügedruck ab. Dies kann in manchen Fällen zum sog. Randzoneneffekt[8] führen (Abb. 6.41). Er kann sich besonders bei Alterungsuntersuchungen durch umlaufenden Adhäsionsverlust oder Filmhaftung negativ bemerkbar machen. Im Inneren der Raupe hingegen findet man kohäsives Versagen. Umso wichtiger ist daher die Verpressung der Fügeteile auf das korrekte Maß.

Anders ist es bei einem zu geringen Abstand der Fügeteile: Während des Fügens tritt dann Klebstoff aus der Klebfuge, der nicht mehr zur Kraftübertragung bzw.

[8] Bis einige mm breite äußere Zone einer Klebstoffraupe mit erhöhter Alterungsanfälligkeit der Haftschicht.

zur Aufnahme von Bewegungen zur Verfügung steht. Der verkleinerte Fügespalt kann eine Reduzierung der elastischen Eigenschaften der Klebung zur Folge haben. Im Fall eines mechanischen Kontakts zwischen den Fügeteilen wird der Klebstoff an dieser Stelle vollständig aus dem Spalt herausgepresst, so dass wegen des Fehlens von Klebstoff keine verlässliche Adhäsion erfolgen kann („ausgehungerte" Klebfuge). Bereits kleine Fügeteilbewegungen, im Bild horizontal, führen an den dünnsten Stellen der ausgehärteten Klebschicht (senkrechte Pfeile) zu sehr großen relativen Dehnungen, die den Klebstoff mechanisch überfordern. – Eine seitliche Fehlpositionierung führt ebenfalls zu einer nicht vollständigen Ausnützung der aufgebrachten Klebstoffmenge und kann, wie auch im Falle des zu kleinen Klebespalts, zu Verschmutzungen der Fügeteile führen. Bei allen Positionierungsfehlern ist ein sicherer Klebprozess nicht gewährleistet.

Prozessfehler während des Fügens und der anschließenden Aushärtung werden hauptsächlich durch eine unzulänglich an die Bauteilgeometrie angepasste Prozessgestaltung verursacht. Form und Lage der Klebstoffraupe können unzureichend sein (Abb. 6.42); manche Fügefehler können auch kombiniert auftreten, z. B. d und e. Bei zu schnellem Auftrag der Klebstoffraupe kann sich ein Hohlraum bilden, der nicht mehr für die Kraftübertragung zur Verfügung steht (Abb. 6.43). Weitere, häufig auftretende Prozessfehler können unkontrollierte Relativbewegungen der gefügten Bauteile während der Aushärtungsphase sein; sie werden beispielsweise durch äußeren Krafteinfluss (Spannfehler, Schwerkraft, Eigenspannungen oder Belastungen der Fügeteile durch Transportprozesse) hervorgerufen. Im schlimmsten Fall trennen sich die frisch verklebten Teile wieder, wenn sie nicht oder unzureichend fixiert wurden. Die beschriebenen Prozessfehler treten häufig in kombinierter Form auf und vermindern die Funktionsfähigkeit der Klebung. Bei vollautomatisierten Klebvorgängen kommen dann noch Roboter- und Programmierfehler hinzu.

Beim robotergesteuerten Auftrag eines elastischen Klebstoffs ist zum Erzielen einer reproduzierbaren Dreiecksraupe eine genaue Ausrichtung der Düse in Kombination mit der korrekt ausgetragenen Klebstoffmenge pro Längeneinheit eine Grundvoraussetzung. Fehlermöglichkeiten sind: Abstand der Düse vom Fügeteil zu groß oder zu klein (Überdosierung bzw. Unterdosierung), Düse in oder gegen die Bewegungsrichtung gekippt (Überdosierung bzw. Unterdosierung), Düse verdreht, z. B. in Kurven (Form und Lage der Klebstoffraupe inkorrekt) oder unangepasste Geschwindigkeit beim Auftrag an Ecken.

Klebstofffehler sind ziemlich selten, kommen aber gelegentlich trotzdem vor. An vorderster Stelle ist die Verwechselung oder Verwendung eines falschen Klebstoffs zu nennen. Wenn dies bewusst geschieht, weil der vorgeschriebene gerade nicht zur Hand ist, muss man dieses Verhalten schon als grob fahrlässig bezeichnen. Öfter vorkommen dürfte aber die unabsichtliche Verwechselung von zwei Klebstoffen, die

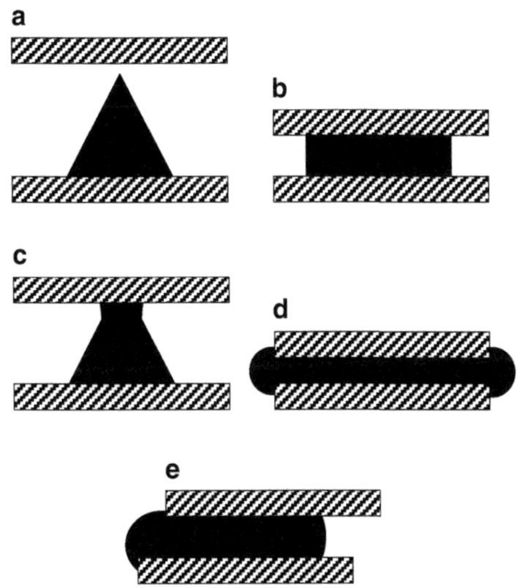

Abb. 6.42 Fügen mit Dreiecksraupe; **a** vorher, **b** korrekt gefügt, **c** Abstand zu groß, **d** Abstand zu klein, **e** verschobene Fügeteile

Abb. 6.43 Kanalbildung bei zu hoher Verfahrgeschwindigkeit der Auftragsdüse

sich z. B. von der äußeren Gebindeaufmachung nur durch eine Ziffer in der Klebstoffbezeichnung unterscheiden. Die unbemerkte Verwendung überlagerter Ware sollte bei entsprechenden Qualitätsvorgaben eigentlich ausgeschlossen sein. Sie macht sich im besten Fall durch eine erhöhte Auftragsviskosität bemerkbar und richtet sonst keinen weiteren Schaden an. Schlimmstenfalls sind das Haftsystem oder die Reaktivität so geschädigt, dass die Verklebung nicht mehr dauerhaft stabil wird. – Bei 2 K-Klebstoffen können Mischprobleme die gleichmäßige Härtung verhindern. Sie können durch zu kurzes Mischen, durch zu hohe Klebstoffviskositäten oder unvorschriftsmäßige Mischwerkzeuge hervorgerufen werden. Last but not least kann auch ein fehlerhafter Klebstoff vom Klebstoffhersteller angeliefert worden sein, ohne dass dies während der gesamten Prozesskette bemerkt wurde. Nicht ausreichend standfeste Klebstoffraupen (Abb. 6.44) können ein Fehler des Klebstoffs selbst sein, aber auch durch zu hohe Scherung bei der Dosierung verursacht worden sein. Übermäßig hohe Umgebungstemperaturen können die Standfestigkeit eben-

Abb. 6.44 Nicht standfeste Klebstoffraupen bereiten Probleme

falls beeinflussen. Klebstoffraupen, die nach dem Verpressen der Fügeteile eine sehr unsymmetrische Form aufweisen, erreichen nicht die spezifizierten Werte. Das *Abrutschen* der Klebstoffraupen vom Substrat wird durch hohe Substrattemperaturen, fehlenden Anpressdruck oder Oberflächenunzulänglichkeiten begünstigt bzw. verursacht.

Fehlerhafte Klebbedingungen kommen relativ häufig vor. Speziell in der Winterzeit mehren sich die Klagen bei den Klebstoffherstellern, dass die 1 K-Ware nicht mehr schnell genug aushärten würde. Der wahre Grund liegt i. d. R. nicht im Klebstoff, sondern in der oft kühlen und trockenen Luft in winterlichen Werkshallen. Im Sommer wird dagegen gelegentlich die Hautbildungszeit als zu schnell empfunden, da hier die Temperaturen und Luftfeuchtigkeiten, speziell nach Gewitterregen, sehr hoch sein können. Staubige, zugige und laute Arbeitsplätze sind ungeeignet für diffizile Klebaufgaben, desgleichen nicht eingearbeitetes oder ungeschultes Personal. Während der Nachtschicht passieren häufiger Fehler als am Tag, was zum einen an der Tageszeit liegen kann, zum anderen aber auch daran, dass in Nachtschichten gern mit „ausgedünntem“ Personal oder Ersatzleuten gearbeitet wird. Personal ist einer der wichtigsten Schlüssel für den Erfolg beim Kleben. Wenn es im Prozessablauf einmal hektisch wird, kann es auch sein, dass vorgeschriebene Ablüftzeiten, insbesondere bei Primern, nicht eingehalten werden und zu unbefriedigenden Ergebnissen führen. Bei niedrigen Temperaturen verlängern sich alle Zeiten.

Tabelle 6.14 stellt eine Checkliste dar, die speziell dem Klebstoffverarbeiter helfen soll, bei Unregelmäßigkeiten die richtigen Abhilfemaßnahmen einzuleiten.

Die Vermeidung von Fehlklebungen muss das oberste Ziel eines jeden Beteiligten in der Wertschöpfungskette sein. Die oben angeführten Fehler sind daher durch korrekte Vorgehensweisen möglichst zu vermeiden oder in ihren Auswirkungen zu minimieren. Wenn es aber einmal zu einer Fehlklebung gekommen ist, darf sie nicht einfach schnell und unauffällig „repariert“ werden; vielmehr müssen die Ursachen ermittelt werden, die zur Fehlklebung geführt haben, damit beim nächsten Mal die richtigen Maßnahmen getroffen werden, um eine Wiederholung zu vermeiden. In

Tab. 6.14 Checkliste möglicher Fehler und Abhilfemaßnahmen bei frischen Klebstoffen (KS)

Fehler	Erkennung des Fehlers	Mögliche Ursachen	Mögliche Abhilfe maßnahmen
Verarbeitbarkeit			
zu dünn	KS kommt zu schnell aus Düsenkartusche/Beutel	KS zu warm; Produktfehler; Druckluft zu stark	Temperaturempfehlung beachten; Produkt austauschen; Druck senken
KS rutscht ab	Absacken des KS; Kippen der Dreiecksraupe	KS oder Substrat zu warm; Produktfehler; Produkt ungeeignet; Raupe zu hoch	Temperaturempfehlung beachten; Produkt austauschen; Raupengeometrie ändern
KS läuft nach	KS tritt nach Loslassen des Abzugs aus Düsenspitze	Luft im Produkt; Fehler in der Pistole	Produkt austauschen; Pistole reparieren/austauschen
KS zieht Fäden	Fadenbildung beim Abheben der Düsenspitze vom Substrat	Produktfehler oder -eigenheit; Düsenspitze ungeschickt geführt	Produkt austauschen; Düsenspitze anders führen
KS zähflüssig	KS tritt zu langsam aus der Düsenspitze aus	KS zu zäh („angesprungen"); KS zu kalt	Produkt austauschen; Gebinde wärmer lagern
Kartuschen/ Beutel platzen	Verschmutzung der Pistole, kein ordnungsgemäßer Produktaustrag	Verarbeitungsdruck zu hoch; Beutelnaht fehlerhaft; Produkttemperatur zu gering	Druck senken; Produkt austauschen; Gebinde temperieren
Aussehen			
Blasen im KS	Knallen bei der Druckluftverarbeitung; Oberflächenschlieren von aufgeplatzten Blasen	Luft im Produkt; Kolbenkipper bei Druckluftverarbeitung	Produkt austauschen; mechanische Auftragspistole verwenden
Hautfetzen oder Stippen im KS	Schlierenbildung beim Ausspritzen oder Glätten	Produktfehler; Anhärtungen nach Arbeitspause	Produkt austauschen; nach Arbeitspausen 10 cm Klebstoffstrang verwerfen

Tab. 6.14 (Fortsetzung)

Fehler	Erkennung des Fehlers	Mögliche Ursachen	Mögliche Abhilfe maßnahmen
schlechte Glättbarkeit	Schlieren und Furchen	Hautbildung des KS zu schnell; zu spät geglättet; ungeeignetes Glättmittel	Produktwechsel; Glätten vor der Hautbildung; nur vorgeschriebenes oder kein Glättmittel verwenden
Risse	Längsrisse im noch nicht vollständig durchgehärteten KS	Starke Fugenbewegungen während des Aushärtens	Fixierung während der Aushärtung
Hautbildung			
keine oder zu langsame Hautbildung	KS bleibt lange klebrig	Überlagertes Produkt; zu tiefe Verarbeitungstemperatur	Produktaustausch; längere Zeit einplanen bzw. bei höherer Temperatur verfugen
Hautbildung zu schnell	Schwierigkeiten beim Glätten	Hohe Temperatur oder Luftfeuchte	Schneller arbeiten
Durchhärtung			
keine	KS bleibt weich	Produktfehler; Härterkomponente bei 2 K vergessen	Produktwechsel; Härter zudosieren bei 2 K-Ware
zu langsam	KS bleibt lange weich	Überlagerter KS; zu tiefe Temperatur und/oder zu geringe Feuchtigkeit bei 1 K-Ware	Auf Mindesthaltbarkeit achten; abwarten oder Temperatur/Feuchte erhöhen

Tab. 6.15 ist eine Reihe von Fehlern aufgeführt; neben den wahrscheinlichen Ursachen werden auch Hinweise zur zukünftigen Vermeidung dieser Fehler gegeben.

- **Achtung!** Frisch feuerverzinktes Eisenblech stellt einen denkbar haftunfreundlichen Untergrund dar. Nicht ohne Rücksprache mit dem Klebstoffhersteller verkleben.

- **Achtung!** Vor der Verklebung von unter Spannung stehenden Kunststoffen (insbesondere PC, PS und PMMA) muss auf die mögliche Bildung von *Spannungsrissen* geprüft werden. Dies gilt für alle (elastischen) Klebstoffe – unabhängig von der zugrunde liegenden Chemie.

Tab. 6.15 Checkliste möglicher Fehler und Abhilfemaßnahmen bei ausgehärteten Klebstoffen (KS)

Fehler	Erkennung des Fehlers	Mögliche Ursachen	Mögliche Maßnahmen zur Vermeidung
Klebstoffoberfläche			
Klebrigkeit	Fingerprobe; Schmutzablagerung; Reinigungsprobleme	Produktmangel; überlagertes Produkt; Angriff durch Glättmittel; aggressive Reinigungsmittel; physikalisch/chemische Unverträglichkeit. Mischfehler bei 2 K-Ware	Verwendung geprüfter KS; Lagerzeit beachten; vorgeschriebenes Glättmittel und milde Reinigungsmittel verwenden; Verträglichkeitstest durchführen
Blasen, Inhomogenitäten, Schlieren	Aufwölbungen des Klebstoffs	Unverträglichkeit	Auf Wechselwirkungen achten
Verfärbung	Farbänderungen	Einwandern von Flüssigkeiten; Alterung	Angrenzende Baustoffe müssen verträglich sein; geeignete KS auswählen
Zersetzung	Erweichte oder versprödete Oberfläche	UV-Strahlung; Hitze; aggressive Reinigungsmittel; Säuren; Laugen; Lösemittel	Je nach den zu erwartenden Anforderungen ausreichend beständige KS auswählen
Keine Überstreichbarkeit	Anstrich blättert ab oder verfärbt sich	Dafür ungeeigneter Klebstoff	Überstreichen von elast. KS vermeiden
mechanische Spuren	Schleifspuren, Kratzer	Abrasion; Vandalismus	Sichtfugen ggf. nicht bündig ausführen
Schimmelpilz	Dunkle Flecken	Hohe Luftfeuchte; stehendes Wasser	Konstruktion verbessern; Wasserablaufmöglichkeit schaffen
Klebstoffinneres			
Risse	Risse im KS, in die Tiefe gehend	Falsche Fugenauslegung; Überbeanspruchung; Fugenbewegung bei nicht ausgehärtetem KS	Fugen korrekt auslegen (berechnen); Fügeteile fixieren

Tab. 6.15 (Fortsetzung)

Fehler	Erkennung des Fehlers	Mögliche Ursachen	Mögliche Maßnahmen zur Vermeidung
Haftflächen			
Ablösung	Spalte zwischen KS und Substrat	Substrat nicht tragfähig; Substrat verschmutzt; Primer vergessen oder falsch; falscher KS; Tau auf Substrat	Substrat vorbereiten und reinigen; vorschriftsmäßigen Primer verwenden; geeigneten KS wählen; Bauteile akklimatisieren
keine Anstrichverträglichkeit	Beschichtung löst sich vom KS oder Untergrund bzw. bleibt/wird klebrig	Falsche Kombination KS/Beschichtung gewählt	Anstrichverträglichen Klebstoff verwenden
Substrat			
Fettränder	Dunkle Streifen in porösem Substrat	Auswanderung von Weichmacher	Nur freigegebene KS verwenden
Aufweichung	Klebrigwerden von Kunststoffsubstraten	Weichmacher- oder Lösemittelwanderung	Verträglichkeiten beachten
Korrosion	Verfärbung von Metallen	Chemische Reaktion von KS-Bestandteilen	Verträglichkeiten beachten
Schlieren auf silikonverklebtem Glas	Beeinträchtigung der Optik	Ungeeignete Reinigung	Wasserarm reinigen

▸ **Achtung!** (Elastisches) Kleben verzeiht keine Fehler. Jede nicht hundertprozentige Klebung ist eine Fehlklebung – auch wenn sie nicht (sofort) versagt.

Literatur

DIN EN 13887: Strukturklebstoffe – Leitlinien für die Oberflächenvorbehandlung von Metallen und Kunststoffen vor dem Kleben (2003)

Milberg, J., Schlickenrieder, K.: Process optimization for elastic adhesive bonding of large components with high tolerances. Prod. Eng. Res. Devel. **1**, 437–442 (2007)

DOI 10.1007/s11740-007-0002-3

Mosandl, T.: Qualitätssteigerung bei automatisiertem Klebstoffauftrag durch den Einsatz optischer Konturfolgesysteme. Herbert Utz, München (2005)

Müller, K.-P.: Praktische Oberflächentechnik. Vorbehandeln – Beschichten – Beschichtungsfehler – Umweltschutz. Vieweg, Wiesbaden (2003)

Onusseit, H. et al.: 19. Adhesives in Transportation Industry. In: Adhesives, 2. Applications, 7. Aufl. Ullmanns Encyclopedia of Industrial Chemistry. J. Wiley & Sons, Chichester (2010)

Pröbster, M.: Elastische Dicht- und Klebstoffe für den Metallbau auf Basis MS-Polymer. In: Berger, K.-F., Kiefer, S. (Hrsg.) Dichtungstechnik Jahrbuch 2007, S. 183. ISGATEC, Mannheim (2006)

Pröbster, M.: Problemlöser. Immer mehr Einsatzbereiche für elastische Dicht- und Klebstoffe auf MS-Polymer-Basis. Dicht! **01**, 30 (2007)

Pröbster, M.: Spezialitäten fürs Spezielle – Elastische Kleb- und Dichtstoffe mit silanvernetzenden Polymeren. KEM **6**, 132 (2004)

Schimanski, A.: Physikalische und chemische Verfahren zur Oberflächenaktivierung. Fügetechnik Kleben, Tagungsband OTTI, S. 165. Regensburg (2010)

Schlickenrieder, K.: Methodik zur Prozessoptimierung beim automatisierten Kleben großflächiger Bauteile. Herbert Utz, München (2008)

Schlickenrieder, K.: Sichere Prozesstechnik trotz großer Toleranzen. Adhäsion **1–2**, 22–25 (2009)

Stotten, T., Majolo, M.: Montageklebstoffe in der Praxis. drw, Leinfelden-Echterdingen (2010)

Wake, W.C.: Synthetic Adhesives and Sealants. John Wiley & Sons, Chichester (1987)

Qualität sichern

7

Vor noch nicht allzu langer Zeit war der Begriff der „Qualität" sehr eng an die (handwerkliche) Ausführung eines Gegenstands geknüpft. Mit guter Qualität verband man sorgfältige Arbeit, lang anhaltende Funktion, Wartungsarmut einer Maschine oder eines Gebrauchsgegenstandes. Doch hier beginnt bereits der klassische Qualitätsbegriff aufzuweichen, denn Wartungsarmut ist kaum mehr mit der gegenständlichen Qualität verknüpft. Heutzutage wird der Qualitätsbegriff wesentlich breiter als vor einigen Jahrzehnten gesehen.

7.1 Was ist eigentlich „Qualität"?

Je nach Betrachtungsweise fallen die Antworten sehr unterschiedlich aus. Nach DIN EN ISO 9000 (2005) ist Qualität wertfrei – und ziemlich abstrakt – definiert als der „Grad, in dem ein Satz inhärenter Merkmale Anforderungen erfüllt". Damit ist Qualitätsbegriff losgelöst von einer rein materiellen Begrifflichkeit eines Produktes, z. B. eines elastischen Klebstoffs.

▸ **Info** *Qualität*: Grad, in dem ein Satz inhärenter Merkmale Anforderungen erfüllt (DIN EN ISO 9000).

Die *Qualität* gibt damit an, in welchem Maße ein „Produkt" (Ware, aber auch Dienstleistung oder ein Prozess) den vereinbarten Anforderungen entspricht. Die zu beschreibende Qualität kann mit Adjektiven (gut, schlecht, angemessen etc.) versehen werden; inhärent bedeutet „innewohnend" und ist damit ein ständiges, also typisches Merkmal.

Damit ein Unternehmen Qualität im weitesten Sinne „produzieren" kann, benötigt es ein Qualitätsmanagementsystem. Es beschreibt die Methodik und stellt das Handwerkzeug zur Verfügung, mit dem die Mitarbeiter im Qualitätsmanagement

M. Pröbster, *Elastisch Kleben*, DOI 10.1007/978-3-8348-2181-2_7,

dann die unternehmensspezifischen Verfahren zur Sicherung und Verbesserung der Qualität erwirken. Hierzu existiert die nachstehende Familie an Normenwerken, die die zur Erzielung von Qualität nötigen Qualitätsmanagementsysteme umfassend beschreiben:

- DIN EN ISO 9000 (2005), Qualitätsmanagementsysteme – Grundlagen und Begriffe
- DIN EN ISO 9001 (2008), Qualitätsmanagementsysteme – Anforderungen
- DIN EN ISO 9004 (2009), Leiten und Lenken für den nachhaltigen Erfolg einer Organisation – Ein Qualitätsmanagementansatz
- DIN SPEC 1115 (DIN ISO/TS 16949), Qualitätsmanagementsysteme – Besondere Anforderungen bei der Anwendung von ISO 9001:2008 für die Serien- und Ersatzteilproduktion bei der Automobilindustrie.

In der DIN EN ISO 9000 werden die Grundlagen der Qualitätsmanagementsysteme und die entsprechenden Termini festgelegt. Die DIN EN ISO 9001 beschreibt die auditierbaren Anforderungen an eine Organisation, um z. B. behördliche Anforderungen oder Kundenforderungen zu erfüllen.[1] Die DIN EN ISO 9004 betrachtet Wirksamkeit und Effizienz eines Qualitätsmanagementsystems und zeigt Wege zur Leistungsverbesserung und Erhöhung der Kundenzufriedenheit auf. Die DIN SPEC 1115 (Vornorm) beinhaltet Teile der ISO 9001 und wurde durch automobilspezifische Anforderungen ergänzt. – Verantwortlich für die Qualität im breiten Sinne ist jeder, der an der Prozesskette direkt oder indirekt beteiligt ist: Dies reicht von der obersten Führung eines Betriebes, die einen qualitätskonformen Ablauf ermöglichen muss, bis zu einer zeitweilig beschäftigten Hilfskraft!

Die *prozessübergreifenden Maßnahmen zur Qualitätssicherung* im Rahmen eines Qualitätsmanagementsystems sind:

- Personalqualifizierung
- Dokumentation aller qualitätsrelevanten Daten und Abläufe nebst eindeutiger Zuordnung
- Prüfmittel- und Werkzeugüberwachung
- Lenkung fehlerhafter Produkte
- Kommunikation
- Festlegung von Verantwortlichkeiten
- Arbeitsorganisation.

[1] Siehe auch: DIN EN ISO 19011 (2002), Leitfaden für Audits von Qualitätsmanagement- und/oder Umweltmanagementsystemen.

7.2 Qualität beim Kleben

Die Qualität einer elastischen Verklebung hängt von der Erfüllung einer Reihe von Anforderungen ab (Abb. 7.1). Auch Umweltauswirkungen, Arbeitsplatzhygiene, Dokumentation oder Information sind Teil der gesamten „Qualitätskette“. Kleben muss also ganzheitlich betrachtet werden.

Es ist bekannt, dass man ein geklebtes Werkstück nicht zerstörungsfrei auf die maximale Tragfähigkeit der Klebung prüfen kann. Zwar existieren verschiedene Methoden zur Überprüfung geklebter Verbunde auf verborgene Fehler (Ultraschall, Thermokamera etc.), ein Belastungstest bis zum Bruch einer Klebung ist als Serienuntersuchung denkbar ungeeignet, da er immer zum Totalverlust des geklebten Werkstücks führt. Bei kleinen und preiswerten Bauteilen sind zerstörende Tests allenfalls als Stichproben vorstellbar.

Eine Folge der nicht hundertprozentigen Überprüfbarkeit einer Klebung während oder kurz nach deren Herstellung ist, dass sich – unbemerkt gebliebene – Prozessfehler erst während der Gebrauchsphase des geklebten Werkstücks bemerkbar machen. Somit fällt das Kleben unter den Begriff *Spezieller Prozess*. Daher ist der Klebprozess von Anfang bis Ende, d. h. von der Planung bis zum Ende der Lebensdauer des geklebten Produkts, durch entsprechende Qualitätsmaßnahmen zu begleiten. Schon im Vorfeld müssen qualitätsrelevante Parameter festgelegt und deren Einhaltung dann im Rahmen von Spezifikationsgrenzen während des Klebens überprüft und dokumentiert werden.

Abb. 7.1 Qualitätsbestimmende Faktoren einer Verklebung

▸ **Info** *Spezieller Prozess*: Ein Prozess, bei dem die Konformität des dabei erzeugten Produkts nicht ohne Weiteres oder in wirtschaftlicher Weise verifiziert werden kann, wird häufig als „spezieller Prozess" bezeichnet (EN ISO 9000). *Spezieller Prozess Kleben*: Prozess, dessen Ergebnis durch nachfolgende Qualitäts- und Erzeugnisprüfungen zerstörungsfrei nicht vollständig bestätigt werden kann und bei dem sich z. B. Fertigungsmängel erst dann zeigen, nachdem das Erzeugnis im Einsatz ist (DIN 6701-1).

Die letztendlich erzielte Qualität einer Klebung oder eines geklebten Bauteils ist also durch nachträgliche Prüfungen, die z. B. zum Ausschluss fehlerhafter Teile führen, nicht vollständig messbar. Es bleibt prinzipiell eine Restunsicherheit bestehen, die auch durch noch so viele nachträgliche, zerstörungsfreie Prüfungen nicht ausgeräumt werden kann. Die Qualität einer Klebung muss im Prozess erzeugt werden.

▸ **Info** Die Qualität einer Klebung kann grundsätzlich nicht „erprüft" werden, sondern sie muss in der Konstruktion, Arbeitsvorbereitung und Produktion *erzeugt* werden.

Qualitätssicherungsmaßnahmen in Planung und Entwicklung Schon lange, bevor mit der Serienverklebung begonnen wird, sind diverse begleitende Qualitätssicherungsmaßnahmen bei der Planung und Entwicklung des zu verklebenden Bauteils zu beachten. Die wichtigsten Prozessschritte hierbei sind:

- Produktplanung (Lastenheft oder Anforderungsliste erstellen)
- Auswahl der Fügetechnik (Funktionsanalyse, Beanspruchung)
- Werkstoffauswahl und -qualifizierung (Beanspruchbarkeiten der Werkstoffe)
- Design der Klebung (Optimierung der Ausführungsform)
- Auswahl und Qualifizierung des Klebstoffs (Beanspruchung der Klebung)
- Auslegung der Klebfuge (Berechnung, z. B. FEM)
- Endgültige Gestaltung des Produkts (Design, Gebrauchssicherheit)
- Fertigungsplanung, Qualifizierung des Klebprozesses (Dokumentation erstellen)
- Fertigungsvorbereitung (Qualifizierung des Fertigungsprozesses)
- Fertigung (Qualitätssicherungsmaßnahmen planen).

Bei der *Produktplanung* wird ein Lastenheft oder eine Anforderungsliste erstellt, die im Detail die zu erstellende Verbindung und sämtliche Anforderungen wie Kraftübertragung, Dehnung oder Alterungsbeständigkeit beinhaltet, oft unterteilt in Prioritäten (muss–soll–kann).

Die *Auswahl der Fügetechnik* ist entscheidend dafür, welche Verbindungstechnologie (also nicht notwendigerweise nur Kleben) die geforderten Beanspruchbarkeiten voraussichtlich am besten erfüllt. Eine Entscheidung, ob z. B. steif oder elastisch geklebt werden soll, kann hier getroffen werden.

Bei der *Werkstoffauswahl und -qualifizierung* werden die Beanspruchbarkeiten mit den zu erwartenden Beanspruchungen der Fügeteilwerkstoffe in Einklang gebracht. Oft bestehen allerdings nur wenige Freiheitsgrade bezüglich der Werkstoffauswahl.

Die *Auswahl und Qualifizierung des Klebstoffs* beinhaltet meist einen Vergleich der von den verschiedenen Klebstoffanbietern zur Verfügung gestellten Daten zur Vorauswahl und die Durchführung von Vorversuchen (Klebe- und Alterungstests) zur Ermittlung der Beanspruchbarkeit geeignet erscheinender Klebstoffe.

Aus den beiden vorgenannten Punkten ergibt sich die *Qualifizierung der Klebverbindung*. Dies geschieht meist durch Klebversuche mit Originalsubstraten in Standardgeometrie und einer Alterungssimulation zur Ermittlung der Beanspruchbarkeit der Klebverbindung.

Die *Qualifizierung des Klebprozesses* dient zur Erstellung von Prozessvorschriften, zur Herstellung von mock-ups[2] und endet beim Produktionsstart mit Musterherstellung und den entsprechenden Auswertungen.

Das allgemeine Prüfwesen beim Kleben ist wegen der nicht vollständigen Überprüfbarkeit einer Klebung umfangreich (Abb. 7.2). Nach erfolgreich bestandener Vorabqualifikation einer Verklebung und der Erstmusterprüfung folgen fortlaufende Prüfungen zur Prozesskontrolle, aber auch Maschinenfähigkeitsnachweise. Die Prüfunterlagen umfassen Prüfpläne, die das „Was" der Prüfungen beschreiben, Prüfanweisungen („Wie"), Prüfprotokolle (Ergebnisse) und die Auswertungen der Arbeitsproben (DIN 6701-4), das sind kleine Klebmuster, die aus Originalwerkstoffen bestehen.

Prüfpläne geben die generelle Richtung vor, die einzuschlagen ist:

- Art der Prüfung
- Gegenstand der Prüfung
- Häufigkeit
- Zeitpunkt der Prüfung innerhalb des Prozesses
- Verantwortlichkeit
- Aufbewahrung der Prüfberichte und eventueller Rückstellmuster.

[2] Maßstäbliches, nicht voll funktionsfähiges Modell.

Abb. 7.2 Notwendige Prüfunterlagen beim Kleben

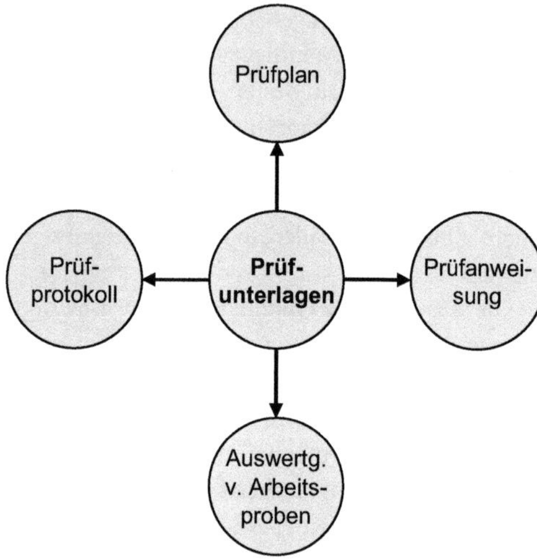

Prüfanweisungen sind klare Handlungsrichtlinien für den Prüfer vor Ort oder im Labor. Sie müssen knapp, klar und unmissverständlich formuliert sein, damit auch weniger geübte Prüfkräfte damit zurechtkommen.

- Revisionsstand, Datum
- Art der Prüfung
- Prüfmittel (Kalibrierung!)
- Vorgegebene Prüfparameter
- Zu erfassende Daten (Prüfergebnisse)
- Auswertungskriterien
- Maßnahmen bei Abweichung
- Qualifikation des ausführenden und auswertenden Personals
- Prüfvermerk der Klebaufsicht.

Ein *Prüfprotokoll* ist ein Dokument, welches umfassend über die Prüfergebnisse berichtet. Es ist vorschriftsgemäß aufzubewahren.

- Hinweis auf die Prüfanweisung
- Datum der Prüfung
- Eindeutige Probenidentifikation
- Erfasste Daten (Prüfergebnisse)
- Auswertung

- Abweichungen von der Prüfanweisung
- Unterschrift und Identifikation des Prüfers
- Bewertung durch Klebaufsicht (zwingend bei Abweichungen).

Die vorgenannten Punkte müssen nicht zwangsläufig auf separate Dokumente verteilt sein – eine sinnvolle Kombination ist möglich und liegt im Ermessen des Fertigungsbetriebs. Entscheidend ist nur, dass alle Einzelpunkte nachvollziehbar abgearbeitet und eindeutig dokumentiert werden. Nur so kann sichergestellt werden, dass auch noch nach Jahren – sollten sich Nachfragen ergeben – eine Klebstoffcharge einem Bauteillos zugeordnet werden kann. Klebstoffhersteller bewahren für eine gewisse Zeit Rückstellmuster auf, um bei späteren Nachfragen oder Unstimmigkeiten auf die Originalchargen zurückgreifen zu können.

Qualitätssicherungsmaßnahmen bei laufender Fertigung Für den Fachmann in der Produktion ist ein intaktes Qualitäts*management*system eher von indirekter Bedeutung. Ihn dürften in erster Linie die Qualitätssicherungsmaßnahmen bei laufender Fertigung interessieren, deren Hauptpunkte weiter unten aufgeführt und erläutert werden.

Permanente *Wareneingangskontrollen* sind dem eigentlichen Kleben vorgeschaltet und tragen entscheidend zur Fehlerminimierung bei:

- Korrekte Produktbezeichnung, Identität (ist es das richtige Produkt?)
- Optische Gebindekontrolle (sind die Gebinde unbeschädigt?)
- Haltbarkeitskontrolle (liegt das Produkt innerhalb des Verfallsdatums?)
- Prüfung der Versandbedingungen (wurde das Produkt korrekt versandt, z. B. bei temperaturempfindlichen Klebstoffen?)
- Korrektes Klima (sind Lagertemperatur und Luftfeuchte im Soll?)
- Kein Zutritt Unbefugter (kann sich nicht jeder im Lager bedienen?)
- Separate Lagerung versch. Chargen (keine Zusammenlagerung von Silikon- mit anderen Klebstoffen)
- Ältesten Klebstoff zuerst verbrauchen (first in, first out)
- Überlagerten Klebstoff sperren (und vernichten lassen).

Die wichtigsten Qualitätssicherungsmaßnahmen bei laufender Fertigung umfassen:

- Transport und Lagerung im Betrieb
- Fertigungsumgebung
- Vorbereitung der Fügeteile

- Vorbereitung des Klebstoffs/der Hilfsstoffe
- Klebstoffauftrag
- Füge- und Fixierprozess
- Aushärtung
- Endkontrolle
- Abtransport/Lagerung.

Das betriebliche *Transport- und Lagerwesen* (Logistik) muss dafür sorgen, dass die vorgeschriebenen Bedingungen, z. B. Maximal- oder Minimaltemperaturen der Produkte auf dem Weg vom Hersteller über das eigene Lager bis zur Verbrauchsstelle in einer Werkshalle eingehalten und auch dokumentiert werden können, z. B. durch Datenlogger oder Temperaturindikatoren. Bei der Verarbeitung von frostempfindlichen Klebstoffen oder Hilfsprodukten ist während der kalten Jahreszeit auf Frostschutz zu achten, auch bei den zuliefernden Speditionen. Eventuelle Kontaminationsquellen sind durch Zusammenlagerverbote auszuschließen (keine Lagerung von Silikonprodukten im selben Raum wie Klebstoffe auf anderer chemischer Basis).

Die *Fertigungsumgebung* (der Klebarbeitsplatz) muss auf die Umgebungsbedingungen hin überwacht werden; sie sind zu notieren. Beispielsweise können dies die Temperatur und die Luftfeuchte sein. Der Anfall von Staub oder Zugluft ist zu vermeiden. Ein großes und gelegentlich nicht erkanntes Problem ist die Kontamination der Werkstücke durch Aerosole, z. B. von Silikonöl- oder Trennmittelsprays. Deren mikrofeine Tröpfchen können auch über größere Entfernungen mit dem Luftzug (Klimaanlangen) transportiert werden. Zudem sollten Klebarbeitsplätze vor unbefugten Besuchern abgeschirmt werden.

Mit der *Vorbereitung der Fügeteile* beginnt der tatsächliche Klebprozess. Der Akklimatisierung, besonders im Winter, ist große Aufmerksamkeit zu widmen (festlegen und kontrollieren!). Die Fügeteile sind auf richtige Identität, Beschädigungen und Passgenauigkeit zu überprüfen, bevor sie einer Oberflächenbehandlung (Reinigung, Beizen, Primern etc.) unterzogen werden.

Die *Vorbereitung des Klebstoffs bzw. der Hilfsstoffe* beginnt ebenfalls mit einer kontrollierten Akklimatisierung, danach müssen Identität und Haltbarkeitsdatum überprüft werden; Vorschriften, wie nach dem Öffnen des Gebindes zu verfahren ist, sind zu beachten. Bei den meist feuchtereaktiven elastischen Klebstoffen ist der Luftkontakt zu minimieren.

Beim *Klebstoffauftrag* müssen die entsprechend vorgeschriebenen Dosier- und Auftragsgeräte verwendet werden. Die geforderten Umgebungsbedingungen sind einzuhalten und zu notieren. Auftragsmengen, Schichtdicken und die Form der Klebstoffraupe sind vorschriftsgemäß einzuhalten und zu notieren. Soweit möglich, sollen optische (Scanner) oder andere Kontrollen angewandt werden. Wenn vorgesehen, sind Arbeitsproben anzulegen.

Der *Füge- und Fixierprozess* ist durch Abstandhalter, Schablonen, Fixiervorrichtungen möglichst reproduzierbar zu gestalten; vor der Aushärtung des Klebstoffes ist die Lage der verklebten Fügeteile zu kontrollieren, um ggf. noch Korrekturen vornehmen zu können. Gefügte Teile dürfen nicht unzulässig (mechanisch) beansprucht werden, um Verschiebungen zu vermeiden. Es ist festzulegen, was mit überschüssigem Klebstoff in der Klebfuge und Klebstoffresten in den Gebinden geschehen soll.

Die *Aushärtung* des Klebstoffs muss (wie auch die Ablüftung ggf. aufgetragener Primer) unter kontrollierten Bedingungen (Temperatur, Luftfeuchte, Zeit, Haltezeit von Fixiervorrichtungen etc.) ablaufen; diese sind im Protokoll zu notieren. Es muss darauf geachtet werden, dass keine unzulässigen Beanspruchungen durch Transportvorgänge, mechanische oder thermische Belastungen auf die geklebten Fügeteile wirken. Die Arbeitsproben sind unter denselben Bedingungen wie die Werkstücke auszuhärten.

Endkontrollen an den geklebten Werkstücken und Arbeitsproben sind zerstörungsfrei bzw. zerstörend durchzuführen und auf Konformität zu den Vorgaben hin zu überprüfen. Gegebenenfalls ist auch das Vorhandensein von Rückstellmustern zu kontrollieren.

▸ **Info** *Dokumentation aller qualitätsrelevanten Schritte*:

- Datum, Uhrzeit der Verklebung, Temperatur, rel. Luftfeuchte
- Verwendeter Klebstoff mit genauer Bezeichnung, Chargennummer, Mindesthaltbarkeit oder Verfallsdatum; ggf. Erst- oder Folgeöffnung bei größeren Gebinden
- Verwendeter Primer mit genauer Bezeichnung, Chargennummer, Mindesthaltbarkeit oder Verfallsdatum; ggf. Erst- oder Folgeöffnung bei größeren Gebinden
- Identifizierung der zu verklebenden Fügeteile
- Dokumentation der fertigungsbegleitenden Prüfungen bzw. hergestellten Probeverklebungen (Datum, Uhrzeit, Temperatur, rel. Luftfeuchte, Nummerierung von Proben)
- Unterschriften (bzw. Namenszeichen) bei allen Dokumenten durch den Ausführenden

7.3 Qualitätsnormen und -vorschriften

In diesem Kapitel werden einige Qualitätsnormen und -vorschriften näher erläutert, die sich explizit mit dem Kleben beschäftigen. Auch wenn die nachstehend besprochenen Dokumente meist für ganz bestimmte Industriezweige erstellt wurden, gelten viele der darin gemachten Aussagen auch für andere, nicht speziell genannte Bereiche. Es wird dazu geraten, sich zusätzlich zu den nachstehenden Ausführungen im Detail mit den Originalnormen bzw. -vorschriften zu beschäftigen, wenn es um die Installation von Klebprozessen geht. Es liegt in der Natur der Sache, dass sich die einzelnen qualitätsrelevanten Punkte gelegentlich überschneiden, nicht zuletzt deswegen, weil die nachstehend beschriebenen Normen und Vorschriften als eine Teilmenge der übergeordneten Qualitätsnormen DIN EN ISO 9000 und 9001 gesehen werden können.

DIN 6701 Die DIN 6701 ist die bisher umfassendste Norm, das Kleben betreffend.[3] In ihrem Aufbau ist sie an die Schweißnorm DIN 6700 des Eisenbahnwesens angelehnt. Auch wenn sie ganz klar auf die Bedürfnisse der Schienenfahrzeugindustrie (Planung, Herstellung und Reparatur) ausgelegt ist, so lassen sich die allermeisten Punkte sinngemäß auf andere Anwendungen übertragen. Auch Sublieferanten der Schienenfahrzeugindustrie müssen sich dieser Norm und damit einer *Güteüberwachung* unterwerfen.

▸ **Info** *Güteüberwachung*: Eine Anerkennende Stelle (akkreditiert beim Eisenbahnbundesamt) führt eine Betriebsprüfung mit Fachgespräch („Audit") mit dem Betrieb durch, ob die Anforderungen gemäß DIN 6701 erfüllt werden.

Die DIN 6701 umfasst bisher vier (von insgesamt sechs geplanten) Teilnormen bzw. Normentwürfe. Sie richtet auf über 100 Seiten neben praktischen Hinweisen ein großes Augenmerk auf Qualitätssicherung und -prüfungen und trifft die entsprechenden Festlegungen für den speziellen Prozess Kleben:

- DIN 6701-1 (Entwurf, 2004) Kleben von Schienenfahrzeugen und -fahrzeugteilen – Teil 1: Grundbegriffe, Grundregeln
- DIN 6701-2 (2006) Kleben von Schienenfahrzeugen und -fahrzeugteilen – Teil 2: Qualifikation der Anwenderbetriebe, Qualitätssicherung

[3] Zur Beachtung: Es ist möglich, dass die hier zitierten Norm*entwürfe* noch Änderungen erfahren, bevor sie später als Norm veröffentlicht werden.

- DIN 6701-3 (Entwurf, 2010) Kleben von Schienenfahrzeugen und -fahrzeugteilen – Teil 3: Leitfaden zur Konstruktion und Nachweisführung von Klebverbindungen im Schienenfahrzeugbau
- DIN 6701-4 (Entwurf, 2010) Kleben von Schienenfahrzeugen und -fahrzeugteilen – Teil 4: Ausführungsregeln und Qualitätssicherung
- DIN 6701-5 (in Vorbereitung) Kleben von Schienenfahrzeugen und -fahrzeugteilen – Teil 5: Qualitätsprüfung
- DIN 6701-6 (in Vorbereitung) Kleben von Schienenfahrzeugen und -fahrzeugteilen – Teil 6: Werkstoffe, Klebstoffe, Klebverfahren, klebtechnische Planungsunterlagen.

Bisher hat allein DIN 6701-2 normativen Charakter und soll deswegen nachstehend ausführlicher diskutiert werden. Die Fertigstellung der übrigen Teilnormen dürfte sich noch über mehrere Jahre hinziehen und sicher mit Veränderungen des Inhalts verbunden sein. Daher wird hier auf eine Kurzbeschreibung verzichtet. Es wird aber empfohlen, zumindest unverbindlich von den Normentwürfen Kenntnis zu nehmen, um die Zielrichtung der geplanten Normen zu verstehen.

- *DIN 6701-2*: Qualifikation der Anwenderbetriebe, Qualitätssicherung
- Begriffe
- Anforderungen an Anwenderbetriebe
- Anerkennung der Anwenderbetriebe
- Konformitätsbewertung der geklebten Bauteile
- *Anhang A*: Anforderungen an den Anwenderbetrieb
- *Anhang B*: Betriebsbeschreibung zum Kleben, Vordruck Betriebsbeschreibung zum Kleben nach DIN 6701-2
- *Anhang C*: Bescheinigung zum Kleben nach DIN 6701-2, Vordruck
- *Anhang D*: Arbeitsanweisung zum Kleben nach DIN 6701-2, Vordruck

Unter *Begriffe* werden die Klebverbindungen der Schienenfahrzeuge in vier Klassen eingeteilt. Klasse A1 umfasst Klebungen mit hoher Sicherheitsanforderung, z. B. Verklebungen von Scheiben, der Bugmaske an den Rohbau, Beplankungen etc. Klasse A2 gilt für mittlere Sicherheitsanforderungen, z. B. Verklebungen von Sitzen, Trennwänden, Fußboden an Chassis etc. Klasse A3 gilt für geringe Sicherheitsanforderungen, z. B. Verklebungen von Schildern, Spiegeln, Fußbodenbelägen etc. Klasse A4 gilt für Betriebe, die keine eigene klebtechnische Fertigung unterhalten.

Die *Anforderungen an Anwenderbetriebe* beschreiben im Wesentlichen Anforderungen an das klebtechnische Personal (s. Kap. 8) und die nachzuweisenden Unterlagen bei der Fertigung. Je nach Qualifikation kann das Personal in drei Stufen eingeteilt werden (Stufe 1: umfassende Kenntnisse, EAE oder vergleichbar; Stufe 2: spezifische technische Kenntnisse, EAS oder vergleichbar; Stufe 3: Fachkenntnisse, EAB oder vergleichbar). Je nach Einstufung können die Personen auch als verantwortliche Klebaufsichtsperson eingesetzt werden und Bauteilklassen-abhängige Verantwortung übernehmen.

Die *Anerkennung der Anwenderbetriebe* (Zulassung) muss durch eine Anerkannte Stelle im Rahmen einer Betriebsprüfung geschehen. Es müssen die Arbeitsanweisungen nachgewiesen werden; mit den anzuerkennenden Klebaufsichtspersonen ist zum Nachweis der entsprechenden klebtechnischen Kenntnisse ein Fachgespräch zu führen. Bei positivem Ausgang des Anerkennungsverfahrens wird eine Bescheinigung zum Kleben für zunächst drei Jahre ausgestellt.

Die *Konformitätsbewertung* der geklebten Bauteile wird je nach Bauteilklasse unterschiedlich gehandhabt. Für A1, A2 und A4 kann dies über eine Konformitätsprüfung durch eine anerkannte Stelle geschehen oder über den Nachweis eines Qualitätsmanagementsystems nach z. B. DIN EN 9001 mit Fremdüberwachung. Für Bauteile der Klasse A3 genügt eine Konformitätserklärung des Herstellers.

Richtlinien des Germanischen Lloyd für hochelastische Klebstoffe Die genaue Bezeichnung dieser seit rund 10 Jahren veröffentlichten Richtlinien ist: *Germanischer Lloyd. Klassifikations- und Bauvorschriften; II: Werkstoff- und Schweißtechnik; Teil 2: Nichtmetallische Werkstoffe; Kap. 3: Richtlinien für hochelastische Klebstoffe und Klebverbindungen (2002)*

Das (leicht gekürzte) Inhaltsverzeichnis gibt bereits einen Eindruck der wichtigsten Punkte wieder:

Abschnitt 1: Anforderungen an die Klebstoffe und die Klebverbindungen

- Allgemeines
- Zulassung der Klebstoffe
- Anforderungen an die klebstoffverarbeitenden Betriebe und das Personal
- Ausführung der Klebverbindung
- Herstellungsüberwachung beim Verarbeiter

Abschnitt 2: Zulassung von hochelastischen Klebstoffen

- Anforderungen

Anhang A: Verwendete Normen und Richtlinien

Anhang B: Beispiel für eine fertigungsbegleitende Dokumentation/Verfahrensprüfung

- Dokumentation
- Kontrolle der Klebverbindungen
- Prüfung der Klebverbindung.

Im *Abschn. 1* werden die elastischen Klebstoffe im Sinne der Richtlinie definiert als: „Hochelastische Klebstoffverbindungen (...) sind Klebstoffverbindungen, die im Zugscherversuch einen Gleitwinkel von mehr als 100 % kurzzeitig statisch bei Raumtemperatur vertragen." Der Anwendungsbereich der Richtlinie sind elastische Verklebungen von strukturell tragenden Bauteilen im Schiffsbau; sie werden in zwei Klassen (A und B) unterteilt. Klasse A sind Verklebungen mit erhöhter mechanischer Beanspruchung, z. B. Isolierglasscheiben, Sitzbefestigungsschienen oder Türzargen. Klasse B muss nur mittleren Beanspruchungen widerstehen, z. B. Windschutzwände. Eine elastische Klebung muss gemäß der Richtlinie eine Dicke von mindestens 3 mm aufweisen, bei hohen Deformationen ist die Dicke entsprechend anzupassen. Als Verarbeitungsklima werden Temperaturen zwischen 10 °C und 30 °C bei einer max. r. Lf. von 70 % vorgeschrieben. Die Aushärtung von 1 K-Systemen bedarf einer r. Lf. von mindestens 30 %. Damit gibt die Richtlinie neben den qualitätsrelevanten Themen eine ganze Reihe von praktisch nützlichen Vorgaben.

Neben diesen zahlenmäßigen Voraussetzungen werden auch die Zulassung der Klebstoffe, Anforderungen an die klebstoffverarbeitenden Betriebe und das Personal, die Ausführung der Klebverbindung einschließlich der Oberflächenvorbehandlung und die Herstellungsüberwachung beim Verarbeiter thematisiert.

Die Zulassung von hochelastischen Klebstoffen ist Inhalt von *Kap. 2*. Hier werden konkrete Bedingungen genannt, die die Klebstoffe erfüllen müssen, um in eine der Klassen A oder B eingruppiert werden zu können. In Tab. 7.1 sind die zu erreichenden Mindestkennwerte aufgeführt. Die tatsächlich erzielten Kenndaten können bei den Klebstoffherstellern abgefragt werden.

In *Anhang A* werden die verwendeten Normen, in *Anhang B* werden sofort praktisch verwendbare Vordrucke für die fertigungsbegleitende Dokumentation/Verfahrensprüfung angegeben. Sie gewährleisten bei sorgfältiger Ausfüllung, dass keine wichtigen Schritte vergessen werden.

DVS-Merkblatt 1618 Elastisches Dickschichtkleben im Schienenfahrzeugbau (2002)
Dieses Merkblatt behandelt ebenfalls ausführlich die Grundlagen und Auslegung von elastischen Klebungen, allerdings mit Blick auf die Schienenfahrzeugindustrie, und gibt praktische Handlungsanweisungen. Der Aufbau ist wie folgt:

Tab. 7.1 Zu erreichende Mindestwerte bei elastischen Klebstoffen (mit freundlicher Erlaubnis des Germanischen Lloyd)

	Norm	Klasse A	Klasse B
Shore A	DIN 53505	≥ 45	≥ 30
Reißdehnung bei −20 °C	DIN 53504	≥ 50 %	≥ 100 %
Zugfestigkeit bei +60 °C	DIN 53504	≥ 1,5 MPa	≥ 0,6 MPa
Weiterreißwiderstand	DIN 53515	≥ 4 N/mm	≥ 4 N/mm
Zugscherfestigkeit	DIN EN 1465	≥ 2 MPa	≥ 0,7 MPa
Werte für den Langzeit-Zugscherversuch bei 23 °C / 50 % r.Lf. bei 60 °C	In Anlehnung an DIN 1465	0,25 MPa* 0,15 MPa*	Vorgabe durch Hersteller
Relaxationsversuch nach 90-tägiger Klimalagerung	In Anlehnung an DIN 1465 und DIN 50017	Vorgabe durch Hersteller	30 % ± 1 %

* Innerhalb der Langzeit-Zugscherversuche darf kein Versagen stattfinden. Die ermittelten Kriechverformungen sind über die Zeit anzugeben.

- Grundlagen
- Hinweise zur konstruktiven Gestaltung der Klebverbindungen
- Fertigung
- Qualitätssicherung
- Normen, Richtlinien, Merkblätter und Fachliteratur.

Der Geltungsbereich des Merkblatts umfasst folgende Klebungen:

- Elastische Dickschichtklebungen, deren Klebespaltdicke größer als 1,5 mm ist und die bei Herstellung und Instandsetzung von Schienenfahrzeugen eingesetzt werden
- Gummielastische Klebstoffe, die Schubwechselverformungen von mehr als 15 % der Klebespaltdicke auf Dauer schädigungsfrei ertragen können.

In Kap. 6, *Qualitätssicherung*, werden die Anforderungen an das Klebpersonal und die Aufsicht beschrieben. Ein besonderes Augenmerk wird auf die Vorabqualifikation des Klebstoffs gerichtet, um den speziellen Prozess Kleben entsprechend abzusichern. Dies kann durch qualifizierte Verfahren geschehen, die bereits praktisch erprobt sind oder durch eine eigene Vorabqualifikation, die bestanden werden muss, bevor begonnen wird, zu kleben. – Bei den konkreten Arbeitsanweisungen

Tab. 7.2 Klebtechnische Qualitätsanforderungen nach DVS 3310

Elemente	Umfassende Qualitäts-Anforderung	Standard Qualitäts-Anforderung	Elementar Qualitäts-Anforderung
Vertragsprüfung	Voll dokumentierte Prüfung	Prüfung ob Vorabqualifikation nötig	Nachweis der Prozessfähigkeit
Designprüfung	EAE	EAS	Nachweis der Prozessfähigkeit
Anleitendes Personal	EAE oder EAS	EAS oder EAB	Falls vertraglich gefordert
Ausführendes Personal	EAS oder EAB	EAB falls gefordert	EAB falls gefordert
QS-Personal	EAS oder EAB	EAS oder EAB	EAB falls gefordert
Prozessspezifikation	Umfassend dokumentiert	Qualitätskrit. Parameter	Falls vertraglich gefordert

wird darauf hingewiesen, dass diese gemäß DIN EN ISO 9001 als gelenkte Dokumente zu behandeln sind.

▸ **Info** *Gelenktes Dokument*: Im Sinne der DIN EN ISO 9001 gilt ein Dokument als gelenkt, wenn sein Werdegang in allen Teilschritten: Erstellung – Überprüfung – Genehmigung – Verteiler – Einzug alter Versionen, festgelegt und jederzeit nachvollziehbar ist.

DVS-Richtlinie 3310 Qualitätsanforderungen in der Klebtechnik (2003) Diese Richtlinie kann für jede Art der Klebung herangezogen werden, sie beschränkt sich nicht auf eine bestimmte Anwendung oder auf einen bestimmten Industriezweig. Die Richtlinie umfasst vier Teile und unterscheidet drei Qualitätsstufen: umfassend, Standard und elementar. Ein Unternehmen soll/muss sich also für eine der drei Stufen entscheiden, die sich deutlich im zu treibenden Aufwand unterscheiden (Tab. 7.2). Meist werden jedoch von den Auftraggebern die Stufen vorgeschrieben. Die vier Teile der DVS-Richtlinie 3310 sind:

Teil 1: Hinweise zur Auswahl und Verwendung einschlägigen Regelwerks
Teil 2: Klebtechnische Qualitätsanforderungen – umfassende Qualitätsanforderungen
Teil 3: Klebtechnische Qualitätsanforderungen – Standard-Qualitätsanforderungen
Teil 4: Klebtechnische Qualitätsanforderungen – Elementar-Qualitätsanforderungen.

Als Beispiel seien die Qualitätsberichte genannt, die bei der Erfüllung der umfassenden Qualitätsanforderungen anzufertigen und 5 Jahre aufzubewahren sind:

- Bericht über Vertrags- und Designprüfungen
- Arbeitsanweisungen für die Verklebungen
- Bericht über die verwendeten Fügeteile
- Bericht über das angewandte Verfahren zur Oberflächenbehandlung der Fügeteile
- Bericht über den verwendeten Klebstoff einschließlich der Chargennummer
- Bericht über die Verarbeitungsbedingungen des Klebstoffs
- Bericht über die Genauigkeit des Klebstoffauftraggeräts
- Bericht über die Positioniergenauigkeit
- Bericht über die Bauteilprüfung
- Bericht über die Ausschussrate
- Bericht über evtl. Abweichungen von den Arbeitsanweisungen
- Bericht über evtl. Abweichungen von DVS 3310.

DVS-Richtlinie 3311 Klebaufsicht – Aufgaben und Verantwortlichkeiten (2006)
Diese Richtlinie legt die qualitätsbezogene Verantwortung und die Aufgaben einschließlich der Koordination der klebtechnischen Tätigkeiten fest. Der klebstoffverarbeitende Betrieb hat mindestens eine Person als Klebaufsichtsperson festzulegen. Das Klebaufsichtspersonal muss neben entsprechenden allgemeinen klebtechnischen Kenntnissen auch solche betriebsspezifischer Natur nachweisen. Konstante Weiterbildung ist erforderlich.

Zu den Aufgaben einer Klebaufsichtsperson gehören z. B.:

- Planung und Beschreibung von Klebvorgängen
- Koordination von Vorgängen
- Überwachung der Klebarbeiten
- Prüfung und Freigabe der geklebten Bauteile.

Hierzu gehören entsprechende *Befugnisse*, die dem Klebaufsichtspersonal einzuräumen sind.

8 Personalqualifizierung: Kleben lernen

Heutzutage existiert eine ganze Reihe von Möglichkeiten, sich theoretisch und praktisch im Kleben fortzubilden. Bei den meisten Kursen oder Veranstaltungen steht das elastische Kleben nicht im Fokus, wenn man von einigen speziellen Vorträgen einmal absieht. Doch da das elastische Kleben eine Untergruppe des generellen Klebens darstellt, gelten viele der Lehrinhalte für beide Themenbereiche. Ohne Anspruch auf Vollständigkeit und Wertung seien nachstehend einige Institutionen/Firmen informationshalber genannt, bei denen man das Kleben theoretisch und/oder praktisch lernen kann:

- Euroforum, Düsseldorf
- HdT – Haus der Technik, Essen
- IFAM/KTZ – Fraunhofer Institut für Angewandte Materialforschung/Klebtechnisches Zentrum, Bremen
- KTL – Klebtechnische Lehranstalt, Übach-Palenberg
- KUZ – Kunststoffzentrum, Leipzig
- ofi – Österreichisches Forschungsinstitut für Chemie und Technik, Wien
- OTTI – Ostbayerisches Technologie Transfer Institut, Regensburg
- RWTH – Rheinisch-Westfälische Technische Hochschule, Aachen
- SKZ – Süddeutsches Kunststoffzentrum, Würzburg (und Halle/Saale)
- TAW – Technische Akademie Wuppertal, Wuppertal.

Viele der bis in die 90er Jahre des verg. Jahrhunderts angebotenen Fortbildungsmaßnahmen waren auf hohem Niveau mit praktischem Nutzen – und sind es heute noch. Allerdings fehlte bis dahin ein strukturierter, und vor allen Dingen auch anerkannter Ausbildungsweg, der aus der „Kunst" des Klebens ein nachvollzieh- und erlernbares „Handwerk" macht. Dieser Missstand wurde erkannt und es wurde in Zusammenarbeit von Klebstoff-Instituten und dem Deutschen Verband für Schweißtechnik und verwandte Fügeverfahren e. V. ein dreistufiges Ausbildungs-

M. Pröbster, *Elastisch Kleben*, DOI 10.1007/978-3-8348-2181-2_8,

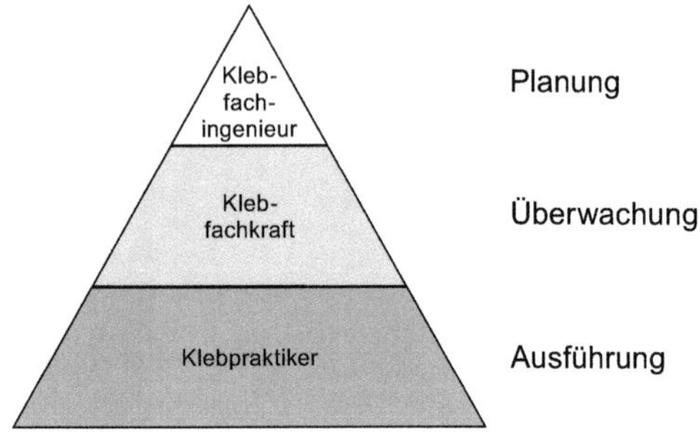

Abb. 8.1 Stufenweiser Aufbau der DVS-EWF Kleb-Ausbildung

modell für die Klebtechnik entworfen (Abb. 8.1). Dieses orientiert sich an der bewährten Ausbildung im Schweißen.

Nach den DVS-EWF[1] Richtlinien zur Personalqualifizierung werden seit mehreren Jahren folgende ergänzenden Ausbildungsgänge zu einer vorhandenen Berufsausbildung angeboten:

- DVS-EWF-European Adhesive Bonder – EAB (DVS-EWF-Klebpraktiker/in) mit einer Ausbildungsdauer von 40 h. Zielgruppe: Facharbeiter/innen, ausführende Ebene. Die Ausbildung erfolgt gemäß der Richtlinie DVS-EWF 3305: Klebpraktiker/in – Lehrgang und Prüfung
- DVS-EWF-European Adhesive Specialist – EAS (DVS-EWF Klebfachkraft) mit einer Ausbildungsdauer von 120 h. Zielgruppe: Meister, Vorarbeiter, Verbindungsmanagement. Die Ausbildung erfolgt gemäß der Richtlinie DVS-EWF 3301: Ausbildung und Prüfung zur Klebfachkraft
- DVS-EWF-European Adhesive Engineer – EAE (DVS-EWF Klebfachingenieur) mit einer Ausbildungsdauer von 320 h. Zielgruppe: Technische Entscheider. Die Ausbildung erfolgt gemäß Richtlinie DVS-EWF 3309: Klebfachingenieur/in.

Der Lehrgang, der zum *Klebpraktiker (EAB)* führt, dauert eine Woche. Es wird ein Grundverständnis für das Kleben vermittelt. Der Teilnehmer kann nach erfolgreich abgeschlossenem Lehrgang Klebungen nach Vorgaben fachgerecht und selbständig durchführen.

Teilnehmer des Lehrgangs *Klebfachkraft (EAS)* sollten bereits in leitenden oder anleitenden Funktionen tätig sein. Die dreiwöchige Ausbildung vermittelt, wie Klebungen fachgerecht zu dimensionieren und auszuführen sind und wie ausführendes

[1] DVS-EWF: Deutscher Verband für Schweißtechnik und verwandte Fügeverfahren/European Federation for Welding, Joining and Cutting.

klebtechnisches Personal anzuleiten ist. Zusätzliche Kenntnisse zur qualifizierten Prozessüberwachung werden vermittelt. Dies entspricht bereits den Anforderungen an eine verantwortliche Klebaufsicht (DIN 6701, Klasse A2).

Die achtwöchige Ausbildung zum *Klebfachingenieur (EAE)* richtet sich an Personen in leitenden Positionen. Sie befähigt nach Abschluss zur verantwortlichen Betreuung aller klebtechnischen Prozesse sowie zur Benennung als verantwortliche Klebaufsicht für die Konstruktion und Fertigung von Bauteilen mit höchsten Sicherheitsanforderungen (DIN 6701, Klasse A1).

Alle der vorgenannten Ausbildungsgänge schließen mit Prüfungen ab, die zum Tragen der angegebenen Titel berechtigen. Diese Abschlüsse besitzen mittlerweile fast überall in Europa einen anerkannten Wert.[2] Wie in der Schweißtechnik auch, dürfen die Maßnahmen nur von speziell dafür zugelassenen Bildungseinrichtungen angeboten und durchgeführt werden. Die vorgenannten Ausbildungsgänge können als anspruchsvoll bezeichnet werden, sowohl was Breite als auch was die Tiefe der vermittelten Inhalte angeht (Tab. 8.1). Da Kleben eine interdisziplinäre Wissenschaft ist, werden viele Fachgebiete berührt: Chemie, Mechanik, Rheologie, Physik, Oberflächenwissenschaft, Werkstoffkunde, aber auch praktische Fähigkeiten gefordert und gefördert. Die Teilnehmer, die sämtlich bereits eine Berufsausbildung vorweisen müssen, werden mit vielen neuartigen Fragestellungen konfrontiert, deren Beherrschung in einer Prüfung nachgewiesen werden muss. Der große Erfolg gibt – trotz aller Mühen für die Teilnehmer – dem Konzept Recht.

Tab. 8.1 Ausbildungsthemen zum Klebfachingenieur (EAE)

Themen	Unterrichtseinheiten
Adhäsion und Klebstoffe	48
Fügeteileigenschaften	40
Konstruktion	40
Langzeitbeständigkeit	24
Prozesstechnik	35
Prüftechnik und Analytik	36
Arbeitssicherheit und Umweltschutz	8
Qualitätsmanagement	29
Fallbeispiele	24
Praktische Übungen	40
Prüfung	8

[2] In Deutschland ist der Begriff des Ingenieurs geschützt, daher muss zur Klarstellung immer der volle Wortlaut „DVS-EWF Klebfachingenieur" benutzt werden.

▸ **Info** *Qualifizierte Person*: Arbeitskraft, die (mindestens) am Lehrgang für Klebpraktiker teilgenommen und die Abschlussprüfung bestanden hat oder eine gleichwertige Ausbildung nachweisen kann.

Arbeitssicherheit und Umwelt

9

Keine Arbeit ist so wichtig und dringend, dass sie nicht sicher ausgeführt werden sollte. Wenn geplante Vorhaben ein erkennbares Risiko für die arbeitenden Menschen oder die Umwelt beinhalten, müssen sie so verändert werden, dass diese Risiken ausgeschaltet oder minimiert werden. Im Falle der Anwendung elastischer Klebstoffe ist der gesamtheitlich sichere Umgang mit diesen ein „Muss" für dauerhaft erfolgreiche – und profitable – Prozesse.

9.1 Arbeitssicherheit in der Praxis

Elastische Klebstoffe sind Zubereitungen, d. h. Mischungen, die *chemisch reaktive* Komponenten enthalten. Auch wenn sie nicht mit speziellen Gefahrensymbolen gekennzeichnet sind, müssen sie umsichtig verwendet werden. Der Gesetzgeber hat daher, um die potentiellen Gefahren für Verwender und Umwelt zu minimieren, zahlreiche Vorschriften herausgegeben:

- Beschreibung der Produkte und ggf. Kennzeichnung der Gebinde mit Warnhinweisen (Gefahrensymbole, Piktogramme)
- Sicherheitsdatenblätter
- Transport und Lagerung
- Entsorgung von Verpackungen mit ggf. anhaftenden Produktresten
- Umweltvorschriften.

Alle Klebstoffhersteller bemühen sich sehr, den Anwendern die benötigten Informationen zum sicheren Umgang mit den jeweiligen Produkten in überschau- und nachvollziehbarer Form zur Verfügung zu stellen. Die Anforderungen bezüglich der richtigen Kennzeichnung von Gebinden oder Ausgestaltung der Sicherheitsdatenblätter sind allerdings durch die tiefgreifenden Änderungen im europäi-

M. Pröbster, *Elastisch Kleben*, DOI 10.1007/978-3-8348-2181-2_9,

schen Chemikalienrecht dramatisch angestiegen. Neuerdings werden auch die Anwender deutlich stärker gefordert als früher. Wertvolle Hinweise für den professionellen Anwender (nach neuem Recht „*nachgeschalteter Anwender*", s. weiter unten) sind z. B.:

- Informationen auf den Produktetiketten inklusive Gefahrenhinweisen
- Technische Datenblätter und Broschüren
- Sicherheitsdatenblätter
- Spezielle Verarbeitungsanweisungen, insbesondere für maschinenverarbeitbare Produkte, 2 K-Systeme oder andere erklärungsbedürftige Produkte
- Informationen im Internet (leider wird von manchen Herstellern das Internet noch immer zu stark als Werbeplattform statt als preiswerter Informationsverteiler gesehen)
- Telefonische oder persönliche Beratung durch die Klebstoffhersteller
- Verwendereigene Verarbeitungsvorschriften (Betriebsanweisungen) für spezielle Prozesse (s. Abschn. 6.1).

Jeder Anwender muss sich mit allen zur Verfügung gestellten Informationen, insbesondere mit den betrieblichen Arbeitsvorschriften, gründlich auseinandersetzen und die Anweisungen befolgen. Dies vermeidet nicht nur Fehler beim Umgang mit dem Produkt, sondern kann auch im Schadens- oder Reklamationsfall juristische Konsequenzen haben, wenn es darum geht, aufzuklären, ob es sich um einen Produkt- oder Anwendungsfehler gehandelt hat.

Die in Form und Inhalt vorgeschriebenen, ausführlichen Sicherheitsdatenblätter (Tab. 9.1) geben in ihren 16 Kapiteln detaillierte Informationen zum sicheren Umgang mit einem Produkt. Die dort angegebenen Risiko- und Sicherheitssätze (derzeit noch R- und S-Sätze) warnen konkret vor den möglichen Gefahren, die von einzelnen Inhaltsstoffen ausgehen können und geben Verhaltensratschläge.

Die zukünftigen Sicherheitsdatenblätter nach REACH werden die bisherigen an Umfang und Details deutlich übertreffen. Für den Anwender wichtig wird zusätzlich der neue Unterpunkt „1.2 Relevante identifizierte Verwendungen des Stoffs oder Gemischs und Verwendungen, von denen abgeraten wird". Nur Verwendungen, die nicht in diesem Punkt genannt sind, dürfen auch durchgeführt werden bzw. müssen unterlassen werden.

[1] Ab 2012 müssen erweiterte SDB nach REACH (EU Nr. 453/2010) verwendet werden, die z. B. die erlaubte *Verwendung* des betr. Produkts beinhalten

Tab. 9.1 Beispiel für ein Sicherheitsdatenblatt eines Hybridklebstoffs nach (EG) Nr. 1907/2006[1]

	Thema	Inhalt	Beispiel
1.	Stoff-/Zubereitungskennzeichnung, und Firmenbezeichnung	Bezeichnung, vorgesehene Verwendung, Firmenname, Adresse, Notrufnummer	Terostat MS 939 Weiss SP570MLVE, 1 K-Dichtstoff, Henkel AG und Co. KGaA, Henkelstr. 67, 40191 Düsseldorf, 0211/797-0 bzw. 0211/797-3350
2.	Mögliche Gefahren des Produkts	Gefahrenbezeichnung, besondere Gefahrenhinweise	Das Produkt ist nicht gefährlich im Sinne der gültigen Zubereitungsrichtlinie
3.	Zusammensetzung/Angaben zu den Bestandteilen	Gefährliche Inhaltsstoffe mit CAS- oder EINECS-Nr., Konzentrationsbereich, Gefahrensymbole, R- und S-Sätze	< 5 % Trimethoxyvinylsilan, CAS 2768-02-7, Xn – Gesundheitsschädlich; R10, R 20
4.	Erste Hilfemaßnahmen	Sofortmaßnahmen, allgemeine Hinweise, Maßnahmen nach Einatmen, Hautkontakt, Augenkontakt, Verschlucken	Einatmen: Frische Luft, bei anhaltenden Beschwerden Arzt aufsuchen Hautkontakt: Spülung mit fließendem Wasser und Seife. Hautpflege. Beschmutzte, getränkte Kleidung wechseln (**gekürzt**)
5.	Maßnahmen zur Brandbekämpfung	Geeignete Löschmittel, besondere Gefährdung durch den Stoff selbst oder durch die bei der Verbrennung entstehenden Gase, Schutzausrüstung bei der Brandbekämpfung, ungeeignete Löschmittel	Geeignete Löschmittel: Alle gebräuchlichen Löschmittel sind geeignet Gefährliche Verbrennungsprodukte: Kohlendioxide (**gekürzt**)
6.	Maßnahmen bei unbeabsichtigter Freisetzung	Personenbezogene Vorsichtsmaßnahmen, Umweltschutzmaßnahmen, Verfahren zu Reinigung/Absorption	Personenbezogene Vorsichtsmaßnahmen: Persönliche Schutzausrüstung tragen. Hinweise in Kap. 8 beachten (**gekürzt**)
7.	Handhabung und Lagerung	Hinweise zum Brand- und Explosionsschutz, Zusammenlagerungshinweise, besondere Hinweise zur Lagerung	Lagerung: Für gute Be- und Entlüftung sorgen. Temperaturen zwischen +10 °C und +25 °C
8.	Expositionsbegrenzung und persönliche Schutzausrüstung	Grenzwerte am Arbeitsplatz, zu überwachende Grenzwerte, persönliche Schutzausrüstung	Handschutz: Chemikalienbeständige Handschuhe (EN 374) Augenschutz: Schutzbrille Körperschutz: Persönliche Schutzausrüstung tragen (**gekürzt**)

Tab. 9.1 (Fortsetzung)

	Thema	Inhalt	Beispiel
9.	Physikalische und chemische Eigenschaften	Erscheinungsbild, Geruch, sicherheitsrelevante Daten, sonstige Daten wenn sinnvoll	Allgemeine Eigenschaften: Aussehen Feststoff, pastös, weiß Festkörpergehalt 98 % (**gekürzt**)
10.	Stabilität und Reaktivität	Zu vermeidende Bedingungen und Stoffe, gefährliche Reaktionen, Stabilitätshinweise, gefährliche Zersetzungsprodukte	Zu vermeidende Bedingungen: Keine bekannt bei bestimmungsgemäßer Verwendung (**gekürzt**)
11.	Angaben zur Toxikologie	Sensibilisierung, Praxiserfahrungen beim Menschen, akute Toxizität	Allg. Angaben zur Toxikologie: Bei sachgemäßem Umgang und bestimmungsgemäßer Verwendung sind nach unserer Kenntnis keine gesundheitlich nachteiligen Wirkungen des Produkts zu erwarten
12.	Angaben zur Ökologie	Angaben zur Gefährdung von Luft, Wasser, Boden	Allg. Angaben zur Ökologie: Nicht in Abwasser, Erdreich oder Gewässer gelangen lassen
13.	Hinweise zur Entsorgung	Entsorgung des Produkts und der verunreinigten Gebinde	Entsorgung des Produktes: Die EAK-Abfallschlüssel sind nicht produkt-, sondern größtenteils herkunftsbezogen (**gekürzt**)
14.	Angaben zum Transport	Einstufung für Transport auf See, Straße, Schiene und in der Luft	Allg. Hinweise: Kein Gefahrgut im Sinne von RID, ADR, ADNR, IMDG, IATA-DGR
15.	Vorschriften – Einstufung und Kennzeichnung	Kennzeichnung nach nationalen und internationalen Vorschriften, z. B. nach Gefahrstoffverordnung, Giftklasse, Wassergefährdungsklasse	Das Produkt ist nicht kennzeichnungspflichtig aufgrund des Berechnungsverfahrens der „Allgemeinen Einstufungsrichtlinie für Zubereitungen der EG" in der letztgültigen Fassung (**gekürzt**)
16.	Sonstige Angaben	Zum Beispiel Schulungshinweise, Quellenangaben etc.	R10 Entzündlich R20 Gesundheitsschädlich beim Einatmen (**gekürzt**)

▸ **Achtung!** Vor Beginn der Klebearbeiten immer das Gebindeetikett, Technisches Datenblatt, Sicherheitsdatenblatt und die Arbeitsanweisung aufmerksam lesen und die Hinweise *befolgen*. Nicht in vollständig abgeschlossenen Räumen arbeiten und bei der Arbeit nicht essen, trinken oder rauchen.

Beim Kleben wird meist mit weiteren Hilfsstoffen gearbeitet, z. B. organischen Lösemitteln zum Reinigen oder mit brennbaren Primern. Der Umgang mit diesen stellt ein oft unterschätztes Risiko dar. Nicht nur, dass die maximale Arbeitsplatzkonzentration (MAK-Wert) der Lösemitteldämpfe in Luft dauerhaft unterschritten werden muss, auch die Explosionsgefährlichkeit von Lösemitteldämpfen stellt ein Sicherheitsrisiko dar, wenn nebenan mit offenen Flammen oder glimmenden Zigaretten hantiert wird. Lösemittelgetränkte Lumpen bergen auch im Abfalleimer noch Gefahren.

▸ **Info** *Isocyanate.* Elastische Polyurethanklebstoffe enthalten chemisch gebundenes und in geringen Mengen auch freies Isocyanat, gegen das manche Menschen allergisch reagieren und Hautausschläge (Dermatitis) oder Atembeschwerden unterschiedlicher Schwere (obstruktive Beschwerden und Alveolitis) bekommen. Details findet man beispielsweise im Merkblatt der BG Chemie zur Berufskrankheit Nr. 1315 (2004): „Erkrankungen durch Isocyanate, die zur Unterlassung aller Tätigkeiten gezwungen haben, die für die Entstehung, die Verschlimmerung oder das Wiederaufleben der Krankheit ursächlich waren oder sein können.“ Jemand, der gegen Isocyanate allergisch geworden ist, kann damit nicht mehr arbeiten! Dies bedeutet, dass beim Umgang mit Polyurethanklebstoffen die Empfehlungen der Daten- und Sicherheitsdatenblätter besonders genau zu beachten sind. Der direkte Hautkontakt beim Verarbeiten ist auf jeden Fall zu vermeiden.

MDI-haltige Produkte (elastische PU-Klebstoffe) müssen ab einem Gehalt von 0,1 % an freiem Isocyanat mit dem Andreaskreuz und dem Hinweis „enthält 4,4′-Methylendiphenyldiisocyanat“ gekennzeichnet werden. Sie dürfen an Privatpersonen erst nach Unterrichtung durch eine sachkundige Person abgegeben werden. Produkte mit mehr als 1 % freiem Isocyanat dürfen nur an gewerbliche Verwender durch unterwiesene Personen abgegeben werden; dies ist zu dokumentieren. Den Umgang mit isocyanathaltigen Produkten regelt die TRGS 430 (2009) Isocyanate – Exposition und Überwachung.

▸ **Info** Für den Klebstoffverarbeiter sind der *Hautkontakt* mit gefährlichen (reizenden, allergenen) Stoffen und das *Einatmen* von Dämpfen (aus Primern oder Lösemitteln) oder Abspaltprodukten von härtenden Klebstoffen die hauptsächlichen Gesundheitsrisiken.

Die Gefahrenbezeichnungen für Hauptgefahren, die von elastischen Klebstoffen und Hilfsstoffen ausgehen können, sind: „Leichtentzündlich, F“, „Gesundheitsschädlich, Xn“ und „Reizend, Xi“. Von gesundheitsschädlichen Produkten gehen größere Gefahren aus als von reizenden. Diese Gefahren werden standardisiert und detailliert durch die sog. *R-Sätze* (Risiko-Sätze) beschrieben. Das sind Hinweise auf besondere Gefahren (Risiken), die bei bestimmungsgemäßer Handhabung und Verwendung gefährlicher Stoffe und Zubereitungen auftreten können. R-Sätze werden zur Warnung vor Gefahrstoffen angegeben, z. B. auf der Verpackung und im Sicherheitsdatenblatt. Hierbei sind auch Kombinationen mehrerer R-Sätze möglich. Die oft zusätzlich angegebenen *S-Sätze* sind standardisierte Sicherheitsvorschläge oder Hinweise auf notwendige Vorsichtsmaßnahmen für die Handhabung und Verwendung von gefährlichen Stoffen. S-Sätze sind bei der Kennzeichnung von Gefahrstoffen oder gefährlichen Inhaltsstoffen einer Zubereitung anzuwenden. Auch hier sind Kombinationen möglich.

▸ **Info** *R-Sätze* (Risiko-Sätze) beschreiben das Risiko beim Umgang mit einer chemischen Zubereitung.

S-Sätze (Sicherheitssätze) beschreiben die einzuhaltenden Sicherheitsmaßnahmen.

Die derzeit noch gültigen R-Sätze und R-Satz-Kombinationen sind im Anhang III der Stoffrichtlinie 67/548/EWG definiert. Auch wenn der größte Teil davon nicht auf Klebstoffe zutrifft, sind manche dieser Produkte doch mit einzelnen R-Sätzen oder Kombinationen zu kennzeichnen. Im ersten Folgeabschnitt sind die Einzelrisiken aufgeführt, im zweiten die Kombinationen.

R1 In trockenem Zustand explosionsgefährlich
R2 Durch Schlag, Reibung, Feuer oder andere Zündquellen explosionsgefährlich
R3 Durch Schlag, Reibung, Feuer oder andere Zündquellen besonders explosionsgefährlich
R4 Bildet hochempfindliche explosionsgefährliche Metallverbindungen
R5 Beim Erwärmen explosionsfähig
R6 Mit und ohne Luft explosionsfähig
R7 Kann Brand verursachen
R8 Feuergefahr bei Berührung mit brennbaren Stoffen
R9 Explosionsgefahr bei Mischung mit brennbaren Stoffen
R10 Entzündlich
R11 Leichtentzündlich
R12 Hochentzündlich
R14 Reagiert heftig mit Wasser
R15 Reagiert mit Wasser unter Bildung hochentzündlicher Gase
R16 Explosionsgefährlich in Mischung mit brandfördernden Stoffen
R17 Selbstentzündlich an der Luft

R18 Bei Gebrauch Bildung explosionsfähiger/leichtentzündlicher Dampf-Luftgemische möglich
R19 Kann explosionsfähige Peroxide bilden
R20 Gesundheitsschädlich beim Einatmen
R21 Gesundheitsschädlich bei Berührung mit der Haut
R22 Gesundheitsschädlich beim Verschlucken
R23 Giftig beim Einatmen
R24 Giftig bei Berührung mit der Haut
R25 Giftig beim Verschlucken
R26 Sehr giftig beim Einatmen
R27 Sehr giftig bei Berührung mit der Haut
R28 Sehr giftig beim Verschlucken
R29 Entwickelt bei Berührung mit Wasser giftige Gase
R30 Kann bei Gebrauch leicht entzündlich werden
R31 Entwickelt bei Berührung mit Säure giftige Gase
R32 Entwickelt bei Berührung mit Säure sehr giftige Gase
R33 Gefahr kumulativer Wirkungen
R34 Verursacht Verätzungen
R35 Verursacht schwere Verätzungen
R36 Reizt die Augen
R37 Reizt die Atmungsorgane
R38 Reizt die Haut
R39 Ernste Gefahr irreversiblen Schadens
R40 Verdacht auf krebserzeugende Wirkung
R41 Gefahr ernster Augenschäden
R42 Sensibilisierung durch Einatmen möglich
R43 Sensibilisierung durch Hautkontakt möglich
R44 Explosionsgefahr bei Erhitzen unter Einschluss
R45 Kann Krebs erzeugen
R46 Kann vererbbare Schäden verursachen
R48 Gefahr ernster Gesundheitsschäden bei längerer Exposition
R49 Kann Krebs erzeugen beim Einatmen
R50 Sehr giftig für Wasserorganismen
R51 Giftig für Wasserorganismen
R52 Schädlich für Wasserorganismen
R53 Kann in Gewässern längerfristig schädliche Wirkungen haben
R54 Giftig für Pflanzen
R55 Giftig für Tiere
R56 Giftig für Bodenorganismen

R57 Giftig für Bienen
R58 Kann längerfristig schädliche Wirkungen auf die Umwelt haben
R59 Gefährlich für die Ozonschicht
R60 Kann die Fortpflanzungsfähigkeit beeinträchtigen
R61 Kann das Kind im Mutterleib schädigen
R62 Kann möglicherweise die Fortpflanzungsfähigkeit beeinträchtigen
R63 Kann das Kind im Mutterleib möglicherweise schädigen
R64 Kann Säuglinge über die Muttermilch schädigen
R65 Gesundheitsschädlich: kann beim Verschlucken Lungenschäden verursachen
R66 Wiederholter Kontakt kann zu spröder oder rissiger Haut führen
R67 Dämpfe können Schläfrigkeit und Benommenheit verursachen
R68 Irreversibler Schaden möglich

Es gibt eine Reihe von typischen Risiko*kombinationen*, die immer wieder vorkommen und deshalb ebenfalls standardisiert wurden:

R14/15	Reagiert heftig mit Wasser unter Bildung hochentzündlicher Gase
R15/29	Reagiert mit Wasser unter Bildung giftiger und hochentzündlicher Gase
R20/21	Gesundheitsschädlich beim Einatmen und bei Berührung mit der Haut
R20/22	Gesundheitsschädlich beim Einatmen und Verschlucken
R20/21/22	Gesundheitsschädlich beim Einatmen, Verschlucken und Berührung mit der Haut
R21/22	Gesundheitsschädlich bei Berührung mit der Haut und beim Verschlucken
R23/24	Giftig beim Einatmen und bei Berührung mit der Haut
R23/25	Giftig beim Einatmen und Verschlucken
R23/24/25	Giftig beim Einatmen, Verschlucken und Berührung mit der Haut
R24/25	Giftig bei Berührung mit der Haut und beim Verschlucken
R26/27	Sehr giftig beim Einatmen und bei Berührung mit der Haut
R26/28	Sehr giftig beim Einatmen und Verschlucken
R26/27/28	Sehr giftig beim Einatmen, Verschlucken und Berührung mit der Haut
R27/28	Sehr giftig bei Berührung mit der Haut und beim Verschlucken
R36/37	Reizt die Augen und die Atmungsorgane
R36/38	Reizt die Augen und die Haut
R36/37/38	Reizt die Augen, Atmungsorgane und die Haut
R37/38	Reizt die Atmungsorgane und die Haut

R39/23	Giftig: ernste Gefahr irreversiblen Schadens durch Einatmen
R39/24	Giftig: ernste Gefahr irreversiblen Schadens bei Berührung mit der Haut
R39/25	Giftig: ernste Gefahr irreversiblen Schadens durch Verschlucken
R39/23/24	Giftig: ernste Gefahr irreversiblen Schadens durch Einatmen und bei Berührung mit der Haut
R39/23/25	Giftig: ernste Gefahr irreversiblen Schadens durch Einatmen und durch Verschlucken
R39/24/25	Giftig: ernste Gefahr irreversiblen Schadens bei Berührung mit der Haut und durch Verschlucken
R39/23/24/25	Giftig: ernste Gefahr irreversiblen Schadens durch Einatmen, Berührung mit der Haut und durch Verschlucken
R39/26	Sehr giftig: ernste Gefahr irreversiblen Schadens durch Einatmen
R39/27	Sehr giftig: ernste Gefahr irreversiblen Schadens bei Berührung mit der Haut
R39/28	Sehr giftig: ernste Gefahr irreversiblen Schadens durch Verschlucken
R39/26/27	Sehr giftig: ernste Gefahr irreversiblen Schadens durch Einatmen und bei Berührung mit der Haut
R39/26/28	Sehr giftig: ernste Gefahr irreversiblen Schadens durch Einatmen und durch Verschlucken
R39/27/28	Sehr giftig: ernste Gefahr irreversiblen Schadens bei Berührung mit der Haut und durch Verschlucken
R39/26/27/28	Sehr giftig: ernste Gefahr irreversiblen Schadens durch Einatmen, Berührung mit der Haut und durch Verschlucken
R42/43	Sensibilisierung durch Einatmen und Hautkontakt möglich
R48/20	Gesundheitsschädlich: Gefahr ernster Gesundheitsschäden bei längerer Exposition durch Einatmen
R48/21	Gesundheitsschädlich: Gefahr ernster Gesundheitsschäden bei längerer Exposition durch Berührung mit der Haut
R48/22	Gesundheitsschädlich: Gefahr ernster Gesundheitsschäden bei längerer Exposition durch Verschlucken
R48/20/21	Gesundheitsschädlich: Gefahr ernster Gesundheitsschäden bei längerer Exposition durch Einatmen und durch Berührung mit der Haut
R48/20/22	Gesundheitsschädlich: Gefahr ernster Gesundheitsschäden bei längerer Exposition durch Einatmen und durch Verschlucken
R48/21/22	Gesundheitsschädlich: Gefahr ernster Gesundheitsschäden bei längerer Exposition durch Berührung mit der Haut und durch Verschlucken

R48/20/21/22	Gesundheitsschädlich: Gefahr ernster Gesundheitsschäden bei längerer Exposition durch Einatmen, Berührung mit der Haut und durch Verschlucken
R48/23	Giftig: Gefahr ernster Gesundheitsschäden bei längerer Exposition durch Einatmen
R48/24	Giftig: Gefahr ernster Gesundheitsschäden bei längerer Exposition durch Berührung mit der Haut
R48/25	Giftig: Gefahr ernster Gesundheitsschäden bei längerer Exposition durch Verschlucken
R48/23/24	Giftig: Gefahr ernster Gesundheitsschäden bei längerer Exposition durch Einatmen und durch Berührung mit der Haut
R48/23/25	Giftig: Gefahr ernster Gesundheitsschäden bei längerer Exposition durch Einatmen und durch Verschlucken
R48/24/25	Giftig: Gefahr ernster Gesundheitsschäden bei längerer Exposition durch Berührung mit der Haut und durch Verschlucken
R48/23/24/25	Giftig: Gefahr ernster Gesundheitsschäden bei längerer Exposition durch Einatmen, Berührung mit der Haut und durch Verschlucken
R50/53	Sehr giftig für Wasserorganismen, kann in Gewässern längerfristig schädliche Wirkungen haben
R51/53	Giftig für Wasserorganismen, kann in Gewässern längerfristig schädliche Wirkungen haben
R52/53	Schädlich für Wasserorganismen, kann in Gewässern längerfristig schädliche Wirkungen haben
R68/20	Gesundheitsschädlich: Möglichkeit irreversiblen Schadens durch Einatmen
R68/21	Gesundheitsschädlich: Möglichkeit irreversiblen Schadens bei Berührung mit der Haut
R68/22	Gesundheitsschädlich: Möglichkeit irreversiblen Schadens durch Verschlucken
R68/20/21	Gesundheitsschädlich: Möglichkeit irreversiblen Schadens durch Einatmen und bei Berührung mit der Haut
R68/20/22	Gesundheitsschädlich: Möglichkeit irreversiblen Schadens durch Einatmen und durch Verschlucken
R68/21/22	Gesundheitsschädlich: Möglichkeit irreversiblen Schadens bei Berührung mit der Haut und durch Verschlucken
R68/20/21/22	Gesundheitsschädlich: Möglichkeit irreversiblen Schadens durch Einatmen, Berührung mit der Haut und durch Verschlucken

Auch die Sicherheits-Sätze (Liste der S-Sätze und S-Kombinationssätze gem. Richtlinie 67/548/EWG, Anhang IV) wurden unterteilt in Einzelsätze und Kombinationen:

S1 Unter Verschluss aufbewahren
S2 Darf nicht in die Hände von Kindern gelangen
S3 Kühl aufbewahren
S4 Von Wohnplätzen fernhalten
S5 Unter … aufbewahren (geeignete Flüssigkeit vom Hersteller anzugeben)
S6 Unter … aufbewahren (inertes Gas vom Hersteller anzugeben)
S7 Behälter dicht geschlossen halten
S8 Behälter trocken halten
S9 Behälter an einem gut gelüfteten Ort aufbewahren
S12 Behälter nicht gasdicht verschließen
S13 Von Nahrungsmitteln, Getränken und Futtermitteln fernhalten
S14 Von … fernhalten (inkompatible Substanzen sind vom Hersteller anzugeben)
S15 Vor Hitze schützen
S16 Von Zündquellen fernhalten – Nicht rauchen
S17 Von brennbaren Stoffen fernhalten
S18 Behälter mit Vorsicht öffnen und handhaben
S20 Bei der Arbeit nicht essen und trinken
S21 Bei der Arbeit nicht rauchen
S22 Staub nicht einatmen
S23 Gas/Rauch/Dampf/Aerosol nicht einatmen (geeignete Bezeichnung(en) vom Hersteller anzugeben)
S24 Berührung mit der Haut vermeiden
S25 Berührung mit den Augen vermeiden
S26 Bei Berührung mit den Augen sofort gründlich mit Wasser abspülen und Arzt konsultieren
S27 Beschmutzte, getränkte Kleidung sofort ausziehen
S28 Bei Berührung mit der Haut sofort abwaschen mit viel … (vom Hersteller anzugeben)
S29 Nicht in die Kanalisation gelangen lassen
S30 Niemals Wasser hinzugießen
S33 Maßnahmen gegen elektrostatische Aufladungen treffen
S35 Abfälle und Behälter müssen in gesicherter Weise beseitigt werden
S36 Bei der Arbeit geeignete Schutzkleidung tragen
S37 Geeignete Schutzhandschuhe tragen
S38 Bei unzureichender Belüftung Atemschutzgerät anlegen

S39 Schutzbrille/Gesichtsschutz tragen
S40 Fußboden und verunreinigte Gegenstände mit ... reinigen (Material vom Hersteller anzugeben)
S41 Explosions- und Brandgase nicht einatmen
S42 Beim Räuchern/Versprühen geeignetes Atemschutzgerät anlegen (geeignete Bezeichnung(en) vom Hersteller anzugeben)
S43 Zum Löschen ... (vom Hersteller anzugeben) verwenden (wenn Wasser die Gefahr erhöht, anfügen: „Kein Wasser verwenden")
S45 Bei Unfall oder Unwohlsein sofort Arzt hinzuziehen (wenn möglich dieses Etikett vorzeigen)
S46 Bei Verschlucken sofort ärztlichen Rat einholen und Verpackung oder Etikett vorzeigen
S47 Nicht bei Temperaturen über ... °C aufbewahren (vom Hersteller anzugeben)
S48 Feucht halten mit ... (geeignetes Mittel vom Hersteller anzugeben)
S49 Nur im Originalbehälter aufbewahren
S50 Nicht mischen mit ... (vom Hersteller anzugeben)
S51 Nur in gut gelüfteten Bereichen verwenden
S52 Nicht großflächig für Wohn- und Aufenthaltsräume zu verwenden
S53 Exposition vermeiden – vor Gebrauch besondere Anweisungen einholen
S56 Dieses Produkt und seinen Behälter der Problemabfallentsorgung zuführen
S57 Zur Vermeidung einer Kontamination der Umwelt geeigneten Behälter verwenden
S59 Information zur Wiederverwendung/Wiederverwertung beim Hersteller/Lieferanten erfragen
S60 Dieses Produkt und sein Behälter sind als gefährlicher Abfall zu entsorgen
S61 Freisetzung in die Umwelt vermeiden. Besondere Anweisungen einholen/Sicherheitsdatenblatt zu Rate ziehen
S62 Bei Verschlucken kein Erbrechen herbeiführen. Sofort ärztlichen Rat einholen und Verpackung oder dieses Etikett vorzeigen
S63 Bei Unfall durch Einatmen: Verunfallten an die frische Luft bringen und ruhigstellen.
S64 Bei Verschlucken Mund mit Wasser ausspülen (nur wenn Verunfallter bei Bewusstsein ist)

Die Satzkombinationen sind die folgenden:

S1/2 Unter Verschluss und für Kinder unzugänglich aufbewahren
S3/7 Behälter dicht geschlossen halten und an einem kühlen Ort aufbewahren

S3/9/14	An einem kühlen, gut gelüfteten Ort, entfernt von ... aufbewahren (die Stoffe, mit denen Kontakt vermieden werden muss, sind vom Hersteller anzugeben)
S3/9/14/49	Nur im Originalbehälter an einem kühlen, gut gelüfteten Ort, entfernt von ... aufbewahren (die Stoffe, mit denen Kontakt vermieden werden muss, sind vom Hersteller anzugeben)
S3/9/49	Nur im Originalbehälter an einem kühlen, gut gelüfteten Ort aufbewahren
S3/14	An einem kühlen, von ... entfernten Ort aufbewahren (die Stoffe, mit denen Kontakt vermieden werden muss, sind vom Hersteller anzugeben)
S7/8	Behälter trocken und dicht geschlossen halten
S7/9	Behälter dicht geschlossen an einem gut gelüfteten Ort aufbewahren
S7/47	Behälter dicht geschlossen und nicht bei Temperaturen über ... °C aufbewahren (vom Hersteller anzugeben)
S20/21	Bei der Arbeit nicht essen, trinken oder rauchen
S24/25	Berührung mit den Augen und der Haut vermeiden
S27/28	Bei Berührung mit der Haut beschmutzte, getränkte Kleidung sofort ausziehen und Haut sofort abwaschen mit viel ... (vom Hersteller anzugeben)
S29/35	Nicht in die Kanalisation gelangen lassen; Abfälle und Behälter müssen in gesicherter Weise beseitigt werden
S29/56	Nicht in die Kanalisation gelangen lassen; diesen Stoff und seinen Behälter der Problemabfallentsorgung zuführen
S36/37	Bei der Arbeit geeignete Schutzhandschuhe und Schutzkleidung tragen
S36/37/39	Bei der Arbeit geeignete Schutzkleidung, Schutzhandschuhe und Schutzbrille/Gesichtsschutz tragen
S36/39	Bei der Arbeit geeignete Schutzkleidung und Schutzbrille/Gesichtsschutz tragen
S37/39	Bei der Arbeit geeignete Schutzhandschuhe und Schutzbrille/Gesichtsschutz tragen
S47/49	Nur im Originalbehälter bei einer Temperatur von nicht über ... °C (vom Hersteller anzugeben) aufbewahren

Im Rahmen des neuen Chemikalienrechts werden die R- und S-Sätze zukünftig durch die H- und P-Sätze abgelöst. H bedeutet „hazard“ (Gefährdung), P bedeutet „precaution“ (Vorbeugung).

In einem vorschriftsmäßig mit Klebstoffen arbeitendem Betrieb kann man folgende Sicherheitsvorkehrungen erwarten:

- Hautschutzplan (geeignete Pflegecremes)
- Persönliche Schutzausrüstung (Schutzbrille, Schutzhandschuhe, Arbeitskleidung, ggf. Maske)
- Absaugvorrichtungen
- Unterweisungen (detaillierte Arbeitsanweisungen)
- Gefährdungsanalyse (ggf. Schadstoffmessungen).

▸ **Info** *Arbeits- und Umweltschutz*:

- Sicherheitseinweisung bezüglich chemischer Produkte geben (z. B. Isocyanate, Lösemittel)
- Art und Verwendung der persönlichen Schutzausrüstung festlegen und vorschreiben (Schutzbrille, geeignete Handschuhe [Handschuhplan], Arbeitskleidung, Sicherheitsschuhe, ggf. Schutzmaske, Hautpflegemittel)
- Technische Einrichtungen des Arbeitsschutzes vorsehen, überprüfen und verwenden (Absaugung)
- Informationen zur ersten Hilfe geben (Verbandkasten, Ersthelfer, Notrufnummern)
- Abfallentsorgung organisieren und vorschreiben

9.2 REACH – das neue europäische Chemikaliengesetz

Seit dem 1. Juni 2007 gilt im Europäischen Wirtschaftsraum eine neue, einheitliche Chemikaliengesetzgebung: REACH. Die einzelnen Buchstaben bedeuten hierbei: *R*egistration (Registrierung), *E*valuation (Bewertung), *A*uthorisation (Zulassung) und Beschränkung von *Ch*emikalien. Dieses neue Gesetzeswerk ersetzt die bisher bestehenden unterschiedlichen nationalen Chemikaliengesetze. REACH reguliert den Umgang mit allen chemischen Stoffen auf dem europäischen Markt und hat folgende Ziele:

- Hohes und einheitliches Schutzniveau für Gesundheit und Umwelt
- Gewährleisten eines freien Warenaustausches im europäischen Binnenmarkt
- Verbesserung der Wettbewerbsfähigkeit und Innovation.

Um diese Ziele zu erreichen, müssen alle in der EU hergestellten und in die EU importierten Stoffe von Herstellern und Importeuren bei einer zentralen europäischen Behörde angemeldet werden, inklusive der beabsichtigten Verwendung.

Auch die Anwender von Klebstoffen – letztere stellen ja eine Mischung unterschiedlichster Chemikalien dar – sind direkt mit betroffen. Nach REACH ist ein Klebstoff ein Gemisch von Chemikalien oder eine Zubereitung. Im Gegensatz zu früher ist nunmehr der Registrant (Inverkehrbringer der Chemikalie, meist die Industrie, auch Importeure) verantwortlich dafür, dass keine unerkannten Risiken von einer Chemikalie oder einem Produkt (z. B. Klebstoff, Primer) ausgehen. Das gilt sowohl für die Herstellung als auch die Verwendung. Damit die Vorschriften auch befolgt werden, haben sich die europäischen Behörden einen einfachen, aber wirkungsvollen Trick ausgedacht: Ohne Registrierung keine legale Vermarktung!

Gemäß REACH werden Chemikalien nur für *ganz bestimmte Anwendungen* zugelassen. Vor (!) jeder Anwendung muss nachgewiesen werden, dass von der fraglichen Substanz oder Zubereitung keine Gefahren für Mensch und Umwelt ausgehen. Dies bedeutet im Gegensatz zur bisherigen Praxis, dass neben dem Warenfluss auch noch ein erheblicher Informationsfluss innerhalb der Prozesskette vom Rohstoff zum Fertigprodukt und umgekehrt erfolgen muss.

▸ **Info** *Einige Begriffe unter REACH*

- *Nachgeschalteter Anwender* (engl.: downstream user): Jeder, der im Rahmen einer industriellen oder gewerbliche Tätigkeit einen (chemischen) Stoff verwendet.
- *Verwendung*: Jeglicher Gebrauch eines Stoffes, z. B. Herstellen, Umfüllen, Applizieren (Kleben, Dichten, Beschichten etc.).
- *Expositionsszenario*: Zusammenstellung von Verwendungsbedingungen und Risikomanagement der Stoffeinwirkungen auf Mensch und Umwelt.
- *Verwendungsdeskriptoren* (engl.: use deskriptors): In der Kleb- und Dichtstoffindustrie eingeführte Codes, die beschreiben, wie die Produkte verwendet werden.

REACH gilt für (Rein-)Stoffe (z. B. Isopropanol, Waschbenzin) als auch für Gemische von Stoffen (Klebstoffe oder Primer, die sich aus mehreren Stoffen zusammensetzen). Jeder gewerbliche Verwender ist Teil der Gesamtkette und muss daher sicherstellen, dass seine Verwendung der Produkte von REACH abgedeckt ist. Um zu vermeiden, dass jede einzelne Anwendung separat angemeldet werden muss, wurden von der Klebstoffindustrie sog. *Verwendungsdeskriptoren* erstellt, die die bekanntesten Verwendungen der Stoffe in Kleb- und Dichtstoffen gruppenweise erfassen:

- Verwendungssektor (sector of use, SU). Beispiele: SU3: Industrieanwendung, SU21: Endverbraucher, SU22: Handwerker

- Prozesskategorie (process category, PROC). Beispiele: PROC8a: Entleeren von Gebinden (z. B. Kartuschen, Fässern) an mehreren Orten, PROC8b: Entleeren von Gebinden an einem Ort, PROC10: Aufbringen des Produkts.
- Umweltbelastungskategorie (environmental release category, ERC): Beispiele: ERC5: Belastung bei industriellem Aufbringen auf Untergrund, ERC8c: Belastung bei Auftrag auf Untergrund in Räumen, ERC8 f: Belastung bei Auftrag auf Untergrund im Freien
- Artikelkategorie (article category, AC): Wenn gefährliche Inhaltsstoffe zusätzlich berücksichtigt werden müssen.

In Zukunft wird man im Sicherheitsdatenblatt derartige Sätze oder Codes finden, die der Verwender nur daraufhin überprüfen muss, ob sie seine Anwendung abdecken oder nicht. Wenn die angegebenen Codes nicht mit der beabsichtigten Verwendung übereinstimmen, darf das Produkt nicht verwendet werden!

REACH erfordert von gewerblichen Anwendern deutlich mehr Verantwortung bei der Verwendung chemischer Produkte. Mit irgendwelchen zweckentfremdeten Produkten Probleme lösen zu wollen, ohne erstere auf ihre Zulassung nach REACH überprüft zu haben, ist nicht mehr gesetzeskonform. Kann eine nicht zugelassene Anwendung bei Reklamationen nachgewiesen werden, wird eine solche Übertretung sicherlich nachteilig interpretiert werden.

9.3 GHS: Global harmonisiertes System zur Einstufung und Kennzeichnung von Chemikalien

Während REACH ein europäisches System zur *Zulassung* von Chemikalien und Zubereitungen darstellt, basiert das neue global harmonisierte System zur *Einstufung und Kennzeichnung* von Chemikalien (GHS, Globally Harmonized System of Classification and Labelling of Chemicals; weltweit harmonisiertes System zur Einstufung und Kennzeichnung von Chemikalien) auf der Notwendigkeit, weltweit gültige Standards und Symbole für die *Kennzeichnung* und den Umgang mit Chemikalien einzuführen. Hierdurch soll die bisherige Fülle von nationalen Regelungen und Kennzeichen im Rahmen der Globalisierung des Handels durch einheitliche Vorgaben ersetzt werden. Umgesetzt wird das GHS-Konzept in der EU durch die CLP-Verordnung (Classification, Labelling and Packaging; Einstufung, Kennzeichnung und Verpackung) über die Einstufung, Kennzeichnung und Verpackung von Stoffen und Gemischen. Um Missdeutungen und Verwechslungen zu vermeiden, werden die bisher in der EU geltenden Kennzeichnungen für Gefahrstoffe ersetzt;

Tab. 9.2 Fristen der Umsetzung von GHS

Etikett	Alte Kennzeichnung	Neue Kennzeichnung
(Rein-)Stoffe	Erlaubt bis 1.12.2010 (Lagerbestände + 2 Jahre)	Erlaubt ab 20.1.2009 Vorgeschrieben ab 1.12.2010
Gemische und Zubereitungen	Erlaubt bis 1.6.2015 (Lagerbestände + 2 Jahre)	Erlaubt ab 20.1.2009 Vorgeschrieben ab 1.6.2015
Sicherheitsdatenblatt	**Alte Einstufung**	**Neue Einstufung**
(Rein-)Stoffe	Vorgeschrieben bis 1.6.2015	Erlaubt ab 20.1.2009 Vorgeschrieben ab 1.12.2010
Gemische und Zubereitungen	Vorgeschrieben bis 1.6.2015	Erlaubt ab 20.1.2009 Vorgeschrieben ab 1.6.2015

so gelten unter der CLP Verordnung u. a. folgende aus GHS übernommenen Änderungen:

- Gefahrensymbole → *Gefahrenpiktogramme* mit einem Signalwort
- R-Sätze → *H-Sätze* (Hazard Statements, Gefahrenhinweise)
- S-Sätze → *P-Sätze* (Precautionary Statements, Sicherheitsmaßnahmen)
- *EUH-Sätze* (Sätze für Zusatzgefahren und besondere Gefährdungen; europäische Sonderregelung).

Der Klebstoffanwender wird in steigendem Maße mit neuen Gefahrensymbolen auf den Gebinden konfrontiert. Aus Tab. 9.2 gehen die Fristen der Umsetzung hervor. Die CLP Verordnung gilt in Europa bereits seit dem 1.12.2010 für (Rein-)Stoffe, beispielsweise reine Lösemittel, die der Anwender zum Entfetten braucht. Ab dem 1.6.2015 fallen auch für Zubereitungen, d. h. Mischungen, wie sie ein Klebstoff oder ein Primer darstellt, unter die CLP-Verordnung. Wie aus Tab. 9.3 ersichtlich, sind die bisherigen und künftigen Gefahrensymbole nicht identisch, weder in Form, Farbe, Ausrichtung noch im Inhalt. Die bisherigen Gefahrensymbole werden durch die neuen Piktogramme ersetzt und teilweise ergänzt. – Die H-Sätze (Gefahrenhinweise) sind in die Gruppen Physikalische Gefahren, Gesundheitsgefahren, Umweltgefahren und EUH-Sätze untergliedert. Die P-Sätze (Sicherheitsmaßnahmen) teilen sich auf in: Allgemeines, Prävention, Reaktion, Aufbewahrung und Entsorgung.

H200-Reihe: Physikalische Gefahren

H200 Instabil, explosiv.
H201 Explosiv, Gefahr der Massenexplosion.

Tab. 9.3 Vergleich der bisherigen Gefahrensymbole mit den zukünftigen Gefahrenpiktogrammen

	Gefahrensymbole (alt)			Gefahrenpiktogramme (neu)	
	Bezeichnung	Kennbuchstabe	Symbol	Bezeichnung	Piktogramm
Physikalische Gefahren	Explosionsgefährlich	E		Explodierende Bombe, explosiv	
	Hochentzündlich	F+		Flamme, entzündlich	
	Leichtentzündlich	F			
	Brandfördernd	O		Flamme über einem Kreis, oxidierend	
	Keine Entsprechung			Gasflasche, komprimierte Gase	
	Keine Entsprechung			Ätzwirkung	
Gesundheitsgefahren	Ätzend	C		Ätzwirkung	
	Sehr giftig	T+		Totenkopf mit gekreuzten Knochen, akute Toxizität	
	Giftig	T			
	Gesundheitsschädlich	Xn		Keine Entsprechung	
	Reizend	Xi			
	Keine Entsprechung			Ausrufezeichen, akute Toxizität, ätzend, hautsensibilisierend	
	Keine Entsprechung			Gesundheitsgefahr	
Umweltgef.	Umweltgefährlich	N		Umwelt	

H202 Explosiv; große Gefahr durch Splitter, Spreng- und Wurfstücke.
H203 Explosiv; Gefahr durch Feuer, Luftdruck oder Splitter, Spreng- und Wurfstücke.
H204 Gefahr durch Feuer oder Splitter, Spreng- und Wurfstücke.
H205 Gefahr der Massenexplosion bei Feuer.
H220 Extrem entzündbares Gas.
H221 Entzündbares Gas.
H222 Extrem entzündbares Aerosol.
H223 Entzündbares Aerosol.
H224 Flüssigkeit und Dampf extrem entzündbar.
H225 Flüssigkeit und Dampf leicht entzündbar.
H226 Flüssigkeit und Dampf entzündbar.
H228 Entzündbarer Feststoff.
H240 Erwärmung kann Explosion verursachen.
H241 Erwärmung kann Brand oder Explosion verursachen.
H242 Erwärmung kann Brand verursachen.
H250 Entzündet sich in Berührung mit Luft von selbst.
H251 Selbsterhitzungsfähig; kann in Brand geraten.
H252 In großen Mengen selbsterhitzungsfähig; kann in Brand geraten.
H260 In Berührung mit Wasser entstehen entzündbare Gase, die sich spontan entzünden können.
H261 In Berührung mit Wasser entstehen entzündbare Gase.
H270 Kann Brand verursachen oder verstärken; Oxidationsmittel.
H271 Kann Brand oder Explosion verursachen; starkes Oxidationsmittel.
H272 Kann Brand verstärken; Oxidationsmittel.
H280 Enthält Gas unter Druck; kann bei Erwärmung explodieren.
H281 Enthält tiefgekühltes Gas; kann Kälteverbrennungen oder -Verletzungen verursachen.
H290 Kann gegenüber Metallen korrosiv sein.

H300-Reihe: Gesundheitsgefahren

H300 Lebensgefahr bei Verschlucken.
H301 Giftig bei Verschlucken.
H302 Gesundheitsschädlich bei Verschlucken.
H304 Kann bei Verschlucken und Eindringen in die Atemwege tödlich sein.
H310 Lebensgefahr bei Hautkontakt.
H311 Giftig bei Hautkontakt.
H312 Gesundheitsschädlich bei Hautkontakt.

H314 Verursacht schwere Verätzungen der Haut und schwere Augenschäden.
H315 Verursacht Hautreizungen.
H317 Kann allergische Hautreaktionen verursachen.
H318 Verursacht schwere Augenschäden.
H319 Verursacht schwere Augenreizung.
H330 Lebensgefahr bei Einatmen.
H331 Giftig bei Einatmen.
H332 Gesundheitsschädlich bei Einatmen.
H334 Kann bei Einatmen Allergie, asthmaartige Symptome oder Atembeschwerden verursachen.
H335 Kann die Atemwege reizen.
H336 Kann Schläfrigkeit und Benommenheit verursachen.
H340 Kann genetische Defekte verursachen (Expositionsweg angeben, sofern schlüssig belegt ist, dass diese Gefahr bei keinem anderen Expositionsweg besteht).
H341 Kann vermutlich genetische Defekte verursachen (Expositionsweg angeben, sofern schlüssig belegt ist, dass diese Gefahr bei keinem anderen Expositionsweg besteht).
H350 Kann Krebs erzeugen (Expositionsweg angeben, sofern schlüssig belegt ist, dass diese Gefahr bei keinem anderen Expositionsweg besteht).
H350i Kann bei Einatmen Krebs erzeugen.
H351 Kann vermutlich Krebs erzeugen (Expositionsweg angeben, sofern schlüssig belegt ist, dass diese Gefahr bei keinem anderen Expositionsweg besteht).
H360 Kann die Fruchtbarkeit beeinträchtigen oder das Kind im Mutterleib schädigen (konkrete Wirkung angeben, sofern bekannt) (Expositionsweg angeben, sofern schlüssig belegt ist, dass die Gefahr bei keinem anderen Expositionsweg besteht).
H360 F Kann die Fruchtbarkeit beeinträchtigen.
H360D Kann das Kind im Mutterleib schädigen.
H360FD Kann die Fruchtbarkeit beeinträchtigen. Kann das Kind im Mutterleib schädigen.
H360Fd Kann die Fruchtbarkeit beeinträchtigen. Kann vermutlich das Kind im Mutterleib schädigen.
H360Df Kann das Kind im Mutterleib schädigen. Kann vermutlich die Fruchtbarkeit beeinträchtigen.
H361 Kann vermutlich die Fruchtbarkeit beeinträchtigen oder das Kind im Mutterleib schädigen (konkrete Wirkung angeben, sofern bekannt) (Expositi-

onsweg angeben, sofern schlüssig belegt ist, dass die Gefahr bei keinem anderen Expositionsweg besteht)

H361f Kann vermutlich die Fruchtbarkeit beeinträchtigen.

H361d Kann vermutlich das Kind im Mutterleib schädigen.

H361fd Kann vermutlich die Fruchtbarkeit beeinträchtigen. Kann vermutlich das Kind im Mutterleib schädigen.

H362 Kann Säuglinge über die Muttermilch schädigen.

H370 Schädigt die Organe (oder alle betroffenen Organe nennen, sofern bekannt) (Expositionsweg angeben, sofern schlüssig belegt ist, dass diese Gefahr bei keinem anderen Expositionsweg besteht).

H371 Kann die Organe schädigen (oder alle betroffenen Organe nennen, sofern bekannt) (Expositionsweg angeben, sofern schlüssig belegt ist, dass diese Gefahr bei keinem anderen Expositionsweg besteht).

H372 Schädigt die Organe (alle betroffenen Organe nennen) bei längerer oder wiederholter Exposition (Expositionsweg angeben, wenn schlüssig belegt ist, dass diese Gefahr bei keinem anderen Expositionsweg besteht).

H373 Kann die Organe schädigen (alle betroffenen Organe nennen, sofern bekannt) bei längerer oder wiederholter Exposition (Expositionsweg angeben, wenn schlüssig belegt ist, dass diese Gefahr bei keinem anderen Expositionsweg besteht).

H400-Reihe: Umweltgefahren

H400 Sehr giftig für Wasserorganismen.

H410 Sehr giftig für Wasserorganismen mit langfristiger Wirkung.

H411 Giftig für Wasserorganismen, mit langfristiger Wirkung.

H412 Schädlich für Wasserorganismen, mit langfristiger Wirkung.

H413 Kann für Wasserorganismen schädlich sein, mit langfristiger Wirkung.

EUH-Reihe

EUH001 In trockenem Zustand explosiv.

EUH006 Mit und ohne Luft explosionsfähig.

EUH014 Reagiert heftig mit Wasser.

EUH018 Kann bei Verwendung explosionsfähige/entzündbare Dampf/Luft-Gemische bilden.

EUH019 Kann explosionsfähige Peroxide bilden.

EUH044 Explosionsgefahr bei Erhitzen unter Einschluss.

EUH029 Entwickelt bei Berührung mit Wasser giftige Gase.

EUH031 Entwickelt bei Berührung mit Säure giftige Gase.
EUH032 Entwickelt bei Berührung mit Säure sehr giftige Gase.
EUH066 Wiederholter Kontakt kann zu spröder oder rissiger Haut führen.
EUH070 Giftig bei Berührung mit den Augen.
EUH071 Wirkt ätzend auf die Atemwege.
EUH059 Die Ozonschicht schädigend.
EUH201 Enthält Blei. Nicht für den Anstrich von Gegenständen verwenden, die von Kindern gekaut oder gelutscht werden könnten.
EUH201 A Achtung! Enthält Blei.
EUH202 Cyanacrylat. Gefahr. Klebt innerhalb von Sekunden Haut und Augenlider zusammen. Darf nicht in die Hände von Kindern gelangen.
EUH203 Enthält Chrom(VI). Kann allergische Reaktionen hervorrufen.
EUH204 Enthält Isocyanate. Kann allergische Reaktionen hervorrufen.
EUH205 Enthält epoxidhaltige Verbindungen. Kann allergische Reaktionen hervorrufen.
EUH206 Achtung! Nicht zusammen mit anderen Produkten verwenden, da gefährliche Gase (Chlor) freigesetzt werden können.
EUH207 Achtung! Enthält Cadmium. Bei der Verwendung entstehen gefährliche Dämpfe. Hinweise des Herstellers beachten. Sicherheitsanweisungen einhalten.
EUH208 Enthält (Name des sensibilisierenden Stoffes). Kann allergische Reaktionen hervorrufen.
EUH209 Kann bei Verwendung leicht entzündbar werden.
EUH209 A Kann bei Verwendung entzündbar werden.
EUH210 Sicherheitsdatenblatt auf Anfrage erhältlich.
EUH401 Zur Vermeidung von Risiken für Mensch und Umwelt die Gebrauchsanleitung einhalten.

P100-Reihe: Allgemeines

P101 Ist ärztlicher Rat erforderlich, Verpackung oder Kennzeichnungsetikett bereithalten.
P102 Darf nicht in die Hände von Kindern gelangen.
P103 Vor Gebrauch Kennzeichnungsetikett lesen.

P200-Reihe: Prävention

P201 Vor Gebrauch besondere Anweisungen einholen.
P202 Vor Gebrauch alle Sicherheitshinweise lesen und verstehen.

P210	Von Hitze/Funken/offener Flamme/heißen Oberflächen fernhalten. Nicht rauchen.
P211	Nicht gegen offene Flamme oder andere Zündquelle sprühen.
P220	Von Kleidung/.../brennbaren Materialien fernhalten/entfernt aufbewahren.
P221	Mischen mit brennbaren Stoffen/... unbedingt verhindern.
P222	Kontakt mit Luft nicht zulassen.
P223	Kontakt mit Wasser wegen heftiger Reaktion und möglichem Aufflammen unbedingt verhindern.
P230	Feucht halten mit ...
P231	Unter inertem Gas handhaben.
P232	Vor Feuchtigkeit schützen.
P233	Behälter dicht verschlossen halten.
P234	Nur im Originalbehälter aufbewahren.
P235	Kühl halten.
P240	Behälter und zu befüllende Anlage erden.
P241	Explosionsgeschützte elektrische Betriebsmittel/Lüftungsanlagen/Beleuchtung/... verwenden.
P242	Nur funkenfreies Werkzeug verwenden.
P243	Maßnahmen gegen elektrostatische Aufladungen treffen.
P244	Druckminderer frei von Fett und Öl halten.
P250	Nicht schleifen/stoßen/.../reiben.
P251	Behälter steht unter Druck: Nicht durchstechen oder verbrennen, auch nicht nach der Verwendung.
P260	Staub/Rauch/Gas/Nebel/Dampf/Aerosol nicht einatmen.
P261	Einatmen von Staub/Rauch/Gas/Nebel/Dampf/Aerosol vermeiden.
P262	Nicht in die Augen, auf die Haut oder auf die Kleidung gelangen lassen.
P263	Kontakt während der Schwangerschaft/und der Stillzeit vermeiden.
P264	Nach Gebrauch ... gründlich waschen.
P270	Bei Gebrauch nicht essen, trinken oder rauchen.
P271	Nur im Freien oder in gut belüfteten Räumen verwenden.
P272	Kontaminierte Arbeitskleidung nicht außerhalb des Arbeitsplatzes tragen.
P273	Freisetzung in die Umwelt vermeiden.
P280	Schutzhandschuhe/Schutzkleidung/Augenschutz/Gesichtsschutz tragen.
P281	Vorgeschriebene persönliche Schutzausrüstung verwenden.

P282	Schutzhandschuhe/Gesichtsschild/Augenschutz mit Kälteisolierung tragen.
P283	Schwer entflammbare/flammhemmende Kleidung tragen.
P284	Atemschutz tragen.
P285	Bei unzureichender Belüftung Atemschutz tragen.
P231 + P232	Unter inertem Gas handhaben. Vor Feuchtigkeit schützen.
P235 + P410	Kühl halten. Vor Sonnenbestrahlung schützen.

P300-Reihe: Reaktion

P301	Bei Verschlucken:
P302	Bei Berührung mit der Haut:
P303	Bei Berührung mit der Haut (oder dem Haar):
P304	Bei Einatmen:
P305	Bei Kontakt mit den Augen:
P306	Bei kontaminierter Kleidung:
P307	Bei Exposition:
P308	Bei Exposition oder falls betroffen:
P309	Bei Exposition oder Unwohlsein:
P310	Sofort Giftinformationszentrum oder Arzt anrufen.
P311	Giftinformationszentrum oder Arzt anrufen.
P312	Bei Unwohlsein Giftinformationszentrum oder Arzt anrufen.
P313	Ärztlichen Rat einholen/ärztliche Hilfe hinzuziehen.
P314	Bei Unwohlsein ärztlichen Rat einholen/ärztliche Hilfe hinzuziehen.
P315	Sofort ärztlichen Rat einholen/ärztliche Hilfe hinzuziehen.
P320	Besondere Behandlung dringend erforderlich (siehe … auf diesem Kennzeichnungsetikett).
P321	Besondere Behandlung (siehe … auf diesem Kennzeichnungsetikett).
P322	Gezielte Maßnahmen (siehe … auf diesem Kennzeichnungsetikett).
P330	Mund ausspülen.
P331	Kein Erbrechen herbeiführen.
P332	Bei Hautreizung:
P333	Bei Hautreizung oder -ausschlag:
P334	In kaltes Wasser tauchen/nassen Verband anlegen.
P335	Lose Partikel von der Haut abbürsten.

P336	Vereiste Bereiche mit lauwarmem Wasser auftauen. Betroffenen Bereich nicht reiben.
P337	Bei anhaltender Augenreizung:
P338	Eventuell vorhandene Kontaktlinsen nach Möglichkeit entfernen. Weiter ausspülen.
P340	Die betroffene Person an die frische Luft bringen und in einer Position ruhigstellen, die das Atmen erleichtert.
P341	Bei Atembeschwerden an die frische Luft bringen und in einer Position ruhigstellen, die das Atmen erleichtert.
P342	Bei Symptomen der Atemwege:
P350	Behutsam mit viel Wasser und Seife waschen.
P351	Einige Minuten lang behutsam mit Wasser ausspülen.
P352	Mit viel Wasser und Seife waschen.
P353	Haut mit Wasser abwaschen/duschen.
P360	Kontaminierte Kleidung und Haut sofort mit viel Wasser abwaschen und danach Kleidung ausziehen.
P361	Alle kontaminierten Kleidungsstücke sofort ausziehen.
P362	Kontaminierte Kleidung ausziehen und vor erneutem Tragen waschen.
P363	Kontaminierte Kleidung vor erneutem Tragen waschen.
P370	Bei Brand:
P371	Bei Großbrand und großen Mengen:
P372	Explosionsgefahr bei Brand.
P373	Keine Brandbekämpfung, wenn das Feuer explosive Stoffe/Gemische/Erzeugnisse erreicht.
P374	Brandbekämpfung mit üblichen Vorsichtsmaßnahmen aus angemessener Entfernung.
P375	Wegen Explosionsgefahr Brand aus der Entfernung bekämpfen.
P376	Undichtigkeit beseitigen, wenn gefahrlos möglich.
P377	Brand von ausströmendem Gas: Nicht löschen, bis Undichtigkeit gefahrlos beseitigt werden kann.
P378	… zum Löschen verwenden.
P380	Umgebung räumen.
P381	Alle Zündquellen entfernen, wenn gefahrlos möglich.
P390	Verschüttete Mengen aufnehmen, um Materialschäden zu vermeiden.
P391	Verschüttete Mengen aufnehmen.

P301 + P310	Bei Verschlucken: Sofort Giftinformationszentrum oder Arzt anrufen.
P301 + P312	Bei Verschlucken: Bei Unwohlsein Giftinformationszentrum oder Arzt anrufen.
P301 + P330 + P331	Bei Verschlucken: Mund ausspülen. Kein Erbrechen herbeiführen.
P302 + P334	Bei Kontakt mit der Haut: In kaltes Wasser tauchen/nassen Verband anlegen.
P302 + P350	Bei Kontakt mit der Haut: Behutsam mit viel Wasser und Seife waschen.
P302 + P352	Bei Kontakt mit der Haut: Mit viel Wasser und Seife waschen.
P303 + P361 + P353	Bei Kontakt mit der Haut (oder dem Haar): Alle beschmutzten, getränkten Kleidungsstücke sofort ausziehen. Haut mit Wasser abwaschen/duschen.
P304 + P340	Bei Einatmen: An die frische Luft bringen und in einer Position ruhigstellen, die das Atmen erleichtert.
P304 + P341	Bei Einatmen: Bei Atembeschwerden an die frische Luft bringen und in einer Position ruhigstellen, die das Atmen erleichtert.
P305 + P351 + P338	Bei Kontakt mit den Augen: Einige Minuten lang behutsam mit Wasser spülen. Vorhandene Kontaktlinsen nach Möglichkeit entfernen. Weiter spülen.
P306 + P360	Bei Kontakt mit der Kleidung: Kontaminierte Kleidung und Haut sofort mit viel Wasser abwaschen und danach Kleidung ausziehen.
P307 + P311	Bei Exposition: Giftinformationszentrum oder Arzt anrufen.
P308 + P313	Bei Exposition oder falls betroffen: Ärztlichen Rat Einholen/ärztliche Hilfe hinzuziehen.
P309 + P311	Bei Exposition oder Unwohlsein: Giftinformationszentrum oder Arzt anrufen.
P332 + P313	Bei Hautreizung: Ärztlichen Rat einholen/ärztliche Hilfe hinzuziehen.
P333 + P313	Bei Hautreizung oder -ausschlag: Ärztlichen Rat einholen/ärztliche Hilfe hinzuziehen.
P335 + P334	Lose Partikel von der Haut abbürsten. In kaltes Wasser tauchen/nassen Verband anlegen.
P337 + P313	Bei anhaltender Augenreizung: Ärztlichen Rat einholen/ärztliche Hilfe hinzuziehen.

P342 + P311	Bei Symptomen der Atemwege: Giftinformationszentrum oder Arzt anrufen.
P370 + P376	Bei Brand: Undichtigkeit beseitigen, wenn gefahrlos möglich.
P370 + P378	Bei Brand: ... zum Löschen verwenden.
P370 + P380	Bei Brand: Umgebung räumen.
P370 + P380 + P375	Bei Brand: Umgebung räumen. Wegen Explosionsgefahr Brand aus der Entfernung bekämpfen.
P371 + P380 + P375	Bei Großbrand und großen Mengen: Umgebung räumen. Wegen Explosionsgefahr Brand aus der Entfernung bekämpfen.

P400-Reihe: Aufbewahrung; P500-Reihe: Entsorgung

P401	... aufbewahren.
P402	An einem trockenen Ort aufbewahren.
P403	An einem gut belüfteten Ort aufbewahren.
P404	In einem geschlossenen Behälter aufbewahren.
P405	Unter Verschluss aufbewahren.
P406	In korrosionsbeständigem/... Behälter mit korrosionsbeständiger Auskleidung aufbewahren.
P407	Luftspalt zwischen Stapeln/Paletten lassen.
P410	Vor Sonnenbestrahlung schützen.
P411	Bei Temperaturen von nicht mehr als ... °C/... aufbewahren.
P412	Nicht Temperaturen von mehr als 50 °C aussetzen.
P413	Schüttgut in Mengen von mehr als ... kg bei Temperaturen von nicht mehr als ... °C aufbewahren
P420	Von anderen Materialien entfernt aufbewahren.
P422	Inhalt in/unter ... aufbewahren
P402 + P404	In einem geschlossenen Behälter an einem trockenen Ort aufbewahren.
P403 + P233	Behälter dicht verschlossen an einem gut belüfteten Ort aufbewahren.
P403 + P235	Kühl an einem gut belüfteten Ort aufbewahren.
P410 + P403	Vor Sonnenbestrahlung geschützt an einem gut belüfteten Ort aufbewahren.
P410 + P412	Vor Sonnenbestrahlung schützen und nicht Temperaturen von mehr als 50 °C aussetzen.
P411 + P235	Kühl und bei Temperaturen von nicht mehr als ... °C aufbewahren.
P501	Inhalt/Behälter ... zuführen.

Normen, Merkblätter und Richtlinien: Sorgen für Klarheit

10

In der modernen industriellen Fertigungstechnologie – und auch im handwerklichen Bereich – ist das Kleben seit Jahrzehnten eine bewährte, stoffschlüssige Fügetechnik. Dies schlägt sich auch in einer ganzen Reihe von Normen, Merkblättern und Richtlinien nieder, die von den entsprechenden Einrichtungen bzw. Interessenverbänden herausgegeben wurden, auch wenn die Klebstoff-relevanten Veröffentlichungen (noch) nicht die Zahl derer aus der Schweißtechnik erreicht haben. Obgleich in vielen Fällen strukturelle Verklebungen im Vordergrund stehen, existieren auch mehrere Veröffentlichungen, die sich explizit dem elastischen Kleben widmen. Nachstehend findet sich eine *Auswahl* der entsprechenden Verlautbarungen in jeweils alphabetischer Sortierung.[1]

Eine Norm ist definitionsgemäß eine freiwillige, sachbezogene und öffentlich zugängliche Vereinbarung, die u. a. das Ziel hat, über Vereinheitlichung und Rationalisierung von Waren und Dienstleistungen die Wirtschaft zu fördern (DIN 820). Die Einhaltung von Normen ist demnach keine gesetzliche Pflicht, aber dringend anzuraten, wenn es um Nachvollziehbarkeit und Vergleichbarkeit von Prüf- und sonstigen Bedingungen (bei Ausschreibungen) geht. Vergleicht man normierte Produkte untereinander, kann man von der Erfullung bestimmter Standards ausgehen und so die Produkte unterschiedlicher Hersteller leichter gegenüberstellen. Die Erfüllung (irgend) einer Norm garantiert jedoch noch nicht, dass ein Produkt im Einzelfall die ihm zugewiesene Aufgabe auch erfüllt. Wenn man, wo anwendbar, die (zutreffenden!) Normen jedoch als Mindeststandards ansieht und sich der anerkannten Regeln der Technik bedient, sind Normen ein gut geeignetes Hilfsmittel, um zu funktionierenden Lösungen zu gelangen.

[1] Bezugsquelle für sämtliche genannte Normen (auch die hier nicht näher aufgeführten amerikanischen *ASTM Standards)*: Beuth-Verlag GmbH, Burggrafenstr. 6, 10722 Berlin (www.beuth.de).

M. Pröbster, *Elastisch Kleben*, DOI 10.1007/978-3-8348-2181-2_10,

Normen sind zwar nicht schnelllebig – ihre Erstellung zieht sich meist über Jahre hin – aber sie ändern sich doch im Laufe der Zeit durch Berücksichtigung neuer technologischer Erkenntnisse. Im Zweifelsfall ist bei den in diesem Buch genannten Normen immer zu prüfen, ob nicht eine aktuellere Ausgabe erschienen ist, die damit die vorhergehenden Versionen ungültig macht. Es ist möglich, dass neben den sich immer mehr durchsetzenden internationalen Normen (ISO, EN) auch einige nationale DIN-Normen weiter existieren, insbesondere dann, wenn sie Tatsachen beschreiben, die durch die internationale Normung (noch) nicht erfasst werden. In den nachfolgenden Tabellen wird man gelegentlich die Bemerkung „Dokument zurückgezogen" finden. Diese allerdings noch gelegentlich in Datenblättern und anderen Veröffentlichungen zitierten Normen gelten nicht mehr. In den meisten Fällen wurden sie durch international gültige Normen (EN oder ISO) ersetzt. Bezeichnungen wie z. B. DIN EN ISO 10365 zeigen dann, dass man bei der Bewertung von Bruchbildern in drei Normsystemen (DIN: Deutschland, EN: Europa, ISO: Welt) von denselben Kriterien ausgeht. – Bei den zurückgezogenen Normen wurde, wo möglich, eine Ersatznorm angegeben. Bei Fehlen dieser kann davon ausgegangen werden, dass die zurückgezogene Norm *nicht* mit einer neuen/anderen deckungsgleich ist.

In den nachstehenden Tabellen werden die wichtigsten Begriffsnormen (Tab. 10.1), die relevanten Klebstoffprüfungsnormen (Tab. 10.2), die auch über die Thematik der elastischen Klebstoffe hinausgehen, sowie Normen zur Alterungsprüfung (Tab. 10.3) und sonstige (Tab. 10.4) zusammengefasst.

Neben den Normen existiert noch eine Vielzahl von Schriften, die von Industrieverbänden, (Prüf-)Instituten, Lehranstalten oder großen Klebstoffverwendern herausgegeben wurden, oft mit sehr speziellem Inhalt. Sie haben sich in aller Regel in der Praxis bewährt und zählen zum Stand der Technik. Die Beachtung ist meist in den Ausschreibungsunterlagen vorgeschrieben; andernfalls ist sie dem Planer oder Klebstoffanwender wie bei den Normen freigestellt. In Tab. 10.5 werden die Merkblätter des Deutschen Verbands für Schweißen und verwandte Verfahren e. V. aufgeführt.

Veröffentlichungen des Stahl-Informations-Zentrums Merkblatt 382: Das Kleben von Stahl und Edelstahl Rostfrei (1998)

Veröffentlichungen des VDI (Verein Deutscher Ingenieure e. V.) VDI-Richtlinie 2229: Metallkleben; Hinweise für Konstruktion und Fertigung (1979)

VDI-Richtlinie 3821: Kunststoffkleben (1978)

Tab. 10.1 Begriffsnormen, Definitionen

Norm/Methode	Ausgabe	Titel
DIN 6701-1	2004	Kleben von Schienenfahrzeugen und -fahrzeugteilen – Teil 1: Grundbegriffe, Grundregeln
DIN 6701-2	2006	Kleben von Schienenfahrzeugen und -fahrzeugteilen – Teil 2: Qualifikation der Anwenderbetriebe, Qualitätssicherung
DIN 6701-3	2010	Kleben von Schienenfahrzeugen und -fahrzeugteilen – Teil 3: Leitfaden zur Konstruktion und Nachweisführung von Klebverbindungen im Schienenfahrzeugbau
DIN 8580	2003	Fertigungsverfahren – Begriffe, Einteilung
DIN 8583-0	2003	Fertigungsverfahren Fügen – Teil 0: Allgemeines; Einordnung, Unterteilung, Begriffe
DIN 8593-8	2003	Fertigungsverfahren Fügen – Teil 8: Kleben; Einordnung, Unterteilung, Begriffe
DIN 16920	(1981)	Klebstoffe und Klebstoffverarbeitung **Dokument zurückgezogen**
DIN EN 923	2008	Klebstoffe – Benennungen und Definitionen
DIN EN ISO 10365	1995	Klebstoffe – Bezeichnung der wichtigsten Bruchbilder
EN 13022	2010	Glas im Bauwesen – Geklebte Verglasungen – Teil 1: Glasprodukte für SSG-Systeme – Einfach- und Mehrfachverglasungen mit und ohne Abtragung des Eigengewichtes
EOTA ETAG 002	1998–2002	Bekanntmachung der Leitlinie für die Europäische Technische Zulassung für geklebte Glaskonstruktionen (Structural Sealant Glazing Systems – SSGS); Teil 1 Gestützte und ungestützte Systeme. Teil 2: Beschichtete Aluminium-Systeme. Teil 3: Systeme mit thermisch getrennten Profilen

Veröffentlichungen des Germanischen Lloyd Klassifikations- und Bauvorschriften; II: Werkstoff- und Schweißtechnik; Teil 2: Nichtmetallische Werkstoffe; Kap. 3: Richtlinien für hochelastische Klebstoffe und Klebverbindungen (2002)

Sonstige Veröffentlichungen Euro NCAP (European New Car Assessment Programme – Europäisches Neuwagen-Bewertungs-Programm, ab 1996)

Federal Motor Vehicle Safety Standard (FMVSS) 214, „Side Impact Protection" (1973, 1994)

Tab. 10.2 Mechanische Prüfungen

Norm/Methode	Ausgabe	Titel
DIN 53281	2006	Prüfung von Klebverbindungen – Probenherstellung
DIN 53283	1984	Prüfung von Metallklebestoffen und Metallklebungen; Torsionsscher-Versuch
DIN 53288	(1979)	Prüfung von Metallklebstoffen und Metallklebungen; Zugversuch; **Dokument zurückgezogen**; s. DIN EN 15870
DIN 53455	(1981)	Prüfung von Kunststoffen; Zugversuch; **Dokument zurückgezogen**
DIN 53457	(1968)	Prüfung von Kunststoffen; Bestimmung des Elastizitätsmoduls im Zug-, Druck- und Biegeversuch; **Dokument zurückgezogen**; s. DIN EN ISO 527-1 und DIN EN ISO 527-2
DIN 53504	2009	Prüfung von Kautschuk und Elastomeren – Bestimmung von Reißfestigkeit, Zugfestigkeit, Reißdehnung und Spannungswerten im Zugversuch
DIN 53505	2000	Prüfung von Kautschuk und Elastomeren – Härteprüfung nach Shore A und Shore D
DIN 53508	2000	Prüfung von Kautschuk und Elastomeren – Künstliche Alterung
DIN 53513	1990	Prüfung von Kautschuk und Elastomeren; Bestimmung der viskoelastischen Eigenschaften von Elastomeren bei erzwungenen Schwingungen außerhalb der Resonanz
DIN 53515	(1990)	Prüfung von Kautschuk und Elastomeren und von Kunststoff-Folien; Weiterreißversuch mit der Winkelprobe nach Graves mit Einschnitt; **Dokument zurückgezogen**; s. DIN ISO 34-1
DIN 53535	1982	Prüfung von Kautschuk und Elastomeren; Grundlagen für dynamische Prüfverfahren
DIN 53441	(1984)	Prüfung von Kunststoffen – Spannungsrelaxationsversuch; **Dokument zurückgezogen**
DIN 53547	(1981)	Prüfung von Kautschuk und Elastomeren; Bestimmung des Kriechens von Elastomeren bei Druckbeanspruchung; **Dokument zurückgezogen**
DIN 54451	(1978)	Prüfung von Metallklebstoffen und Metallklebungen; Zugscher-Versuch zur Ermittlung des Schubspannungs-Gleitungs-Diagramms eines Klebstoffs in einer Klebung; **Dokument zurückgezogen**; s. DIN EN 14869-2
DIN 54457	2007	Strukturklebstoffe – Prüfung von Klebverbindungen – Raupenschälprüfung
DIN EN 828	2010	Klebstoffe – Benetzbarkeit – Bestimmung durch Messung des Kontaktwinkels und der freien Oberflächenenergie fester Oberflächen
DIN EN 1372	1999	Klebstoffe – Prüfverfahren für Klebstoffe für Boden- und Wandbeläge – Schälversuch

Tab. 10.2 (Fortsetzung)

Norm/Methode	Ausgabe	Titel
DIN EN 1464	2010	Klebstoffe – Bestimmung des Schälwiderstandes von Klebungen – Rollenschälversuch
DIN EN 1465	2009	Klebstoffe – Bestimmung der Zugscherfestigkeit von Überlappungsklebungen
DIN EN 1721	1998	Klebstoffe für Papier, Verpackung und Hygieneprodukte – Messung der Oberflächenklebrigkeit von Haftklebstoffen – Bestimmung der Oberflächenklebrigkeit nach der Methode „Rollende Kugel“
DIN EN 14869-2	2004	Strukturklebstoffe – Bestimmung des Scherverhaltens struktureller Klebungen – Teil 2
DIN EN 15336	2007	Klebstoffe – Bestimmung der Zeit bis zum Bruch geklebter Fügeverbindungen unter statischer Belastung
DIN EN 15870	2009	Klebstoffe – Bestimmung der Zugfestigkeit von Stumpfklebungen
DIN EN 28510-1	1993	Klebstoffe; Schälprüfung für flexibel/starr geklebte Proben; Teil 1: 90° – Schälversuch
DIN EN 28510-2	(1993)	Klebstoffe; Schälprüfung für flexibel/starr geklebte Proben; Teil 2: 180° – Schälversuch; **Dokument zurückgezogen**; s. DIN EN ISO 8510-2
DIN EN ISO 527-1	2010	Kunststoffe – Bestimmung der Zugeigenschaften – Teil 1: Allgemeine Grundsätze
DIN EN ISO 527-2	2010	Kunststoffe – Bestimmung der Zugeigenschaften – Teil 2: Prüfbedingungen für Form- und Extrusionsmassen
DIN EN ISO 6721-1	2011	Kunststoffe – Bestimmung dynamisch-mechanischer Eigenschaften – Teil 1: Allgemeine Grundlagen
DIN EN ISO 6721-2	2008	Kunststoffe – Bestimmung dynamisch-mechanischer Eigenschaften – Teil 2: Torsionspendel-Verfahren
DIN EN ISO 6270-2	2005	Beschichtungsstoffe – Bestimmung der Beständigkeit gegen Feuchtigkeit – Teil 2: Verfahren zur Beanspruchung von Proben in Kondenswasserklimaten
DIN EN ISO 8510-2	2010	Klebstoffe – Schälprüfung für flexibel/starr geklebte Proben – Teil 2: 180-Grad-Schälversuch
DIN EN ISO 9664	1995	Klebstoffe – Verfahren zur Prüfung der Ermüdungseigenschaften von Strukturklebungen bei Zugscherbeanspruchung
DIN EN ISO 11339	2010	Klebstoffe – T-Schälprüfung für geklebte Verbindungen aus flexiblen Fügeteilen
DIN EN ISO 13445	2006	Klebstoffe – Bestimmung der Scherfestigkeit von Klebungen zwischen starren Werkstoffen nach dem Blockscherverfahren
DIN ISO 34-1	2004	Elastomere oder thermoplastische Elastomere – Bestimmung des Weiterreißwiderstandes – Teil 1: Streifen-, winkel- und bogenförmige Probekörper

Tab. 10.3 Alterungsprüfungen

Norm/Methode	Ausgabe	Titel
DIN 50014	(1985)	Klimate und ihre technische Anwendung; Normalklimate; **Dokument zurückgezogen**
DIN 50016	(1962)	Werkstoff-, Bauelemente- und Geräteprüfung; Beanspruchung im Feucht-Wechselklima; **Dokument zurückgezogen**
DIN 50017	(1982)	Klimate und ihre technische Anwendung; Kondenswasser – Prüfklimate; **Dokument zurückgezogen**; s. DIN EN ISO 6270-2
DIN 50021	(1988)	Sprühnebelprüfungen mit verschiedenen Natriumchlorid-Lösungen; **Dokument zurückgezogen**; s. DIN EN ISO 9227
DIN 53445	1965	Prüfung von Kunststoffen – Torsionsschwingungsversuch –; **Dokument zurückgezogen**; s. DIN EN ISO 6721-1 und DIN EN ISO 6721-2
DIN 53287	2006	Prüfung von Metallklebstoffen und Metallklebungen – Bestimmung der Beständigkeit gegenüber Flüssigkeiten
DIN 54456	2006	Prüfung von Konstruktionsklebstoffen und -klebungen – Klimabeständigkeitsversuch
DIN 54457	2007	Strukturklebstoffe – Prüfung von Klebverbindungen – Raupenschälprüfung
DIN EN 60068-1	1995	Umweltprüfungen – Teil 1: Allgemeines und Leitfaden
DIN EN 60068-2-1	2007	Umgebungseinflüsse – Teil 2-1: Prüfverfahren – Prüfung A: Kälte
DIN EN 60068-2-2	2007	Umgebungseinflüsse – Teil 2-2: Prüfverfahren – Prüfung B: Trockene Wärme
DIN EN 60068-2-5	2008	Umgebungseinflüsse – Teil 2-5: Prüfverfahren – Prüfung Sa: Nachgebildete Sonnenbestrahlung in Bodennähe und Leitfaden zur Sonnenstrahlung
DIN EN 60068-2-9	1999	Umweltprüfungen – Teil 2: Prüfungen; Leitfaden für Prüfung S: Sonnenstrahlung
DIN EN 60068-2-10	2006	Umgebungseinflüsse – Teil 2-10: Prüfverfahren – Prüfung J und Leitfaden: Schimmelwachstum
DIN EN 60068-2-11	2000	Umweltprüfungen – Teil 2: Prüfungen – Prüfung Ka: Salznebel
DIN EN 60068-2-14	2010	Umgebungseinflüsse – Teil 2-14: Prüfverfahren – Prüfung N: Temperaturwechsel
DIN EN 60068-2-30	2006	Umgebungseinflüsse – Teil 2-30: Prüfverfahren – Prüfung Db: Feuchte Wärme, zyklisch (12 + 12 Stunden)
DIN EN 60749-33	2004	Halbleiterbauelemente – Mechanische und klimatische Prüfverfahren – Teil 33: Beschleunigte Verfahren für Feuchtebeständigkeit – Autoclave ohne elektrische Beanspruchung
DIN EN ISO 62	2008	Kunststoffe – Bestimmung der Wasseraufnahme

Tab. 10.3 (Fortsetzung)

Norm/Methode	Ausgabe	Titel
DIN EN ISO 291	2008	Kunststoffe – Normalklimate für Konditionierung und Prüfung
DIN EN ISO 846	1997	Kunststoffe – Bestimmung der Einwirkung von Mikroorganismen auf Kunststoffe
DIN EN ISO 4611	2011	Kunststoffe – Bestimmung des Verhaltens bei Einwirkung von warmfeuchtem Klima, Sprühwasser und Salznebel
DIN EN ISO 4892-1	2001	Kunststoffe – Künstliches Bestrahlen oder Bewittern in Geräten – Teil 1: Allgemeine Anleitung
DIN EN ISO 4892-2	2009	Kunststoffe – Künstliches Bestrahlen oder Bewittern in Geräten – Teil 2: Xenonbogenlampen
DIN EN ISO 4892-3	2006	Kunststoffe – Künstliches Bestrahlen oder Bewittern in Geräten – Teil 3: UV-Leuchtstofflampen
DIN EN ISO 6270-1	2002	Beschichtungsstoffe – Bestimmung der Beständigkeit gegen Feuchtigkeit – Teil 1: Kontinuierliche Kondensation
DIN EN ISO 6270-2	2005	Beschichtungsstoffe – Bestimmung der Beständigkeit gegen Feuchtigkeit – Teil 2: Verfahren zur Beanspruchung von Proben in Kondenswasserklimaten
DIN EN ISO 6721-1	2003	Kunststoffe – Bestimmung dynamisch-mechanischer Eigenschaften – Teil 1: Allgemeine Grundlagen
DIN EN ISO 6721-2	2008	Kunststoffe – Bestimmung dynamisch-mechanischer Eigenschaften – Teil 2: Torsionspendel-Verfahren
DIN EN ISO 9142	2004	Klebstoffe – Auswahlrichtlinien für Labor-Alterungsbedingungen zur Prüfung von Klebverbindungen
DIN EN ISO 9227	2006	Korrosionsprüfungen in künstlichen Atmosphären – Salzsprühnebelprüfungen
EN ISO 175	2011	Kunststoffe – Prüfverfahren zur Bestimmung des Verhaltens gegen flüssige Chemikalien
VDA 624-415		VDA-Wechseltest
VW P 1200		VW Wechseltest

Tab. 10.4 Sonstige Normen

Norm/Methode	Ausgabe	Titel
DIN 10955	2004	Sensorische Prüfung – Prüfung von Packstoffen und Packmitteln für Lebensmittel

Tab. 10.5 Veröffentlichungen des DVS (Deutscher Verband für Schweißen und verwandte Verfahren e. V.)

Titel	Ausgabe	Titel
DVS 1110-2	2006	Beiblatt 1 DVS-Lehrgang: Fachgerechte Karosserie-Instandsetzung von Kraftfahrzeugen – Kleben
DVS 1618	2002	Elastisches Dickschichtkleben im Schienenfahrzeugbau
DVS 2520	2009	Kleben in der Nutzfahrzeug-Reparatur – Kofferaufbauten
DVS 3306		Planung und Einrichtung von DVS-Ausbildungsstätten für die Klebtechnik
DVS 3308	1999	DVS-Bildungseinrichtungen auf dem Gebiet der Klebtechnik – Zulassung, Schulung, Überwachung
DVS 3311	2006	Klebaufsicht – Aufgaben und Verantwortlichkeiten
DVS-EWF 3301	2007	Europäische Klebfachkraft – Ausbildung, Prüfung und Qualifizierung
DVS-EWF 3302	1994	Klebfachkraft – Grundlagenmodul
DVS-EWF 3303	1993	Klebfachkraft – Aufbaumodul Metallkleben
DVS-EWF 3304	1994	Klebfachkraft – Aufbaumodul Kunststoffkleben
DVS-EWF 3305	2008	Klebpraktiker/in
DVS-EWF 3309	2001	Klebfachingenieur/in (European Adhesive Engineer EAE)
DVS-EWF 3310	2003	Qualitätsanforderungen in der Klebtechnik – Teil 1: Hinweise zur Auswahl und Verwendung – Teil 2: Klebtechnische Qualitätsanforderungen; Umfassende Qualitätsanforderungen – Teil 3: Klebtechnische Qualitätsanforderungen; Standard-Qualitätsanforderungen – Teil 4: Klebtechnische Qualitätsanforderungen; Elementar-Qualitätsanforderungen

11 Prüfung von elastischen Klebverbindungen

Die Prüfung von elastischen Klebverbindungen, die Dimensionierung und Vorbereitung der Probekörper ist in den einzelnen Normen (s. Kap. 10), nach denen geprüft wird, detailliert beschrieben.

Die Prüfung von Klebstoffen bzw. Klebverbindungen umfasst mehrere große Blöcke:

- *Charakterisierung des Klebstoffs* selbst, z. B. über Zugprüfungen, Shore A (D)-Messungen, elektrische Prüfungen nach den entsprechenden Normen
- *Prüfung des Klebverbunds*, z. B. durch Zugscherprüfungen, Bestimmung von E- und G (G', G'')-Modul, Torsionsprüfungen, funktechnische Prüfungen nach den entsprechenden Normen oder Vorschriften
- *Alterungstests* des Klebstoffs und/oder des Klebverbunds durch Temperaturbeaufschlagung, Feuchte, Medienbeaufschlagung, Bestrahlung, mechanische Alterung (Wöhler-Messungen) allein oder in Kombination (Tab. 11.1). Die Prüfung erfolgt entweder nach den Normen oder nach speziellen Alterungstests der Klebstoffabnehmer (s. u.).

Es würde hier zu weit führen, die genormten Prüfungen noch im Einzelnen vorzustellen. Stattdessen werden einige spezielle (Alterungs-)Tests beschrieben, wie sie z. B. in der Automobilindustrie und in anderen Industriezweigen routinemäßig eingesetzt werden.

Cataplasmatest Eine ausgehärtete Probe (z. B. zwei verklebte Metallstreifen als Zugscherprüfkörper) wird in wassergetränkte Watte verpackt, in einen PE-Beutel eingeschweißt und eine definierte Zeit (7 d, 14 d, 21 d) bei 70 °C gelagert, dann bei −20 °C über 16 h schockgefroren, danach wieder auf 23 °C temperiert und nach 24 h RT, 50 % r. Lf. geprüft. Es existieren unterschiedliche Varianten dieses Tests,

M. Pröbster, *Elastisch Kleben*, DOI 10.1007/978-3-8348-2181-2_11,

Tab. 11.1 Durchführung von Alterungstests

Belastung	Testdurchführung
Temperatur	Trockenschrank, Klimakammer, Kryostat
Feuchte	Schwitzwasserklima
Medien	Wasserlagerung, Salzsprühtest, Kochtest, Lagerung in Lösemitteln oder sonstigen Medien
Strahlung	UV-Lampe, Xenonstrahler, Freibewitterung

Anmerkung: vielfach werden die Belastungen auch kombiniert

der von der französischen Autoindustrie entwickelt wurde und mittlerweile – als einer der härtesten Tests für Klebungen – breit angewandt wird.

VDA Wechseltest 621-415 Es handelt sich um eine Korrosionsprüfung, bei der die Proben nacheinander einer 24-stündigen Salzsprühnebelprüfung nach DIN EN ISO 9227 und einer 4-tägigen Kondenswasser-Klimawechselprüfung nach DIN EN ISO 6270-2 ausgesetzt werden. Üblicherweise werden > 10 Zyklen geprüft.

VW P 1200 Test Dieser Alterungstest besteht aus einem Zyklus von je 4 h 80 °C/95 % r. Lf. und 4 h bei 40 °C, unterbrochen von jeweils zweistündigen Aufheiz- bzw. Abkühlphasen. Es werden 50–70 Zyklen getestet.

Literatur

Band, J.: Prüfbarkeit von Klebverbindungen. Fügetechnik Kleben, Tagungsband OTTI, S. 69. Regensburg (2010)

Habenicht, G.: Kleben. Grundlagen, Technologien, Anwendungen, S. 821. Springer, Berlin (2009)

Ausblick: Wie geht es weiter? 12

Das elastische Kleben eröffnet(e) aufgrund seiner multifunktionellen Eigenschaften viele neue Möglichkeiten als Verbindungstechnologie, aber es kann natürlich nicht sämtliche Probleme der Fügetechnik lösen. Neben den „klassischen" Fügetechniken wie Schweißen, Löten, Schrauben, Nieten, Durchsetzfügen etc. werden sich auch steife (schlagzähe) Strukturklebstoffe weiter behaupten und noch viele zusätzliche Anwendungen finden. Auch die Kombination von klassischen Fügetechniken mit dem Verkleben wird laufend weiterentwickelt. – Das Verdienst der elastischen Klebstoffe bzw. der Menschen, die diese entwickelt haben, ist es, neue Materialkombinationen, leichte Konstruktionen und neue Anwendungen, vorwiegend im Transportsektor, erschlossen zu haben.

Speziell das Verbinden von neuen Werkstoffen mit unterschiedlichen thermischen Ausdehnungskoeffizienten und neuen, allerdings klebtechnisch oft anspruchsvollen, Oberflächen werden dem elastischen Kleben noch herausfordernde Aufgaben stellen. Die bereits vorhandenen chemischen Baukästen, mit denen sich maßgeschneiderte Lösungen erzielen lassen, werden sicherlich in der Zukunft durch weitere ergänzt und das Verständnis der Oberflächen wird zu noch besseren und dauerhafteren Lösungen führen. Die Verbindung von vielen metallischen und nichtmetallischen Werkstoffen wird in manchen Fällen fast nur mehr durch elastisches Kleben wirtschaftlich durchführbar sein.

Aus den einstigen Pionierleistungen beim elastischen Verkleben von Windschutzscheiben in Fahrzeugen aller Art ist mittlerweile ein Standard geworden, an dem man nicht mehr vorbeikommt. Elastische Klebstoffe erobern sich – von vielen nicht bemerkt – laufend weitere Einsatzgebiete, z. B. bei der Gewinnung alternativer Energie aus Sonnenlicht oder Windkraft. Gerade hier werden „schlanke" Produktionsverfahren, die zu preiswerten und langlebigen Installationen führen, immer wichtiger, da viele Staaten ihre Fördermittel gekürzt haben und Einspeisevergütungen nach unten anpassen.

M. Pröbster, *Elastisch Kleben*, DOI 10.1007/978-3-8348-2181-2_12,

Wegen der Vielfalt der Aufgaben wird sich die Zahl der zur Verfügung stehenden Technologien der elastischen Klebstoffe tendenziell erhöhen. Große technologische Sprünge sind in nächster Zeit wahrscheinlich nicht zu erwarten, wohl aber eine kontinuierliche Weiterentwicklung und Modifikation der bestehenden Systeme.

Umweltfreundlichere Systeme werden, wo technisch und kommerziell möglich, ältere erst ergänzen und auf längere Sicht hin womöglich ganz ablösen.

Literaturhinweise

Nachstehend sind einige weitere verwendete und auch weiterführende Literaturstellen aufgeführt, die sich zwar alle mit Kleben oder Dichten, aber nicht notwendigerweise mit elastischem Kleben beschäftigen. Nicht aufgeführt sind Firmenpublikationen.

Anon: Gefahrstoffe mit GHS-Kennzeichnung – Was ist zu tun? Merkblatt M 060 (BGI 5150) Hrsg. BG RCI, Heidelberg (2011)

Anon: Taschenbuch DVS-Merkblätter und -Richtlinien Fügen von Kunststoffen. In: Fachbuchreihe Band 68/IV (2009)

Barduhn, M., Grützmacher, S.: Konstruktion und Fertigung einer Versuchseinrichtung zur Ermittlung der Schubverformbarkeit elastischer Klebstoffe unter veränderlicher Belastung. Diplomarbeit, Technische Fachhochschule Berlin, Berlin (1995)

Adhäsion kleben & dichten. In: Industrieverband Klebstoffe e. V. (Hrsg.) Handbuch Klebtechnik 2010/2011. Vieweg+Teubner, Wiesbaden (2010)

Brück, K.-H. (Hrsg.): Fahrzeugverglasung. Vieweg, Braunschweig (1990)

Koch, S.: Elastisches Kleben im Fahrzeugbau. Diss. TU München, München (1997)

Pröbster, M.: Baudichtstoffe. Vieweg+Teubner, Wiesbaden (2011)

Pröbster, M.: Kompaktlexikon Dichtstoffe. Fraunhofer irb, Stuttgart (2010)

Pröbster, M.: Moderne Industriedichtstoffe. Vulkan, Essen (2006)

Schottner, G., Abersfelder G. (Hrsg.): Fahrzeugverglasung. expert, Renningen-Malmsheim (1995)

Schindel-Bidinelli, E. (Hrsg.): Tagungsbände der Swissbonding. Rapperswil, CH (mehrere Jahre bis 2009)

Teicher, G. (Hrsg.): Glas im Automobil. expert, Renningen-Malmsheim (2001)

M. Pröbster, *Elastisch Kleben*, DOI 10.1007/978-3-8348-2181-2,

Tot, O.: Kleben von kratzfest beschichteten Kunststoffen. Adhäsion **26**, 1–2(2009)

Zanotti, A.: Klebverbindungen von elastisch bis hochfest. In: Fügetechnik Kleben, S. 197. Tagungsband OTTI, Regensburg (2010)

http://leitfaden.klebstoffe.com (2012). Zugriffsdatum: 21.11.2012

Sachverzeichnis

GPSR Compliance

The European Union's (EU) General Product Safety Regulation (GPSR) is a set of rules that requires consumer products to be safe and our obligations to ensure this.

If you have any concerns about our products, you can contact us on ProductSafety@springernature.com

In case Publisher is established outside the EU, the EU authorized representative is:

Springer Nature Customer Service Center GmbH
Europaplatz 3
69115 Heidelberg, Germany

Batch number: 10577959

Printed by Printforce, the Netherlands